职业教育大数据技术与应用专业产教融合系列教材

大数据综合实战案例教程

组　编　工业和信息化部教育与考试中心
主　编　谭志彬　邓　立　吴子颖
副主编　张正球　李　东　潘　翔
参　编　佟铭欣　陈　垦　黄晓航

机械工业出版社

本书以某市出租车行业为背景介绍大数据技术在项目中的应用。全书共10章，第1章交通大数据概述，第2章某市出租车实战案例部署，第3章某市出租车项目设计，第4章Python语言基础，第5章数据提取，第6章数据清洗，第7章数据存储，第8章数据分析处理，第9章ECharts的应用，第10章某市出租车综合编程实践。

本书适合作为各类职业院校大数据及相关专业的教材，也可作为大数据开发工程师及其他科技工作者的参考用书。

本书配有电子课件、源代码，选用本书作为授课教材的教师可登录机械工业出版社教育服务网（www.cmpedu.com）注册后免费下载。

图书在版编目（CIP）数据

大数据综合实战案例教程/工业和信息化部教育与考试中心组编；谭志彬，邓立，吴子颖主编. —北京：机械工业出版社，2020.8（2025.1重印）
职业教育大数据技术与应用专业产教融合系列教材
ISBN 978-7-111-66103-0

Ⅰ. ①大… Ⅱ. ①工… ②谭… ③邓… ④吴… Ⅲ. ①数据处理—职业教育—教材 Ⅳ. ①TP274

中国版本图书馆CIP数据核字（2020）第125657号

机械工业出版社（北京市百万庄大街22号 邮政编码100037）
策划编辑：梁 伟　　责任编辑：梁 伟 李绍坤
责任校对：张 力 潘 蕊　　封面设计：鞠 杨
责任印制：刘 媛

涿州市般润文化传播有限公司印刷

2025年1月第1版第6次印刷
184mm×260mm・14.75印张・306千字
标准书号：ISBN 978-7-111-66103-0
定价：49.00元

电话服务　　网络服务
客服电话：010-88361066　　机 工 官 网：www.cmpbook.com
010-88379833　　机 工 官 博：weibo.com/cmp1952
010-68326294　　金 书 网：www.golden-book.com
封底无防伪标均为盗版　　机工教育服务网：www.cmpedu.com

前言 PREFACE

随着大数据技术、移动设备和全球定位系统的发展，各行各业产生的数据已经能够被较为及时、全面地采集，这为大数据的分析与应用奠定了基础。本书介绍典型的大数据处理过程，在此基础上介绍大数据的主要来源以及典型应用，并提出了大数据技术在发展过程中可能面临的问题与挑战。

本书以企业大数据典型案例“某市出租车行业”为主要引导案例，一步步带领读者学习案例部署、项目数据源分析、项目设计、数据提取、数据清洗、数据存储、数据分析处理、ECharts 的应用、Web 前端后端可视化处理。本书可以让读者快速了解企业开发大数据案例的流程，学会自己动手搭建环境开发应用。

全书共 10 章，第 1 章着重介绍交通大数据的概念以及大数据在交通行业的应用；第 2 章介绍某市出租车项目实战案例部署，包括项目背景介绍、项目难点分析、开发环境的搭建、可视化页面部署等；第 3 章介绍某市出租车项目的设计，包括介绍数据源、项目整体设计、Hadoop 集群规划、数据 ETL 过程；第 4 章介绍 Python 语言基础，包括 Python 语言、PyCharm 编程工具；第 5 章是数据提取的动手实战，包括数据爬虫、文件数据提取；第 6 章着重介绍了数据清洗的过程，包括使用 Python 数据清洗过滤、各类格式文件清洗；第 7 章着重介绍了数据存储实战，包括 HDFS 的数据加载、Sqoop 的数据加载；第 8 章为数据分析处理，包括 MapReduce 概述、体系结构、工作流程、开发环境配置及使用 MapReduce 实现各种统计；第 9 章介绍 ECharts 的应用，包括 ECharts 的基本概念、简单的 ECharts 入门；第 10 章是某市出租车综合编程实践，包括对项目的整体需求分析、项目总体架构、数据提取、数据过滤、处理缺失值、文件 HDFS 数据存储、数据转换、Sqoop 导出数据、数据可视化开发。

本书由谭志彬、邓立、吴子颖担任主编，张正球、李东、潘翔担任副主编，佟铭欣、陈垦、黄晓航参加编写。

由于编者水平有限，书中难免存在不足之处，敬请读者批评指正。

编　者

CONTENTS 目录

Chapter 1

第1章
交通大数据概述

本章简介

本章介绍了大数据的产生和发展过程，并给出了大数据的基本定义和主要特征。同时，本章介绍了典型的大数据处理过程以及各步骤的主要内容与目的。在此基础上，本章还介绍了交通大数据的主要来源以及典型应用，并提出了交通大数据在发展过程中可能面临的问题与挑战。

学习目标

1）了解大数据的产生和发展过程。

2）了解大数据的定义与特征。

3）掌握大数据的处理过程和主要步骤。

4）了解典型的交通大数据。

5）了解交通大数据的典型应用。

6）了解交通大数据发展的主要问题。

1.1 大数据概述

数字存储设备的诞生为数据的存储提供了一种便捷而持久的形式，大大方便了对数据的管理与使用。由此，人类社会开始以惊人的速度产生及累积数据。根据美国学者 Martin Hilbert 的研究结论，仅在 2007 年，人类存储的数据量就超过了 300EB（约 3 000 亿 GB），大约是 1 500 亿部高清数字电影的数据量，而其中只有约 7% 是存在于报纸、书籍等传统媒介上的非数字数据。随着人类科技的快速发展，数据量的增长趋势愈发迅猛，预计在 2020 年，全球产生的数据量将高达 44ZB，如图 1-1 所示。

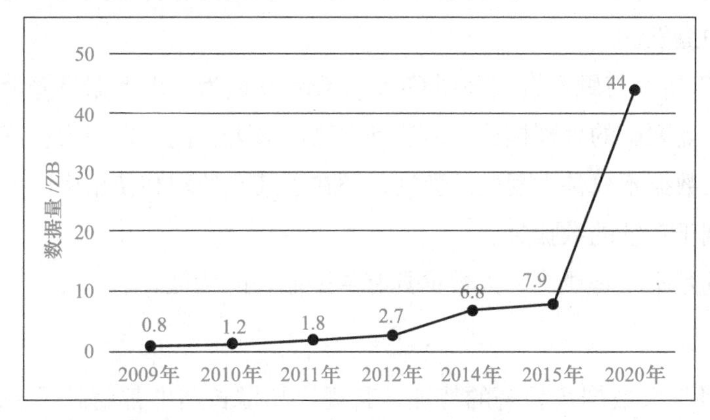

图 1-1 全球数据量增长趋势

天文学领域最早面对大数据量的困扰与挑战。2000 年，美国的 Sloan 数字巡天项目计划观测 25% 的天空，在几周内采集的数据量就已超过了天文学诞生以来所采集数据量的总和；2015 年，美国启动了用于观测全景天空的大口径全景巡天望远镜，其在 5 天内采集的数据量就达到了 Sloan 项目的规模；2017 年 4 月，人类启动了首个观测黑洞的项目——事件视界望远镜（Event Horizon Telescope），其每晚产生的数据量高达 4PB，最终用于拼接黑洞照片的数据量高达 7PB。射电天文望远镜如图 1-2 所示。

图 1-2 射电天文望远镜

这种数据量激增的现象及趋势陆续出现在行政管理、医疗、商业、交通、生物等各个

科学及产业领域，对传统的数据存储、管理和处理技术都提出了新的挑战，从而催生了以“大数据（Big Data）”为核心的一系列科学和技术研究领域。

从字面含义解释，大数据就是规模庞大的数据，其体量超出了传统数据存储和计算技术的处理能力，例如：

1）查询请求无法在合理时间内得到响应。

2）传统的存储设备无法存储或存储代价太高。

3）无法使用关系型数据库技术进行有效的管理。

这些问题并非是刚出现的，一些大型企业和机构早已开始面对大数据量的困扰，只是没有引起广泛的关注。但在大数据时代，随着数据开始成为各行各业的核心，其所带来的问题与挑战开始集中爆发。

全球权威的 IT 研究与顾问咨询公司 Gartner Group 认为：大数据是海量、高增长率和多样化的信息资产，需要新的处理模式才能达到提高决策力、洞察发现力和流程优化能力的效果。由此可见，大数据不只是大规模的数据，还在于其在处理和使用中产生了新的需求和特征，从而使其有别于传统的数据集。

相较于传统的数据处理概念，大数据具有 4 个显著的特征。

1．数据量大

庞大的数据量是大数据最显著的特征，其规模和增长速度都超越了传统数据处理技术的能力界限。国际权威的 IT 咨询机构 IDC（Internet Data Corporation）提出了著名的“大数据摩尔定律”：人类社会产生的数据将以每年 50% 的速度迅猛增长，即每两年增长一倍。尤其值得注意的是，数据量的增长速度是不均匀的，从 1986 年～ 2010 年，全球的数据量在短短 20 余年中就增长了 100 倍。

2．数据多样性

传统的数据主要存在数据库中，以关系型数据的形式存在。而对于大数据而言，其数据来源十分丰富甚至是繁杂，不仅包括文本、图片、音频、视频等不同格式的数据，还涵盖了生物、金融、交通、医疗等不同的行业领域。数据的多样性给数据的存储和使用带来了许多难题，面向关系型数据的数据处理技术已难以提供令人满意的效率。因此，需要采用新的数据处理模式与技术，例如，NoSQL 数据库、MapReduce、Spark 等。

3．数据价值密度低

庞大的数据量并不意味着数据价值的同步线性增长，其价值密度反而大大降低。由此，数据的使用难度进一步增大，要从数据中挖掘出有用的信息或知识，往往需要更大的计算量。造成这一现象的原因主要有两点：

1）传统数据集所保存的数据通常经过筛选，只保存具有实际价值或潜在价值较高的数据；而在大数据的场景下，追求的是保存尽可能全面的数据，这就可能造成大量的无用数据被保存。

2）对于大数据的存储与分析需要消耗大量的资源，但却不能保证得到同等的回报，甚至不能保证得到有效的产出。

4. 数据的产生和处理速度快

传统的数据处理通常只有在数据分析中才会涉及较大的数据量，其面向的用户群体和应用场景对于响应速度的要求较为宽松。但在大数据场景下，数据不仅产生迅速，而且对于数据的处理速度也有很高的要求。著名的大数据“秒级定律”指出，对于数据的处理应在秒级时间周期内得到结果，否则处理结果就失去了价值。

1.2 大数据处理过程

大数据从产生到使用需要经过一系列的处理，主要包括采集、清洗、预处理、存储、统计分析、挖掘和结果可视化，如图 1-3 所示。

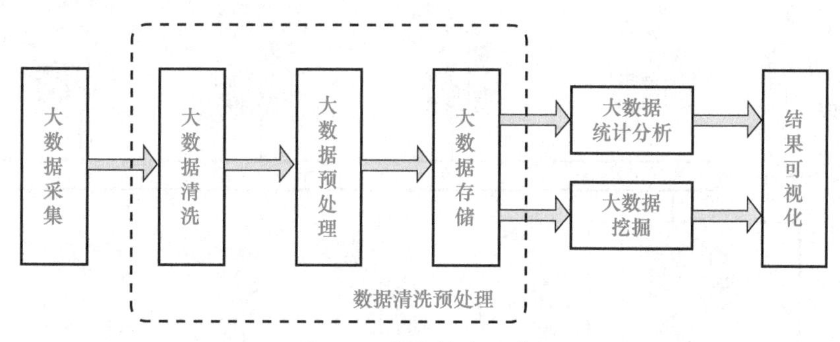

图 1-3　大数据处理过程

1. 大数据采集

大数据采集是指从各种不同的数据源获取数据的过程，包括各类业务系统数据库、历史数据源、系统日志、网络数据、传感器数据等。根据对数据实时性的要求，采集模式可以分为两类：

1）批量采集：又称离线采集，是指采集已经产生和积累了一定时间的数据，通常用于统计分析或挖掘。

2）实时采集：是指采集产生时间极短的数据。实时采集要求快速，采集的数据要具有较好的实时性，能够反映对应业务系统或场景的当前情况。

2. 大数据清洗

大数据清洗是指对数据进行审查和校验的过程，目的在于删除重复信息、纠正存在的错误，从而为数据的应用环节提供高质量的数据。数据清洗的一般过程为：分析数据→缺失值处理→异常值处理→去重处理→去噪处理。

3．大数据预处理

大数据预处理是指将源数据转换为数据目标所要求的形式，使数据能够被存储或处理。预处理也常常和数据清洗合并在一起描述或进行。常见的预处理操作包括：数据集成、数据转换、数据离散化、数据归约等。

4．大数据存储

大数据存储是指对数据的持久保存与管理。传统的存储设备与技术通常只能有效存储和管理 TB 级的数据，而大数据的数据量通常都达到了 PB 级，因此难以用于存储大数据。分布式存储系统（Distributed Storage System）是目前主流的大数据存储技术，如图 1-4 所示。它由多个计算机节点构成，彼此之间通过交换设备相连接，数据被分散存储在多台独立的设备中。分布式存储系统采用可扩展的系统结构，利用多台存储服务器分担存储负荷，利用位置服务器定位存储信息，不但提高了系统的可靠性、可用性和存取效率，还易于扩展。

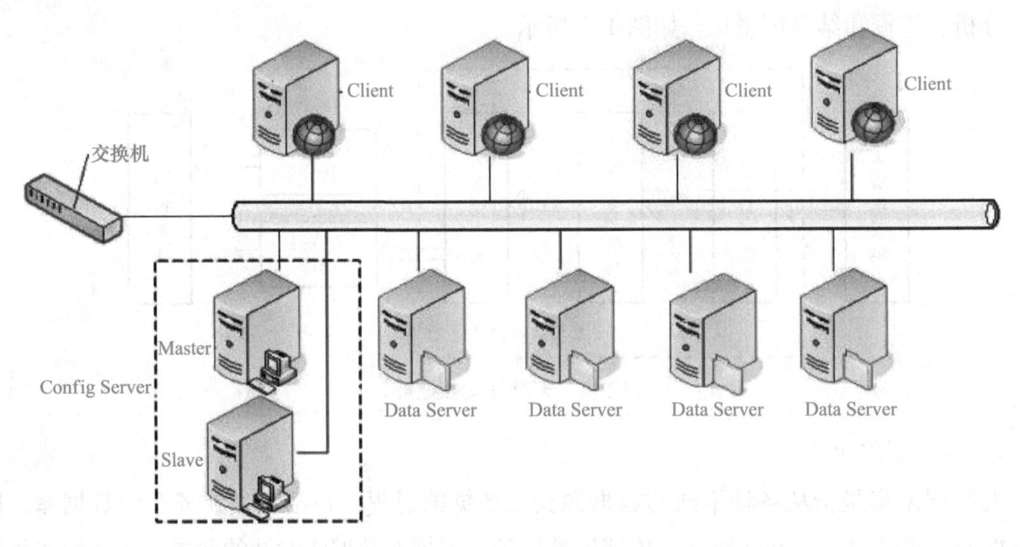

图 1-4 分布式存储系统

5．大数据统计分析与挖掘

大数据的统计分析与挖掘是指按照用户需求对数据进行相应的处理与计算，得到能够满足用户需求的结果。与传统的数据分析技术不同，在大数据的统计分析与挖掘中，更强调发现未知的、潜在有用的信息，强调找寻数据的内在规律和关联，而不关心数据背后的本质原理。

6．结果可视化

结果可视化也称为数据可视化（Data Visualization），通过将数据转化为图像、表格等视觉表达形式，清晰有效地传达与沟通信息。数据可视化要根据数据的特性（如时间、空间信息）找到合适的可视化方式将数据直观地展现出来，以帮助人们理解数据，同时找出包含在海量数据中的规律或者信息。数据可视化是大数据处理过程的最后一步，肩负着信息传达的重要作用。

1.3 交通大数据的来源

交通是指人或机动车、非机动车、飞机、航船等运载工具所形成的流动，可以发生在城市、山林、海上、空中、地面甚至地下，是最为活跃和普遍的人类社会活动。交通在为人类生活带来便利的同时，也滋生出一系列新的问题，例如，交通拥堵、交通事故、空气污染等。如何有效改善交通状况已成为当今社会的热点问题。大数据的出现与发展为这一问题提供了一个新的解决方案。

随着移动设备和全球定位系统的发展，交通过程中产生的数据已经能够被较为及时、全面地采集，这为交通大数据的分析与应用提供了有力的基础与前提。交通大数据是典型的多源异构数据，内容丰富、结构复杂，并且存在时空上的关联性。交通大数据并不专指交通及其管理过程中产生的数据，所有能够服务于交通需求的数据都可以视为交通大数据的组成部分，其来源大致可分为 4 种。

1．政务数据

政务数据是指政府部门在实施行政管理的过程中所产生的数据，通常来自于政府部门的信息管理系统。政务数据中与交通相关的数据主要包括：

1）公安交通管理数据：主要由公安交通管理部门的信息管理系统产生，包括车辆管理数据、驾驶员管理数据、交通违法数据、交通事故数据等，同时也包括公安交通管理部门的数据，例如，警员数据、装备数据、设施数据、警力部署数据等。

2）交通运输数据：主要来自于交通运输管理部门及铁路部门的信息管理系统，包括客运数据、货运数据、物流数据、地铁客运数据、公交数据、出租车数据、道路数据、桥梁数据、养护数据等。

3）气象数据：来自于气象部门的数据库，主要是由气象卫星、气象气球、地面气象监测站采集，包括雨、雪、雾、冰、风等各种正常或灾害性天气预报的数据。

4）工商法人数据：是指工商管理部门的数据库中与交通相关的工商法人数据，包括客运、货运、物流、车辆维修、汽车销售等工商企业法人的信息。

5）城建数据：来自于住建部门和城建部门的数据库，包括房产销售数据、二手房交易数据、在建工地数据、渣土车数据等城市建设相关的数据。

6）群体活动数据：来自于旅游管理、文化产业等部门的数据库，包括景点人流数据、停车场数据、大型活动数据、观众数据等。

7）诚信数据：来自于金融机构、企事业单位的诚信记录，包括个人和法人单位的诚信数据。

2．运营数据

运营数据是指由合法的国有或民营企业在业务运营过程中所产生的数据。其中与交通相关的数据主要包括：

1）通信数据：是指中国电信、中国联通、中国移动等通信运营商在提供通信服务的过程中所产生的数据，包括用户数据、通话数据、基站数据、话费数据等。

2）铁路运输数据：是指铁路部门的客运及货运业务所产生的数据，包括购票数据、车次数据、列车时刻数据、列车延误数据等。

3）民航运输数据：是指民用航空公司的客运及货运业务所产生的数据，包括乘客数据、航班数据、货运数据等。

4）保险数据：是指保险公司的保险业务所产生的数据，包括保单数据、理赔数据、风险评估数据等。

5）燃油供应数据：是指燃油公司在燃油供应过程中所产生的数据，包括燃油进出口数据、燃油销售数据、加油站燃油消耗数据等。

3．物联网数据

目前，物联网数据主要是指由各种传感器设备采集的数据，其中与交通相关的数据包括：

1）交通流量数据：是指由感知检测技术（如微波检测、超声波检测）对交通工具所进行的检测，如视频监控、线圈检测、地磁检测等。

2）车联网数据：是指由各种设备采集的车辆状态信息，例如车辆位置数据、速度数据、路线数据等。这些车辆包括各种不同类型的车辆，如出租车、货运卡车、公交车等。

3）环境数据：是指由部署在各种不同环境中的传感器或数据采集设备采集的数据，包括道路结冰、积水、能见度、温度等。

4）卡口监测数据：是指高速公路出入口、道路关口等地方的监控设备采集的车辆数据，例如，车辆号牌、车型、颜色等。

5）交通视频监控数据：是指在交通道路上监控到的交通工具数据，包括路口、路段、空中等。

4．互联网数据

互联网数据是指传统互联网及移动互联网中所传输的数据，其中与交通有关的数据包括：

1）导航数据：是指由各类电子地图（如高德、百度、腾讯等）在为用户导航的过程中所产生的数据。

2）网约车数据：是指由各类网约车平台（如滴滴、神州租车、易到等）在运营过程中所产生的数据，包括订单数据、路线数据、费用数据、乘客数据、驾驶员数据等。

3）共享单车数据：是指由共享单车平台（如摩拜等）在运营过程中所产生的数据，包括单车配给数据、维修数据、用户数据、行车路线数据等。

4）外卖数据：是指由外卖平台（如饿了么、美团、百度等）在运营过程中所产生的数据，包括订单数据、商品数据、配送数据、消费数据等。

5）快递数据：是指由快递平台（如顺丰、圆通、申通等）在运营过程中所产生的数据，包括发货数据、收货数据、配送数据、快递员数据等。

6）人员位置数据：是指由移动 APP（如微信、QQ、今日头条等）对用户的定位所产生的数据，其中很有价值的是微信、QQ 等社交 APP 所产生的位置数据。

1.4 交通大数据的应用

数据采集技术的飞速发展为交通领域的数据积累提供了有力的支撑。以北斗卫星导航系统、智能手机、车联网为代表的新一代交通数据采集体系为宏观的交通建设及微观的交通监管提供了坚实的基础。交通大数据已经开始落地实践，产生了许多颇具前景的典型应用。

1．交通事件可视化分析

交通部门的监管系统每天都会监测到大量的交通事件，并产生相关的详细记录，包括事件时间、事件地点、车辆数量、道路状况、处理结果等。在过去，这些数据只作为事件记录，而没有对其进行有效的分析和挖掘，导致其中所蕴藏的大量有用信息被忽略。

交通事件数据分析可以运用可视化技术通过运用空间可视化、直方图、2D 图形等手段来直观地展示不同的数据量化指标。管理者可以通过可视化图形及时了解和掌握总体的交通情况以及各个不同的交通情况度量指标，如图 1-5 所示。同时，还可以通过观察尺度的缩放了解和掌握不同范围的交通情况，实现从宏观到微观的统一把控。

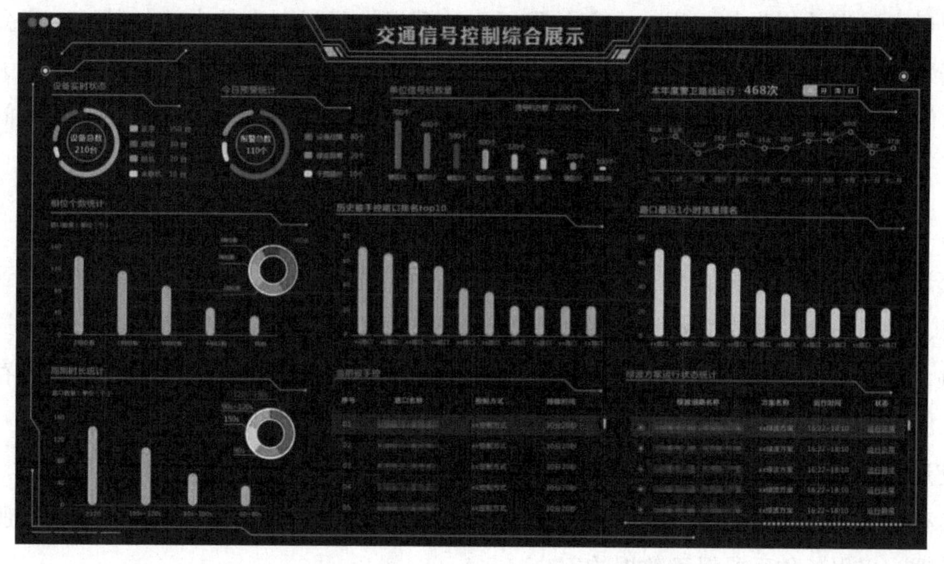

图 1-5　交通事件可视化分析

2．春运预测分析

春运是我国交通运输领域最引人关注的热点事件之一，其影响之广在全世界都罕见。尽管经过数十年的努力，我国的交通运输能力已基本可以满足春运需求，但依然存在一些亟待解决的问题。而基于大数据的分析技术为春运的监管和疏导难题提供了一个新的解决途径。

当前的长途公共交通工具（包括飞机、汽车、火车、轮船等）基本都已实现了互联网售票，因此，可以通过售票数据结合乘客数据、航行或通行数据构建统一的数据模型，得到交通人流热力图或迁徙图，通过颜色及箭头标识，展示不同地区的人流迁移情况，为春运组织工作提供参考。

3．交通拥堵分析

交通拥堵是城市交通中最为严重的问题之一，不仅带来了巨大的经济损失，而且也在一定程度上加重了能源浪费与环境污染。尽管我国政府投入了巨大的精力与资金来解决这一问题，但效果却不理想。交通拥堵治理的困难在于其复杂性和动态性，造成交通拥堵的原因是十分复杂的，同时其发生地点和时间也是动态变化的。传统的交通拥堵检测方法是采用道路传感器，只能够实现对局部固定点的检测，效果并不理想。

基于 GPS 数据可以实现对完整路网的拥堵检测，并且可以通过数据分析，预测可能发生的交通拥堵。由 GPS 产生的交通轨迹数据可以检测并提取到交通拥堵数据，并从中学习和构建交通拥堵的数据模型或传播图，从而能够预测后续可能发生的交通拥堵。

1.5 交通大数据发展面临的挑战

交通大数据的产生与应用为交通的发展与治理提供了强有力的支持与刺激，将会对交通数据采集、交通数据管理与应用、交通建设、交通规划等领域产生重大影响。交通大数据的应用使众多设想成为可能，有效提升了交通治理的水平。同时，也带来了一些新的问题与挑战。

1．数据安全

交通大数据中蕴藏着大量与公共和国家安全相关的信息，例如，卡口系统检测到的车辆信息、售票系统采集的个人购票信息、一卡通系统采集的进出站信息等，都可以还原出行踪轨迹，从而造成个人或集体隐私信息的泄露。因此，在交通大数据的采集、传输、存储、处理、应用等过程中，数据安全问题是必须被格外重视的。

交通大数据系统在进行数据传输及保存时，必须制定和遵循相应的规范和标准，保证系统具有相当的抗攻击能力，保证网络及数据的安全。同时，对数据也应进行一定的脱敏或加密处理，采用各种手段保障数据的安全。

2. 网络传输速率

交通大数据应用通常对于数据的实时性要求较高，特别是面向监控需求的应用。因此，交通大数据对于网络传输速率要求较高，通常需要基于速率快、稳定性强的专用网络，特别是需要传输高清视频数据的场景。

目前，公共的通信网络很难达到理想的传输速率，因此通常都需要建立或租用专用网络。此外，在一些地理情况复杂的地区，还需要依靠无线通信网络进行数据传输。目前，交通大数据应用系统常用的网络通信技术包括有线电缆、光纤通信网络、无线传感器网络、移动通信系统、卫星定位系统等。

3. 数据处理速度

交通大数据应用通常具有较高的响应要求，数据不仅要实现快速的采集和传输，同样要求被快速地处理。例如，交通状态识别、短时交通流预测、实时交通流控制、动态交通诱导、实时公交调度等应用场景，都有很高的时效性要求。

云计算技术的发展为交通大数据的应用提供了有力的支撑，它实现了计算资源的集中管理和统一调度，不仅提高了计算资源的利用率，而且突破了单一计算设备的能力极限，为交通大数据应用提供了一个强大而高效的计算平台，有效提高了数据处理速度。

4. 数据存储

交通大数据的产生速度十分惊人，这就对数据的存储形成了巨大的压力。交通大数据系统往往需要大量的存储设备，这大大提高了系统建设的成本，加大了投资及建设的风险。以云存储为代表的新型存储技术为解决交通大数据的存储难题带来了曙光。基于云存储技术与智能压缩算法的解决方案可以在一定程度上缓解交通大数据的存储压力。

1.6 思考练习

1）简述大数据的主要特征。

2）简述大数据的处理过程以及各个步骤的主要内容与目的。

3）列出 3 种典型的交通大数据，并说明它们的作用。

4）简要介绍一个交通大数据应用系统，说明它的数据来源、功能与应用效果。

5）列出一两个交通大数据发展过程中产生的问题，并举例说明。

Chapter 2

第2章 某市出租车项目实战案例部署

本章简介

本章以出租车项目为背景介绍大数据技术在项目中的应用，使用MySQL脚本附加处理过的数据，修改SpringBoot可视化Web工程配置信息发布Web工程，使读者能快速搭建项目，更直观地了解某市出租车项目的最终呈现效果，从而进一步学习所对应的技术。

学习目标

1）了解某市出租车项目的背景与项目难点；

2）掌握数据库附加数据的过程方法；

3）掌握Tomcat Web部署过程；

4）了解某市出租车项目功能与最后实现效果。

2.1 项目背景

从出租车公司与乘客的利益出发，出租车管理部门非常重视乘客等候时间，在我国部分地区每年都要针对出租车市场的乘客等待时间进行大数据采集工作，并用于指导城市出租车政策的制定。为了提高出租车司机的营运效率和服务质量，为出租车营运公司提供本公司出租车总体指标（投放量、客运量、营运额、收益等）并用于其决策支持，为交管部门提供出租车行业总体指标和拥堵分析，并为乘客打车提供服务质量数据参考，可通过可视化图表输出为市域范围内出租车供应、需求、乘客等候时间等指标进行全局观察，将分析的结果数据通过网页可视化的方式进行呈现。出租车如图 2-1 所示。

为了适应大规模数据集合的分析应用，故采用 Hadoop 分布式计算框架对大规模数据进行数据提取与分析。Hadoop 是一款优秀的离线大数据处理平台，采用分布式并行计算方式，对数据的分析效率有很大的提升，满足企业对数据高效分析的需求。

图 2-1　出租车

2.2 主要流程

1）由于数据量比较大，并且有些数据字段不全，所以需要进行数据清洗，使用 Python 语言对原始数据进行数据分表操作。通过对数据属性进行分析，使用 Java 语言结合 MapReduce 程序对出租车行驶数据进行分析。结合该数据实际情况，利用每位乘客订单中的数据，如出租车公司、上车时间、经度和纬度等字段，得到出租车的全景分析系统。

2）将分析的结果数据通过 Sqoop 导入关系型数据库 MySQL，以便后续可视化页面展示阶段使用。

3）使用百度 ECharts 控件对存储在数据库中的数据进行动态数据 BI 展现，最终完成项目。可视化效果如图 2-2 所示。

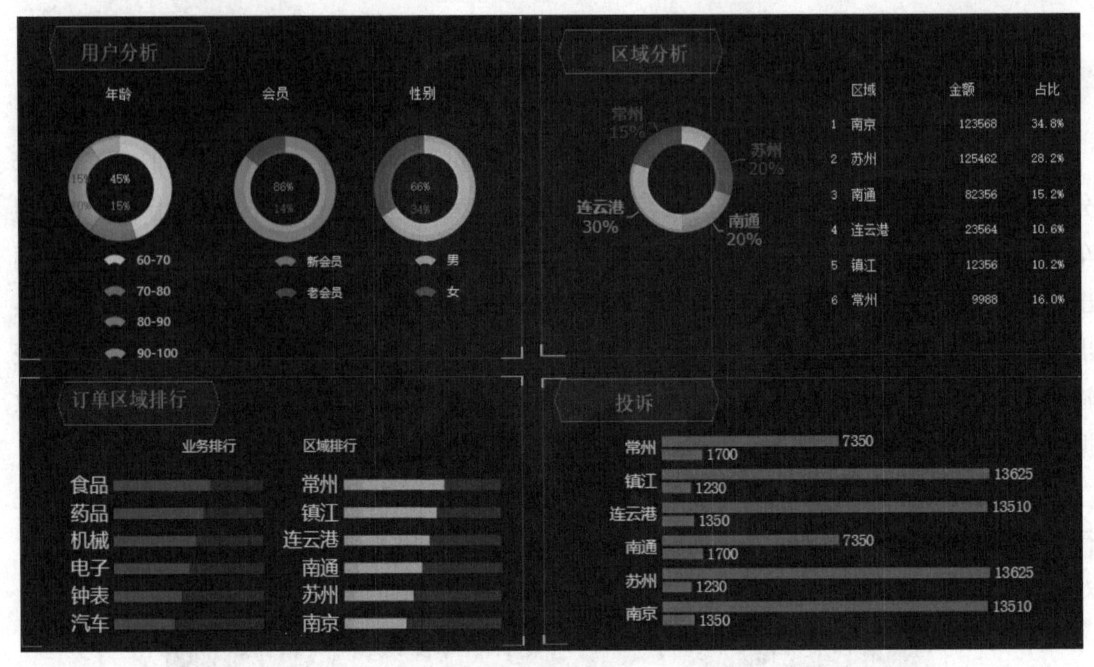

图 2-2 ECharts 可视化效果

2.3 项目难点分析

1）本项目实验数据的维度和指标较多且比较复杂，本章从这里抽出几个维度和几个指标进行分析，要求读者具备扎实的 Java 编程功底与清晰的 MapReduce 编程思想。

2）本项目在数据处理方面加入数据 ETL（Extraction Transformation Loading，抽取转换加载）过程，使用 Python 作为编程语言进行爬取挖掘数据、清洗转换数据和加载存储数据，逐步实现数据 ETL 过程，故需要读者具备一定的 Python 编程基础。

3）本项目需要通过网络将数据写入关系型数据库，同时要求读者掌握一定的 SQL 指令基础，如使用 SQL 指令建表以及基本的增删改查等操作。另外，数据量过大会导致写入数据库超时，所以要求读者具备一定的分析异常能力，并对 Hadoop 关键的配置文件有一定的了解。

4）本项目最终展示需要结合百度图表技术，要求读者有扎实的 Web、JavaScript 编程功底与错误分析能力。

2.4 数据加载

本节为了能让读者快速部署出租车项目可视化展示效果，省略了数据处理、清洗、分析等环节，这些内容将在后续章节陆续讲解。

通过 SQL 脚本附加数据库

1）开启集群环境并检查集群环境 MySQL 服务端口是否打开，命令如下。

```
# 检查本地 3306 端口是否开放
# netstat 为查看本地端口
# -an 表示所有连接的 IP 地址及端口
# | grep 3306 表示只显示包含 3306 关键字的回显
netstat -an | grep 3306
```

效果如图 2-3 所示。

```
[root@master ~]# netstat -an | grep 3306
tcp6       0      0 :::3306                 :::*                    表示监听中 LISTEN
tcp6       0      0 192.168.56.100:3306     192.168.56.2:52223      ESTABLISHED
tcp6       0      0 192.168.56.100:3306     192.168.56.2:52222      ESTABLISHED
tcp6       0      0 192.168.56.100:3306     192.168.56.2:52189      ESTABLISHED
```

图 2-3　MySQL 环境端口开启状态

2）如果服务未开启，则输入如下命令开启 MySQL 服务。

```
# 开启 MySQL 服务
systemctl start mysqld
```

3）在确定 MySQL 服务启动的情况下，打开 Navicat Premium 软件连接 MySQL 服务器，单击“连接”按钮，打开“MySQL- 新建连接”对话框，在“主机名或 IP 地址”“用户名”“密码”文本框中分别输入 IP 地址、用户名和密码，单击“确定”按钮，如图 2-4 所示。

图 2-4　新建连接

4) 新建数据库：打开“连接”，在该“连接”下右击鼠标选择“新建数据库”命令打开“新建数据库”对话框，在“数据库名”文本框中输入“taxi”作为数据库名，字符集选择“utf8--UTF-8 Unicode”，单击“确定”按钮，如图 2-5 所示。

图 2-5　新建数据库

5）双击打开 kab 数据库，将 kab.sql 文件拖入 Navicat 软件中，弹出“运行 SQL 文件”对话框，单击“开始”按钮开始导入操作。由于数据较大需等待几分钟，运行 SQL 文件如图 2-6 所示。

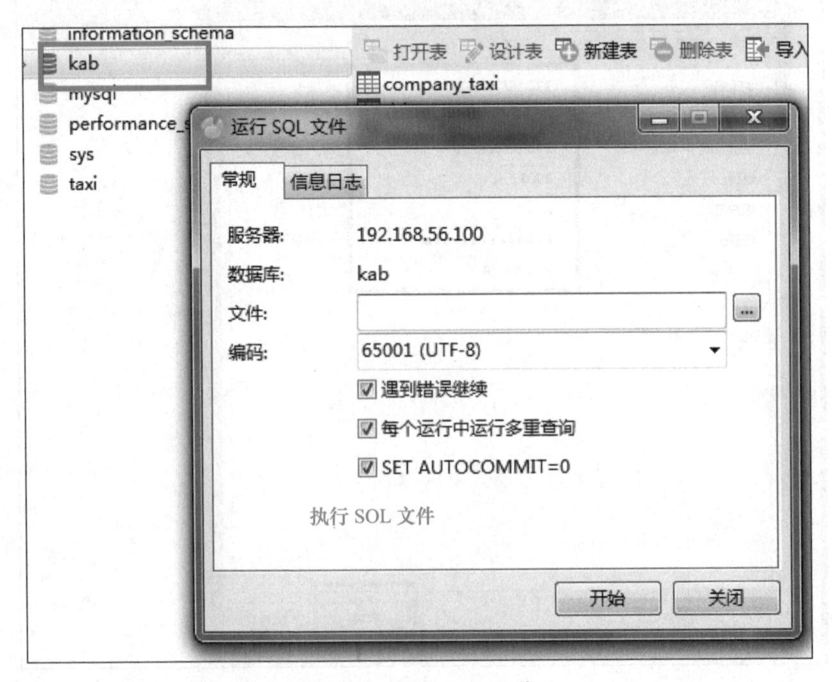

图 2-6　运行 SQL 文件

6）关闭数据库 kab，再重新打开 kab 数据库，查看数据库表与内容是否导入成功，共 10 张表，查看表中内容是否存在，如图 2-7 所示。

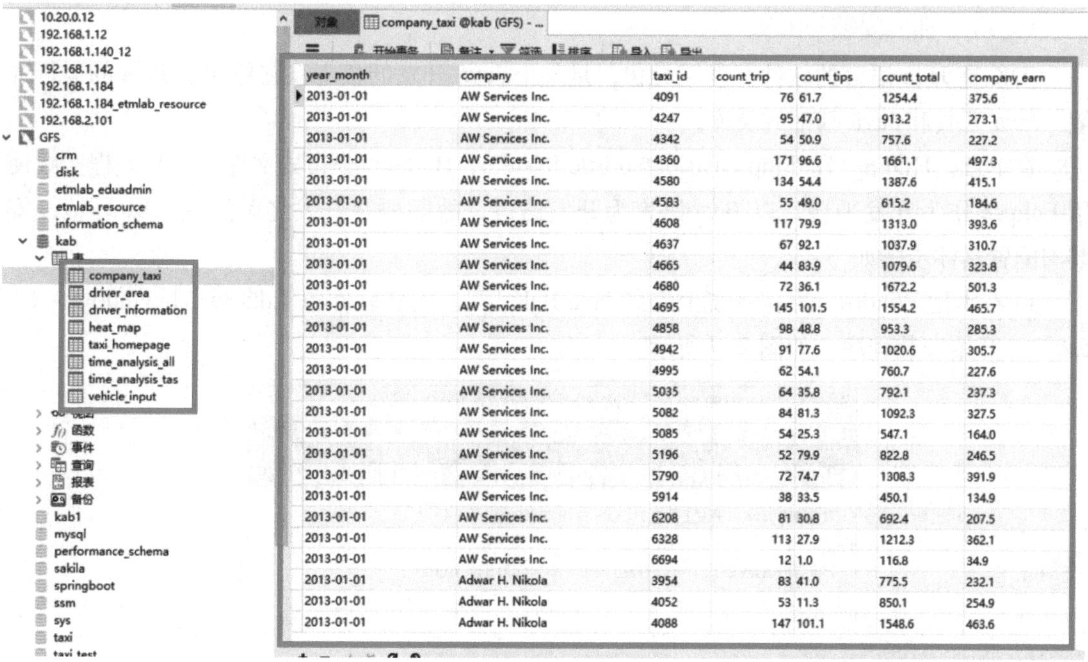

company_taxi @kab (GFS)

year_month	company	taxi_id	count_trip	count_tips	count_total	company_earn
2013-01-01	AW Services Inc.	4091	76	61.7	1254.4	375.6
2013-01-01	AW Services Inc.	4247	95	47.0	913.2	273.1
2013-01-01	AW Services Inc.	4342	54	50.9	757.6	227.2
2013-01-01	AW Services Inc.	4360	171	96.6	1661.1	497.3
2013-01-01	AW Services Inc.	4580	134	54.4	1387.6	415.1
2013-01-01	AW Services Inc.	4583	55	49.0	615.2	184.6
2013-01-01	AW Services Inc.	4608	117	79.9	1313.0	393.6
2013-01-01	AW Services Inc.	4637	67	92.1	1037.9	310.7
2013-01-01	AW Services Inc.	4665	44	83.9	1079.6	323.8
2013-01-01	AW Services Inc.	4680	72	36.1	1672.2	501.3
2013-01-01	AW Services Inc.	4695	145	101.5	1554.2	465.7
2013-01-01	AW Services Inc.	4858	98	48.8	953.3	285.3
2013-01-01	AW Services Inc.	4942	91	77.6	1020.6	305.7
2013-01-01	AW Services Inc.	4995	62	54.1	760.7	227.6
2013-01-01	AW Services Inc.	5035	64	35.8	792.1	237.3
2013-01-01	AW Services Inc.	5082	84	81.3	1092.3	327.5
2013-01-01	AW Services Inc.	5085	54	25.3	547.1	164.0
2013-01-01	AW Services Inc.	5196	52	79.9	822.8	246.5
2013-01-01	AW Services Inc.	5790	72	74.7	1308.3	391.9
2013-01-01	AW Services Inc.	5914	38	33.5	450.1	134.9
2013-01-01	AW Services Inc.	6208	81	30.8	692.4	207.5
2013-01-01	AW Services Inc.	6328	113	27.9	1212.3	362.1
2013-01-01	AW Services Inc.	6694	12	1.0	116.8	34.9
2013-01-01	Adwar H. Nikola	3954	83	41.0	775.5	232.1
2013-01-01	Adwar H. Nikola	4052	53	11.3	850.1	254.9
2013-01-01	Adwar H. Nikola	4088	147	101.1	1548.6	463.6

图 2-7　导入数据成功

7）由于本项目中使用 GROUP BY 命令进行聚合操作，如果在 SELECT 中的列没有在 GROUP BY 中出现，那么这个 SQL 是不合法的。在严格模式下，不要让 GROUP BY 部分中的查询指向未选择的列，否则会报错。需在 MySQL 配置文件中添加一行配置信息。配置文件如下，命令如图 2-8 所示。

```
# 编辑配置文件
vi /etc/my.cnf
# 添加内容
sql_mode=
# 重启 mysql 服务
servie mysqld restart
```

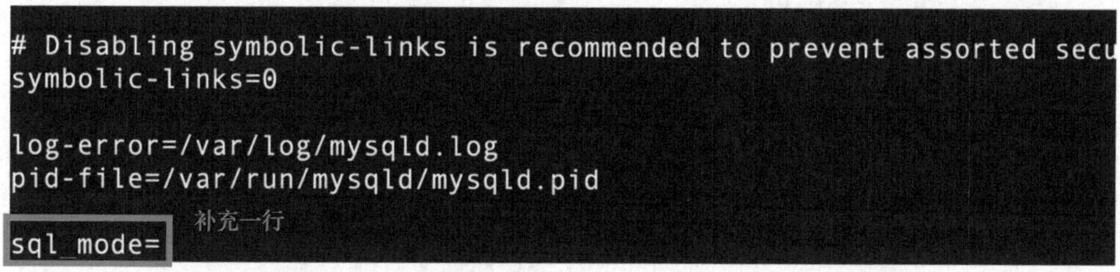

```
# Disabling symbolic-links is recommended to prevent assorted secu
symbolic-links=0

log-error=/var/log/mysqld.log
pid-file=/var/run/mysqld/mysqld.pid
        补充一行
sql_mode=
```

图 2-8　添加配置信息

2.5 本地开发环境搭建

1．Java 环境安装与配置

JDK 是 Java 语言的软件开发工具包，是整个 Java 开发的核心，它包含了 Java 的运行环境、Java 工具和 Java 基础的类库。

在本章，HDFS（Hadoop Distributed File System，Hadoop 分布式文件系统）编程实践使用 Eclipse 作为开发平台，以 Java 语言为开发语言，故需要在开发之前配置 JDK 环境。安装与配置具体步骤如下：

1) 在本地 Windows 操作系统上安装 Java JDK，双击安装软件包“jdk-8u131-windows-x64.exe”，开始安装程序，如图 2-9 所示。

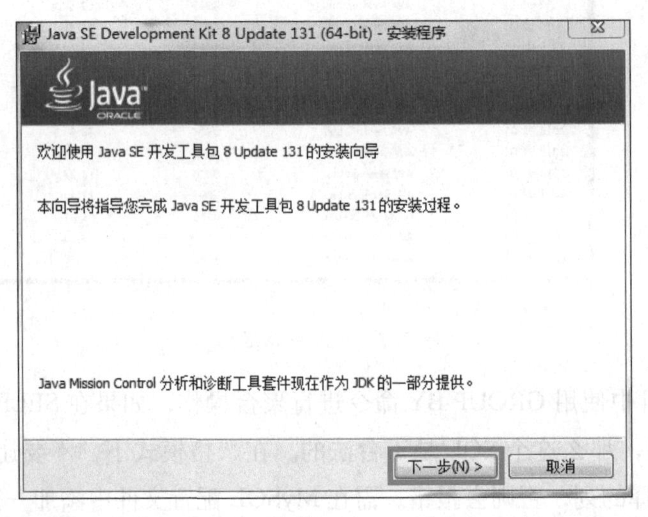

图 2-9　安装 Java JDK（1）

2）单击“下一步”按钮，选择安装路径，建议使用默认路径安装，如图 2-10 所示。

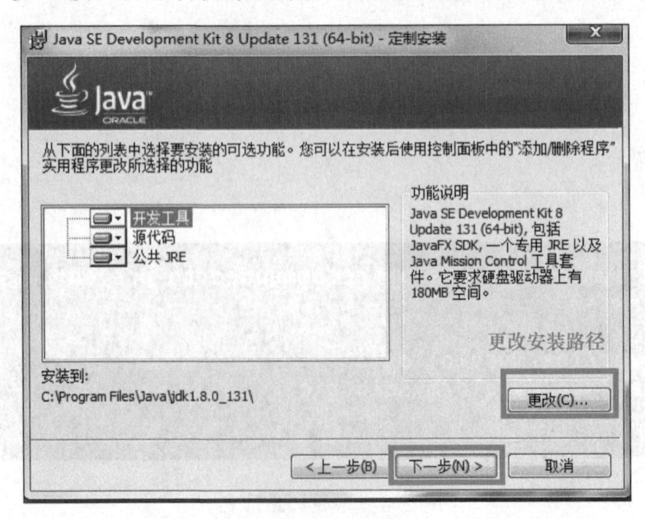

图 2-10　安装 Java JDK（2）

3）等待安装。JDK 安装成功后会提示安装 JRE，单击“下一步”按钮开始安装，如图 2-11 所示。

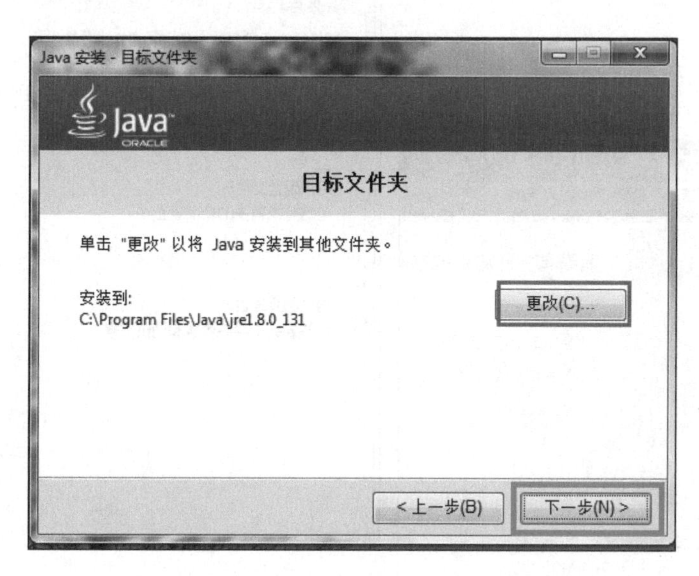

图 2-11　安装 Java JDK（3）

4）等待安装。安装完成如图 2-12 所示，单击“关闭”按钮。

5）配置 Java 环境变量，在“我的电脑”上单击鼠标右键，在弹出的快捷菜单中选择“属性”命令，如图 2-13 所示。

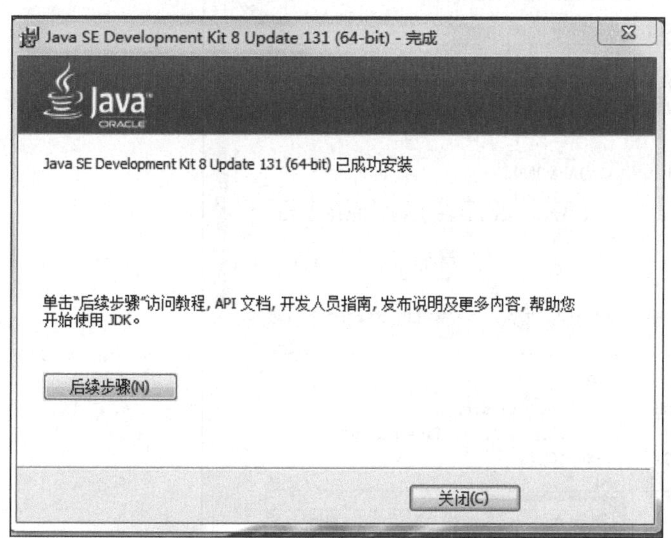

图 2-12　安装完成

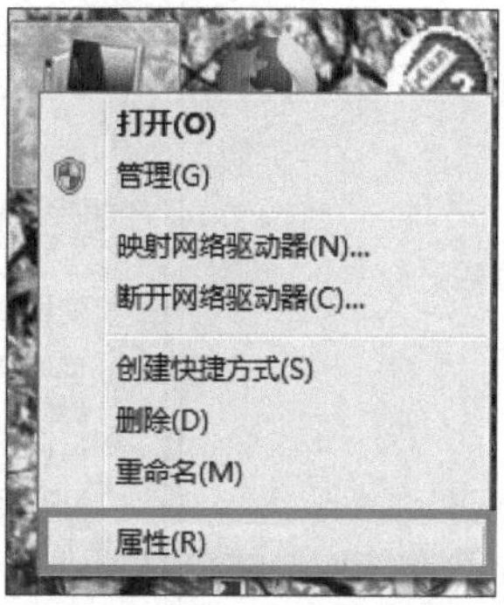

图 2-13　选择“属性”命令

6）单击“高级系统设置”按钮，如图 2-14 所示。

7）在弹出的“系统属性”对话框中单击“环境变量”按钮，如图 2-15 所示。

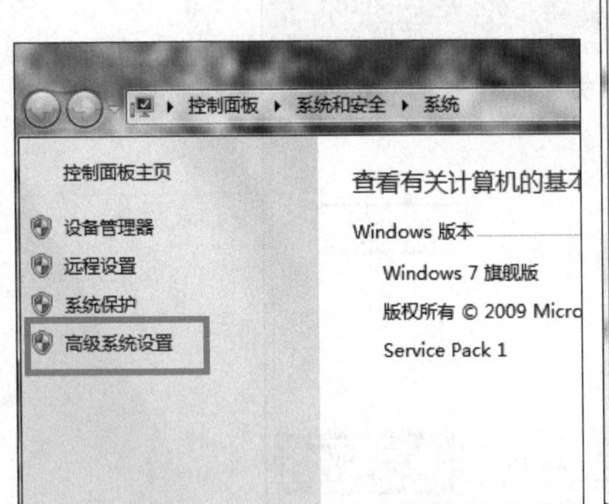

图 2-14　计算机高级系统设置

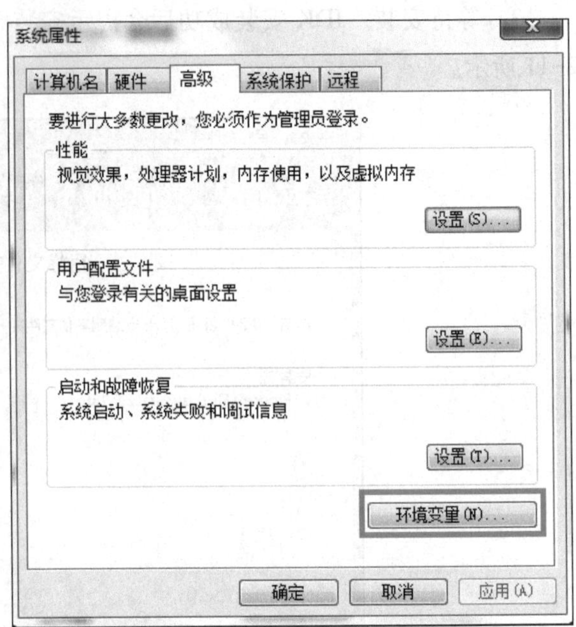

图 2-15　“环境变量”按钮

8）在“环境变量”对话框中单击“新建”按钮，在“新建系统变量”对话框中输入变量名“JAVA_HOME”、变量值“C:\Program Files\Java\jdk1.8.0_131”，变量值为安装 Java JDK 的路径，如图 2-16 所示。

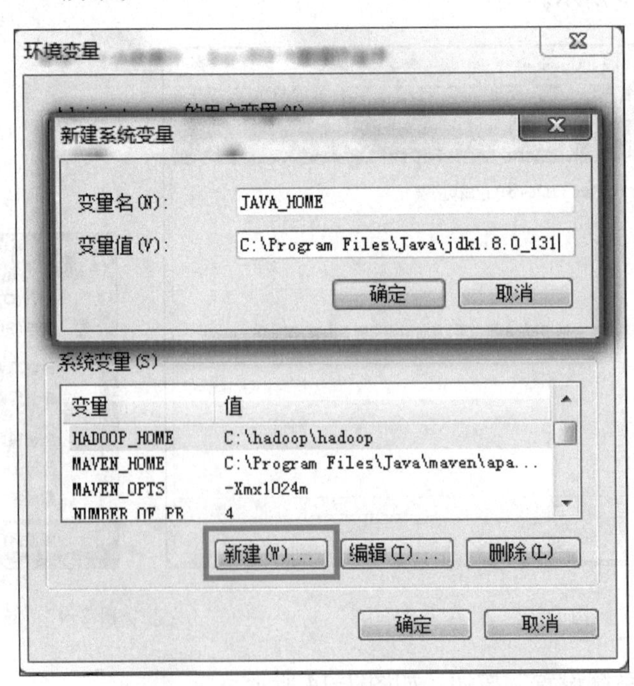

图 2-16　JAVA_HOME 环境变量设置

9）在系统变量里找到“Path”变量并编辑，如图 2-17 所示。

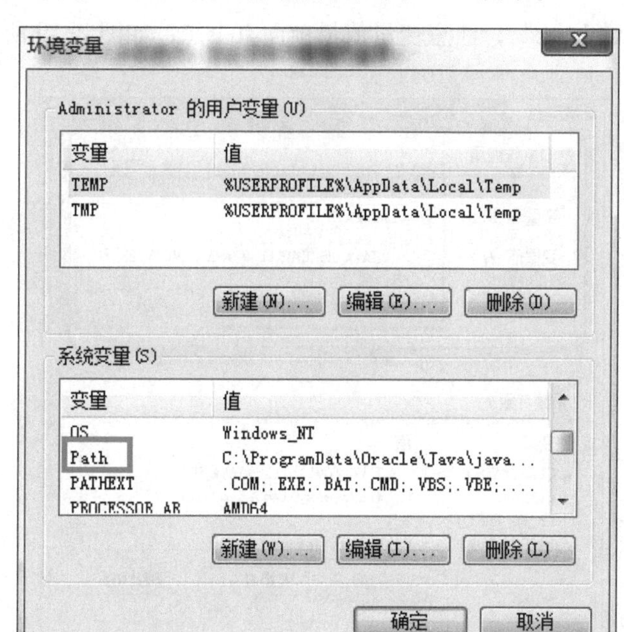

图 2-17 “Path”系统变量设置

10）在最后补充“%JAVA_HOME%\bin;%JAVA_HOME%\jre\bin;”，注意是补充不是替换，如图 2-18 所示。

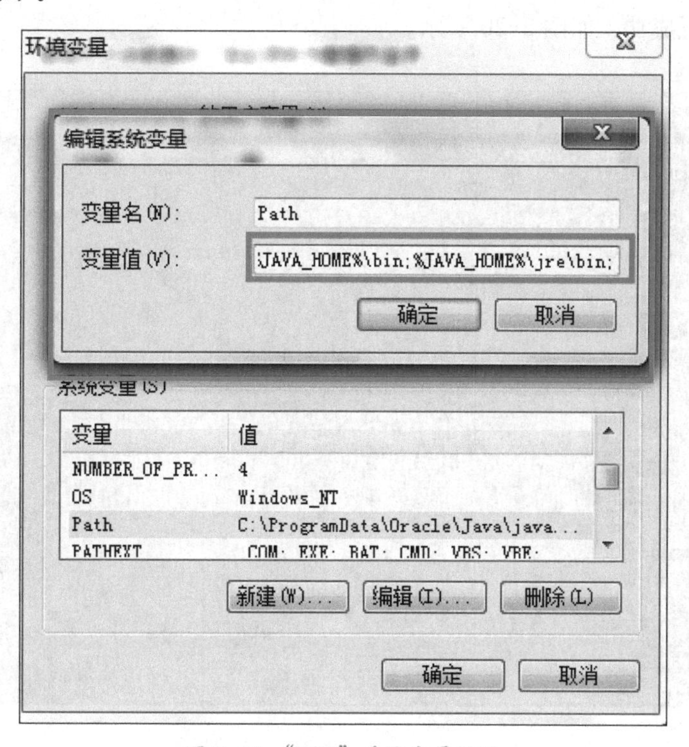

图 2-18 “Path”系统变量设置

11）在系统变量中新建“CLASSPATH”变量名，变量值为“.;%JAVA_HOME%\lib;%JAVA_HOME%\lib\tools.jar”，注意变量值最前面有个点，如图 2-19 所示。

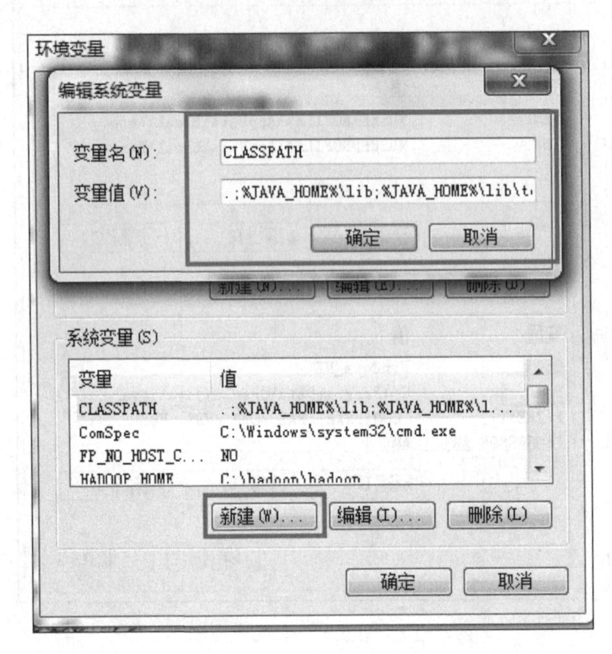

图 2-19 “CLASSPATH”设置

12）配置完成后重启系统，重启后在 CMD 窗口命令提示符后输入“javac”命令，验证环境变量是否配置成功，如图 2-20 所示。

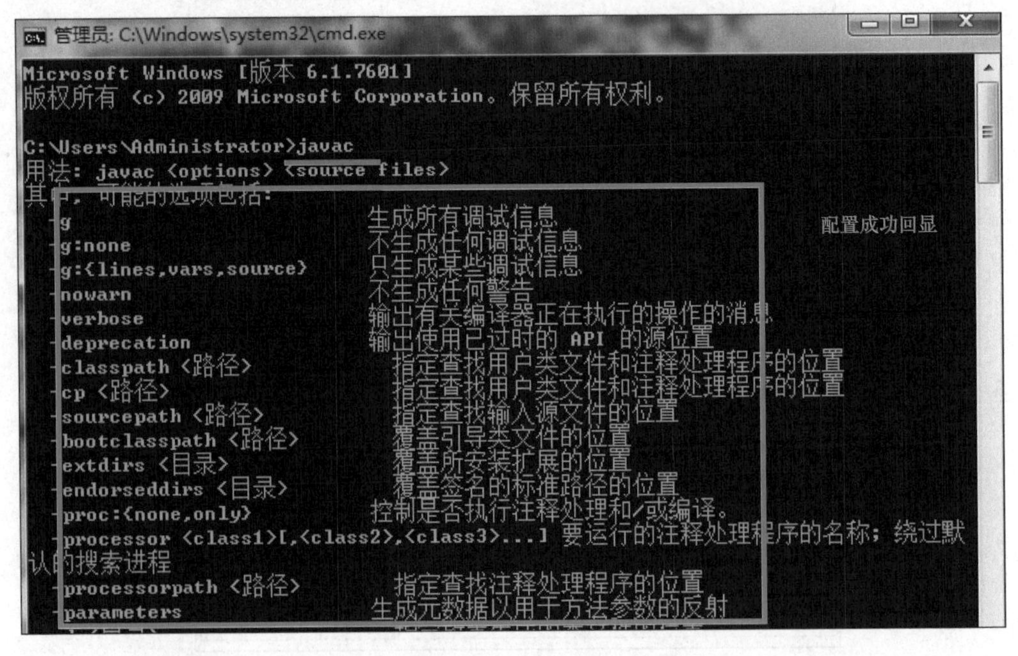

图 2-20 查看 Java 是否已成功安装

2．Maven 环境安装与配置

Maven 是一个项目管理工具，它包含了一个项目对象模型（Project Object Model）、一组标准集合、一个项目生命周期（Project Lifecycle）、一个依赖管理系统（Dependency Management System）和用来运行定义在生命周期阶段（Phase）中插件（Plugin）目标（Goal）的逻辑。当使用 Maven 的时候，可以用一个明确定义的项目对象模型来描述项目。

在本章与后续章节均需使用该环境，故需要提前安装配置。安装与配置步骤如下。

1）解压缩“maven3.5.rar”安装包至“java”安装目录中，这里安装位置为“C:\Program Files\java”，如图 2-21 所示。

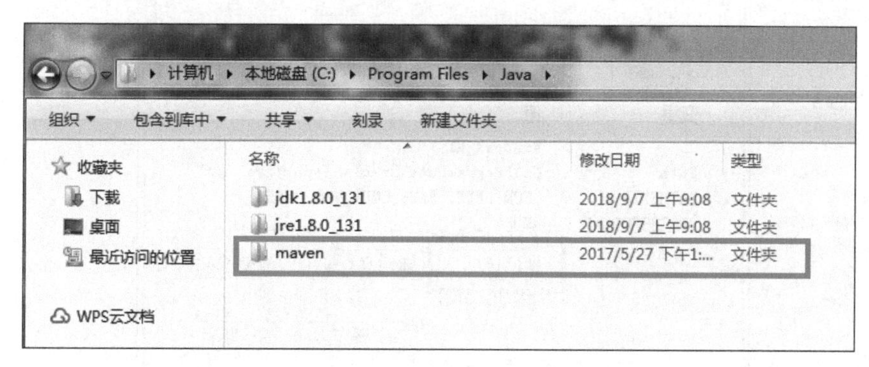

图 2-21　Maven 安装目录

2）配置 Maven 安装环境变量，参照 Java 环境变量配置步骤，进入“系统属性”设置界面，单击“高级系统设置”按钮，选择“环境变量”，新建环境变量。输入变量名“MAVEN_HOME”，变量值为“C:\Program Files\Java\maven\apache-maven-3.5.0”，变量值可直接复制解压缩路径，如图 2-22 所示。

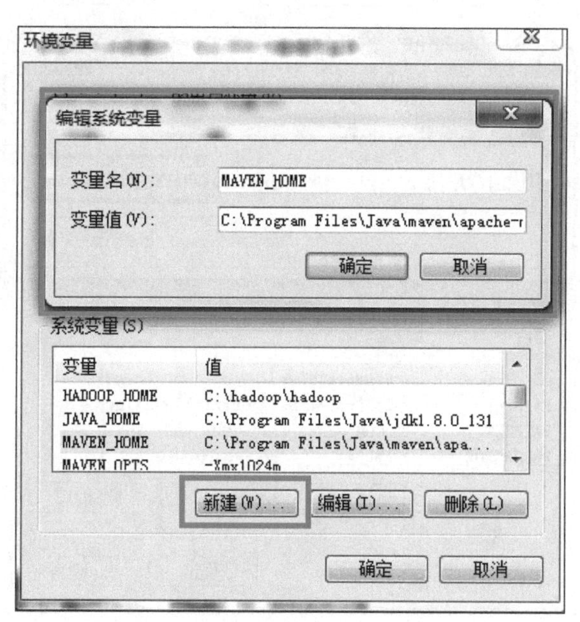

图 2-22　MAVEN_HOME 环境变量

3）新建变量名“MAVEN_OPTS”、变量值为“-Xmx1024m”的系统变量，如图 2-23 所示。

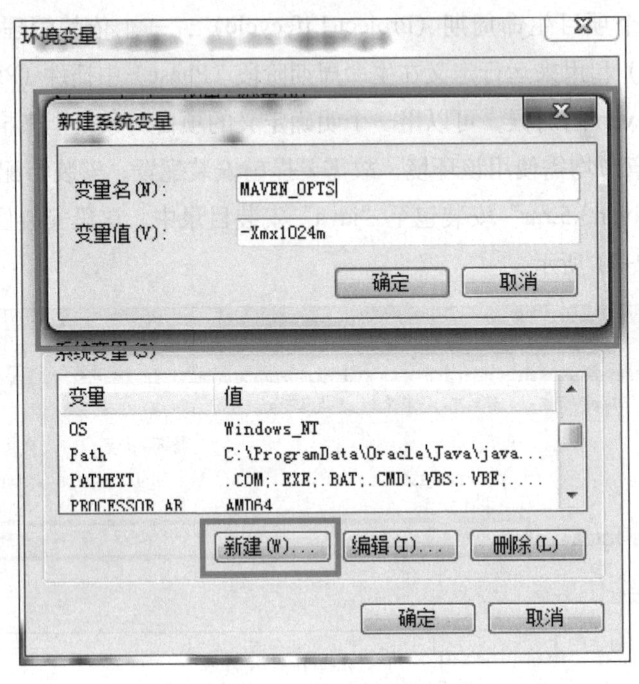

图 2-23　MAVEN_OPTS 变量

4）在系统变量“Path”中添加“%MAVEN_HOME%\bin;”，如图 2-24 所示。注意该内容是添加的，不要删除前面的内容。

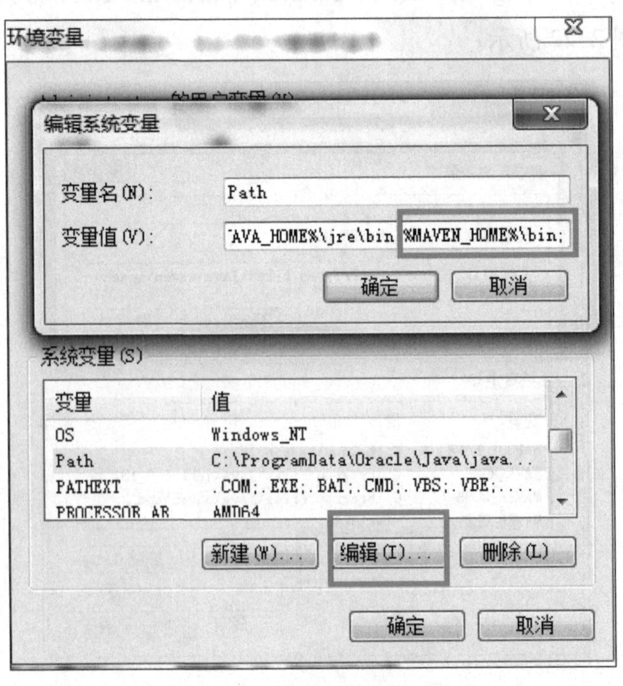

图 2-24　Path 设置

5）修改文件 C:\Program Files\java\maven\repository\settings.xml 和 C:\Program Files\java\maven\apache-maven-3.5.0\conf\settings.xml。

在文件中找到 <localRepository> 标签，修改其中的内容为“C:\Program Files\java\maven\repository\maven_jar”，如图 2-25 所示。

```
 | values (values used when the setting is not specified) are provided.
 |
 |-->
<settings xmlns="http://maven.apache.org/SETTINGS/1.0.0"
          xmlns:xsi="http://www.w3.org/2001/XMLSchema-instance"
          xsi:schemaLocation="http://maven.apache.org/SETTINGS/1.0.0 http://maven.apache.org/
  <!-- localRepository
   | The path to the local repository maven will use to store artifacts.
   |
   | Default: ${user.home}/.m2/repository

  -->
  <localRepository>C:\Program Files\Java\maven\repository\maven_jar</localRepository>

  <!-- interactiveMode
   | This will determine whether maven prompts you when it needs input. If set to false,
   | maven will use a sensible default value, perhaps based on some other setting, for
   | the parameter in question.
   |
   | Default: true
  <interactiveMode>true</interactiveMode>
  -->
```

图 2-25　修改配置文件

6）重启系统，重启完成后验证配置结果，在命令提示符中输入命令“mvn –v”，如图 2-26 所示。

图 2-26　安装成功

3．Eclipse 开发平台配置

Eclipse 是一个开放源代码的、基于 Java 的可扩展开发平台。就其本身而言，它只是一个框架和一组服务，用于通过插件组件构建开发环境。幸运的是，Eclipse 附带了一个标准

的插件集，包括 JDK。

本章 Hadoop 使用 Eclipse 为平台，Java 语言为开发语言，平台配置步骤如下。

1）解压缩“eclipse-oxygen.rar”至“C:\Program Files\java\”目录下，本章使用的 Eclipse 为绿色版故无需安装，解压缩即可使用，如图 2-27 所示。

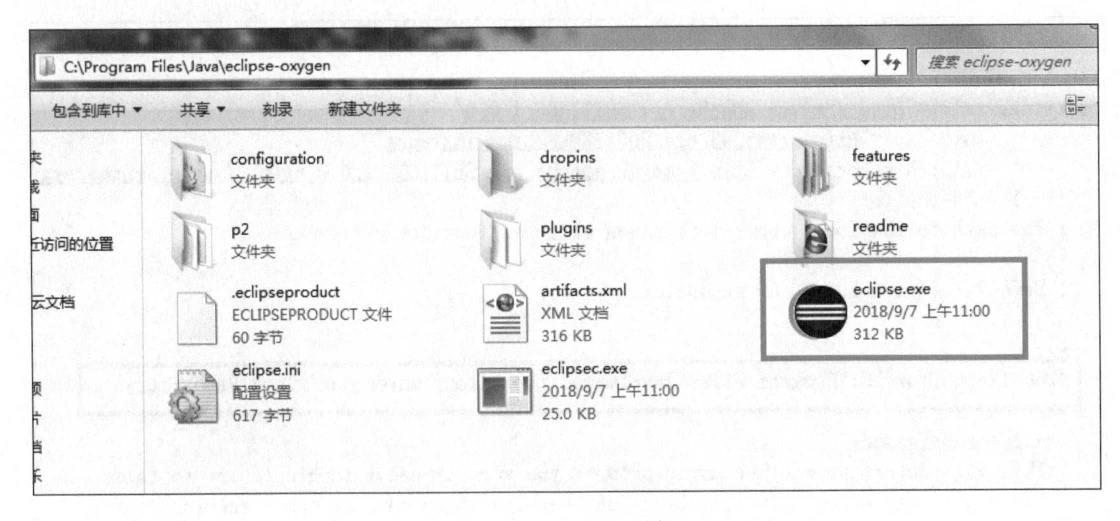

图 2-27　Eclipse 图标

2）打开 eclipse.exe 应用程序，关闭 Welcome 界面，如图 2-28 所示。

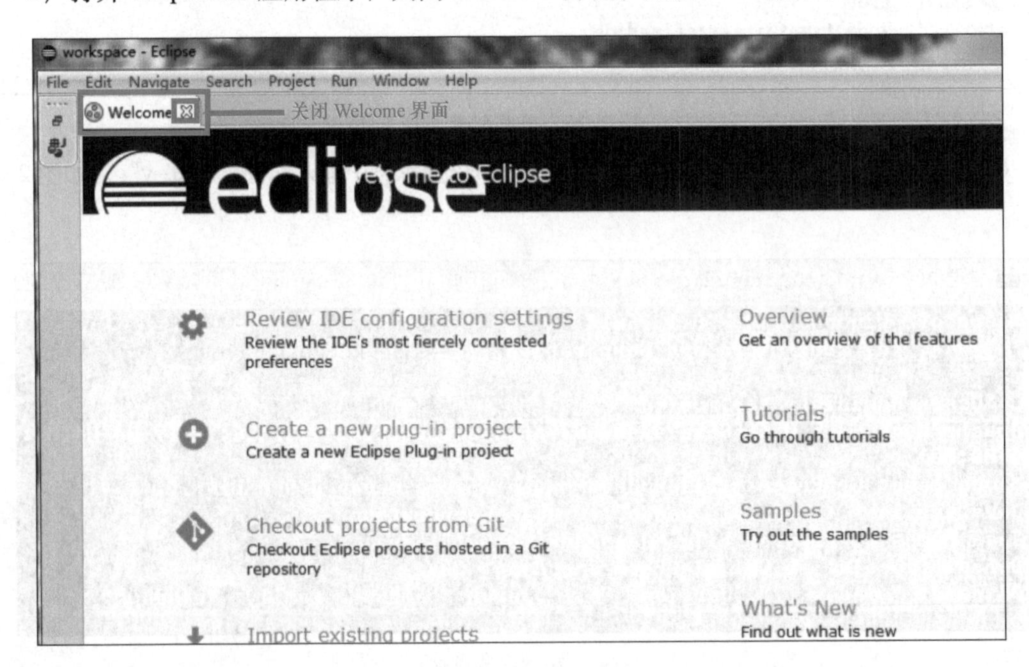

图 2-28　Welcome 界面

3）配置 Eclipse Maven：选择“Windows”→“Preference”命令，在弹出的对话框中选择“Maven”→“Installations”命令，单击右上方的“Add”按钮，如图 2-29 和图 2-30 所示。

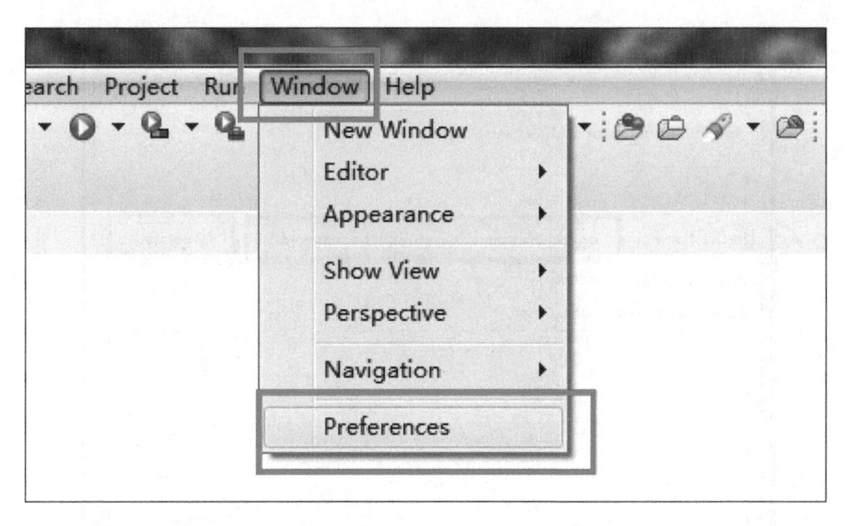

图 2-29 “Preferences”选项设置

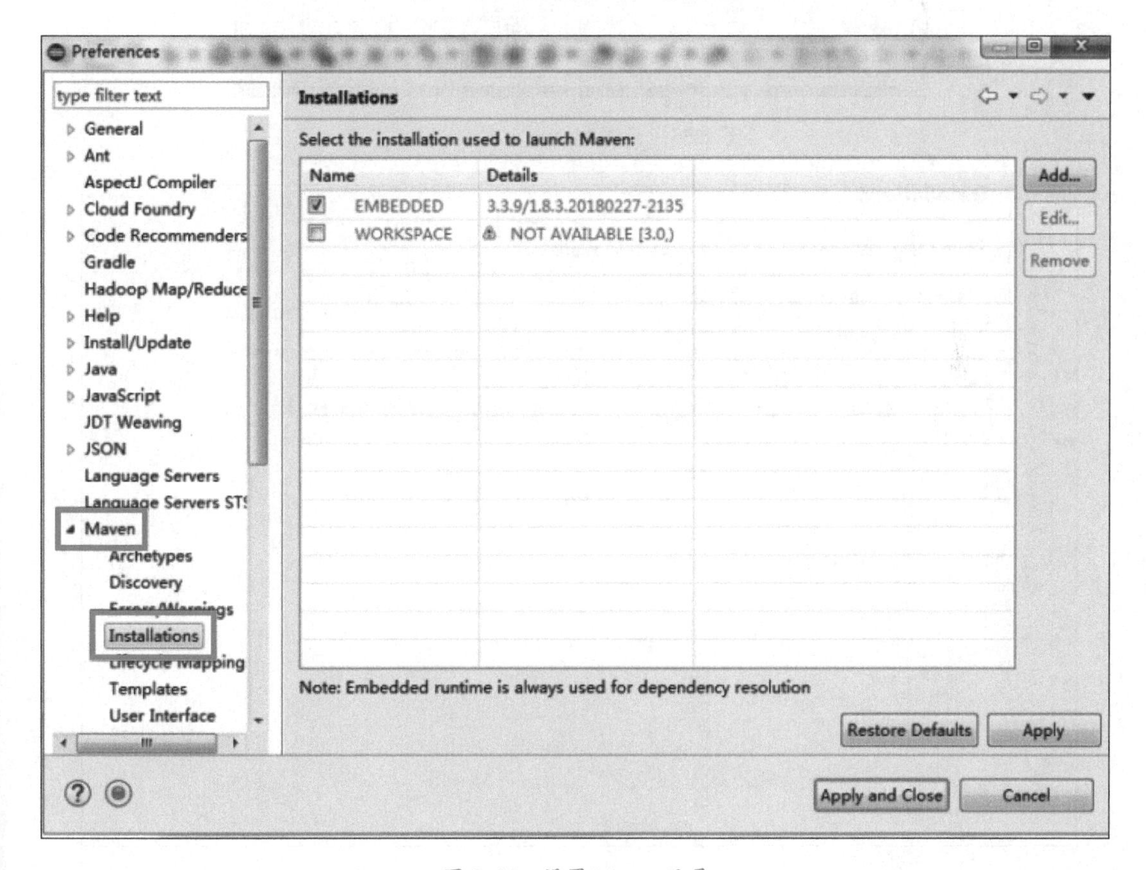

图 2-30 设置 Maven 目录

4）在“New Maven RunTime”对话框中选择 Maven 安装目录“C:\Program Files\Java\maven\apache-maven-3.5.0”，配置完成后单击“Finish”按钮完成，勾选新建内容，如图 2-31 和图 2-32 所示。

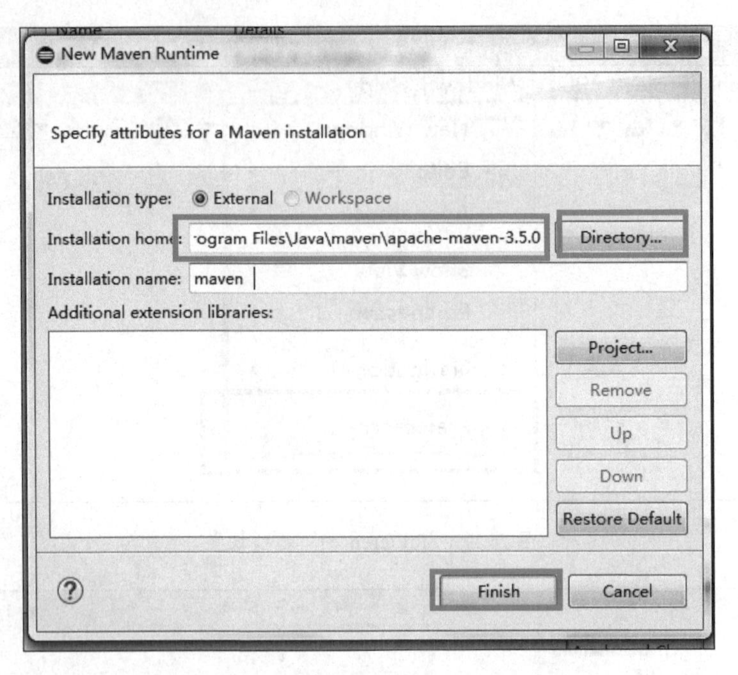

图 2-31 设置 Maven 目录（1）

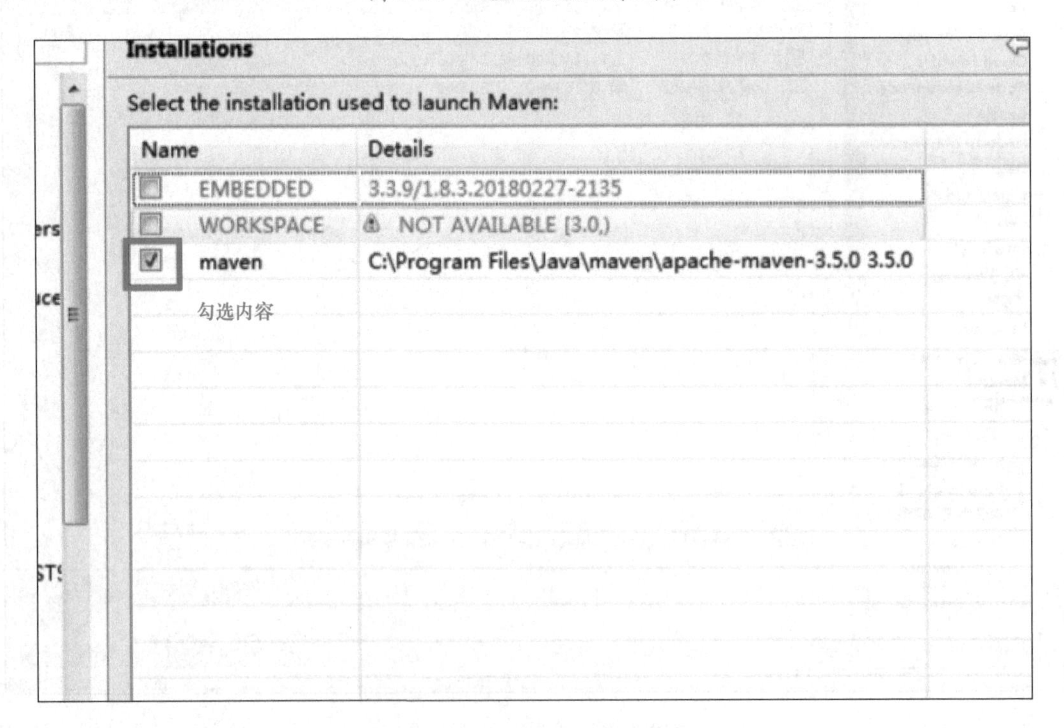

图 2-32 设置 Maven 目录（2）

5）根据步骤 3），再选择“Window”→“Preferences”→“Maven”→“User Settings”添加配置目录“C:\Program Files\Java\maven\repository\settings.xml”，完成后单击“Update Settings”按钮，单击“Apply”按钮，如图 2-33 所示。

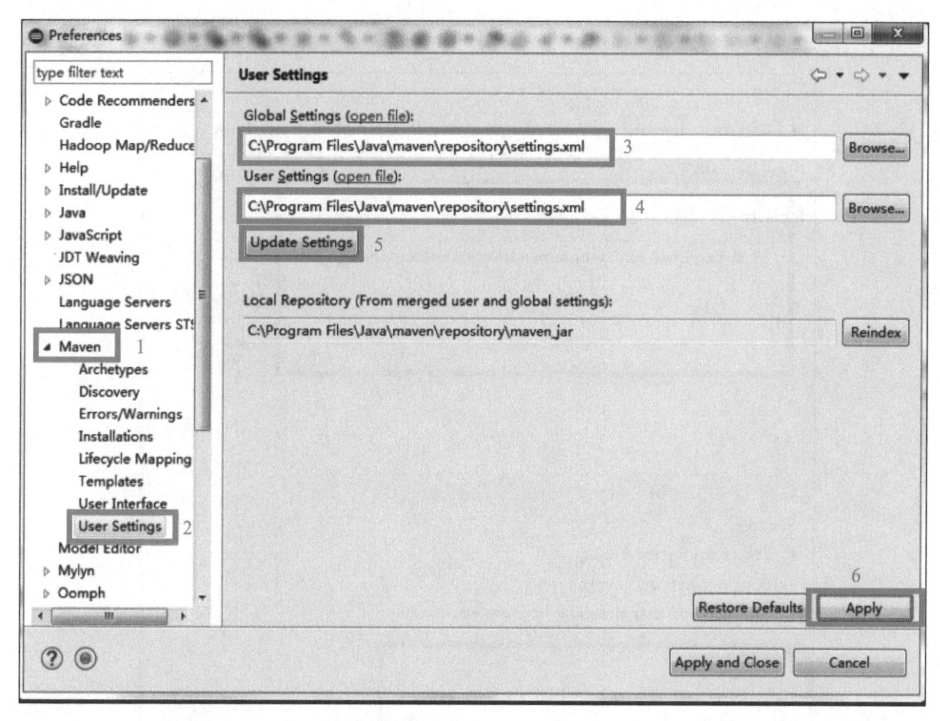

图 2-33　设置配置文件目录

2.6 发布 Tomcat 可视化页面

1）在 Eclipse 软件中导入“\chicago_taxi”工程项目，如图 2-34 和图 2-35 所示。

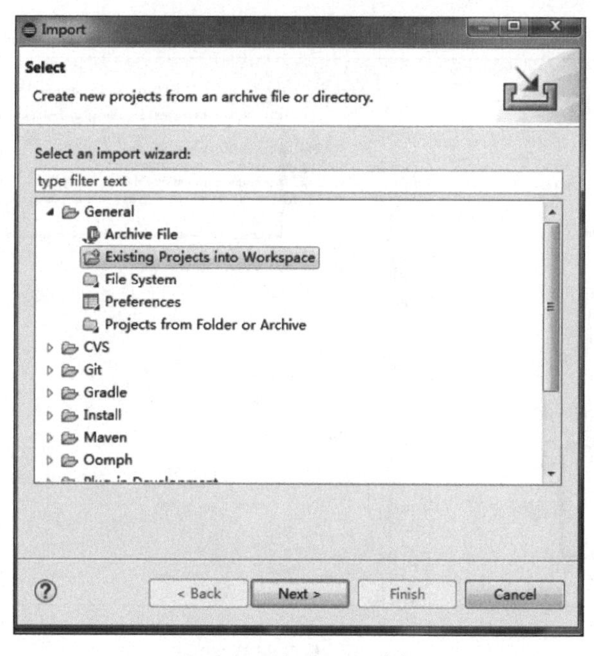

图 2-34　导入项目（1）

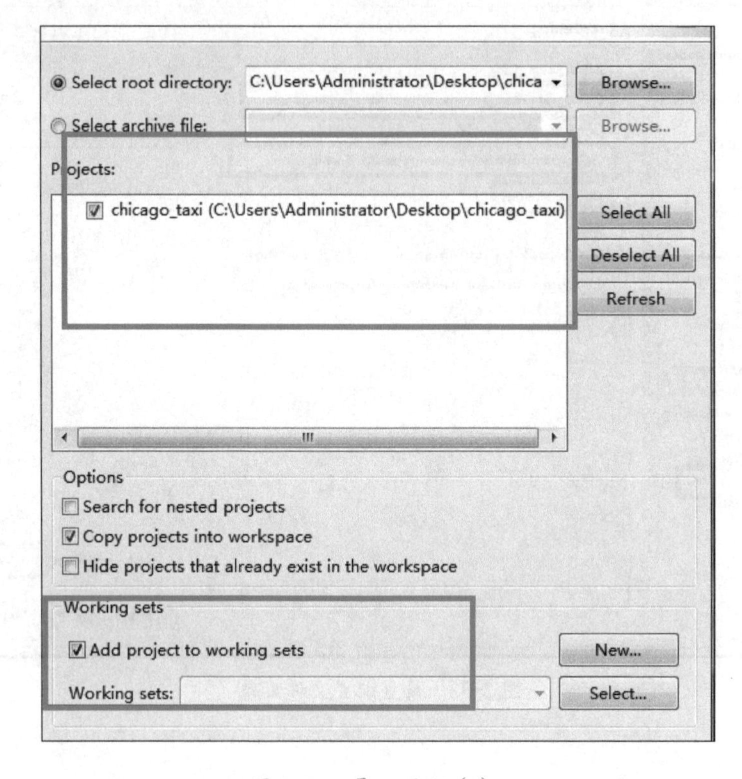

图 2-35　导入项目（2）

2）根据本地 MySQL 环境，修改 MySQL 配置项“application.properties”中的 IP 地址、用户名和密码等，如图 2-36 所示。

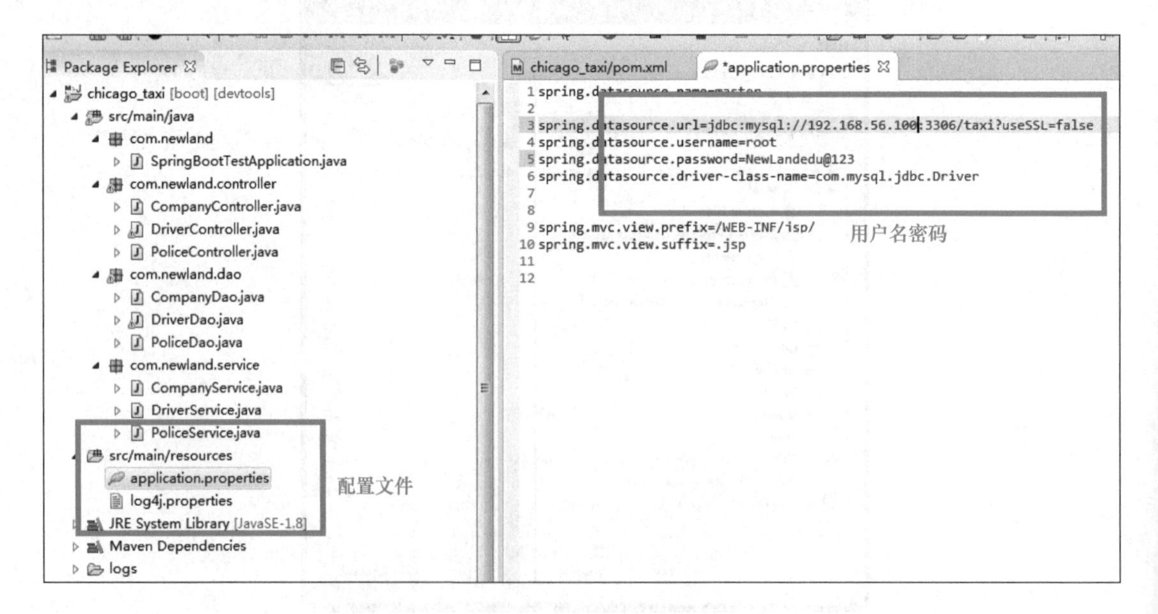

图 2-36　修改配置文件

3）将工程通过“Maven install”命令生成 War 包。在工程上单击鼠标右键，在弹出的快捷菜单中选择“Run As”→“Maven install”命令生成 War 包，如图 2-37 所示。

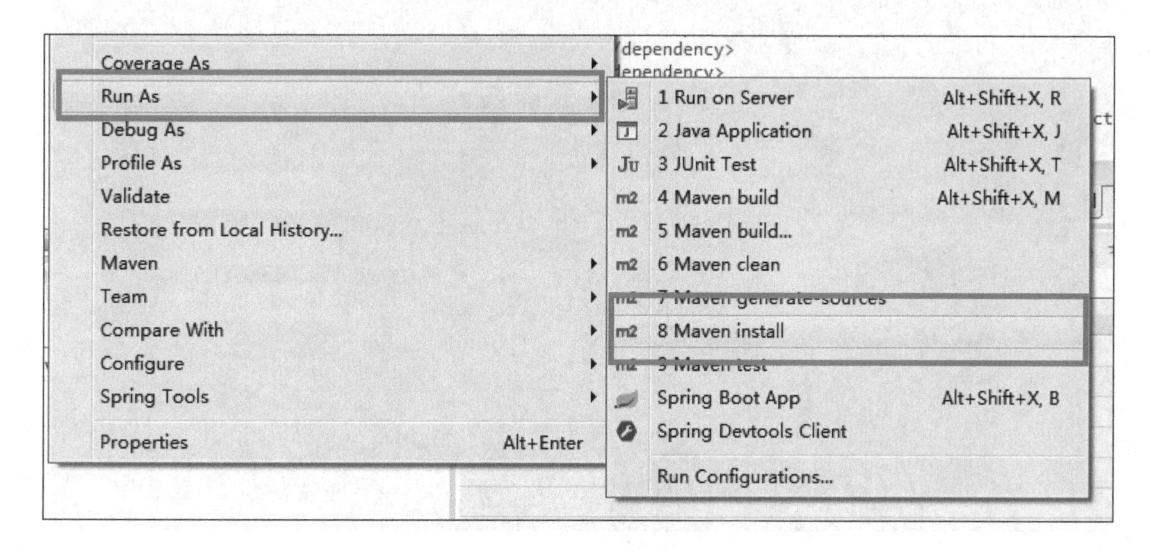

图 2-37　生成 War 包

4）修改 War 包文件名为 kab 并上传至集群 Tomcat 目录“/opt/tomcat/webapps/”下，如图 2-38 所示。

```
[root@master home]# cd /opt/tomcat/webapps/
docs/            host-manager/  kab.war      war 包 OOT/
examples/        kab/           manager/         taxi/
```

图 2-38　上传 War 包

5）开启 Tomcat 服务，切换至“Tomcat/bin”目录，开启服务命令，如下。

```
# 切换 tomcat 目录
cd /opt/tomcat/bin
# 开启服务
./startup.sh
```

6）访问网址“http://192.168.56.100:8080/kab”测试搭建是否成功，如图 2-39 所示。

图 2-39　搭建成功

2.7 数据可视化效果展示

出租车项目可视化网站分为登录首页与 4 个看板，分别为交通管理部门看板、出租车公司看板、出租车司机看板、出租车乘客看板。交通管理部门看板包含所有数据的汇总与分析，出租车公司看板包含各个出租车公司的汇总数据，出租车司机看板包括出租车司机个人的数据记录，出租车乘客看板包括十佳出租车公司、司机排行，居民可将该份报告作为网约车的出行参考。

1．登录首页

登录首页分为登录与注册两个部分。登录部分根据权限不同分为“交管”“公司”“司机”“乘客”4 个角色，登录人员选取所属的角色输入对应的账号、密码与数据库匹配成功即会跳转到相应的看板；注册部分可进行上述 4 个角色的注册，注册成功才能在登录部分成功登录。其效果如图 2-40 所示。

2．交通管理部门看板

此看板共分为 4 大分析模块，即规模分析、时段分析、区域分析、服务质量分析。

1）规模分析，包含总投放量、总客运量、营业额、总收益的数据汇总。其中总投放量、总客运量、营业额、总收益以时间为节点，以折线图的方式进行可视化的呈现。其中将公司车辆投放量以排行的方式显示，在中间加入了柱状图显示公司投放量，将车辆投放量进行详细分页呈现。同时加入了根据日期查询公司的功能，如图 2-41 和图 2-42 所示。

图 2-40　登录首页

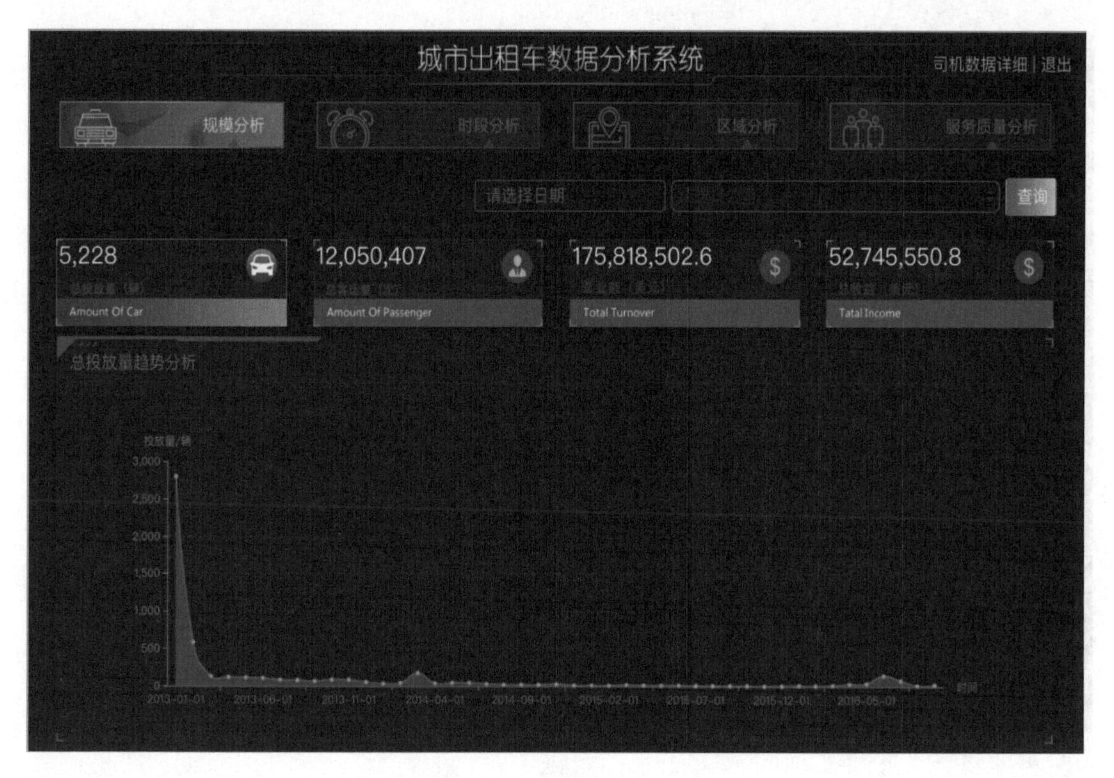

图 2-41　规模分析（1）

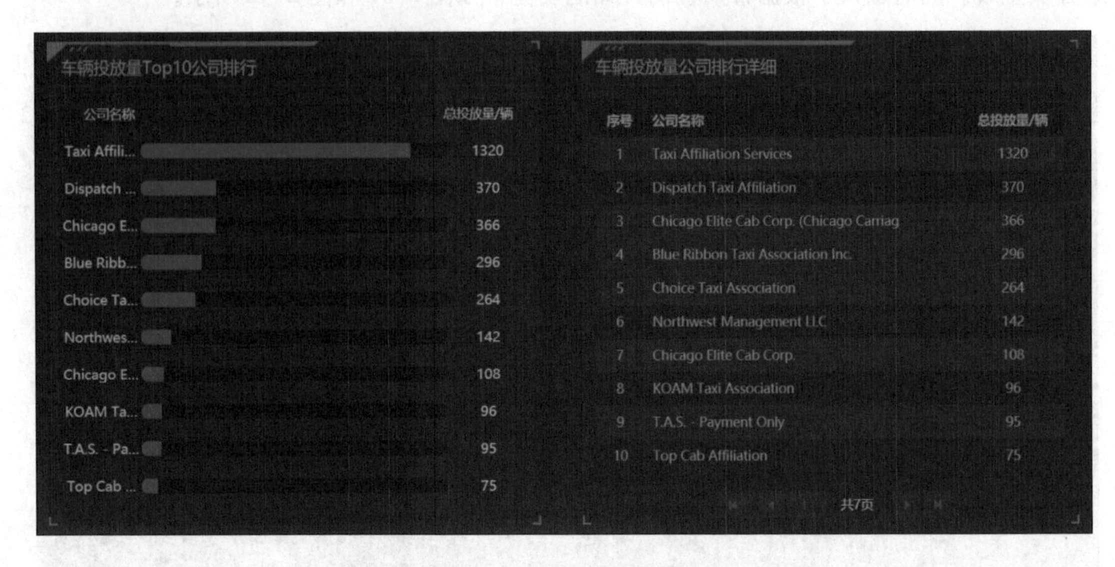

图 2-42　规模分析（2）

2）时段分析。该模块分为拥堵时段分析、打车高峰期时段分析（客运量）、打车高峰期时段分析（营业额）3 个图表展示。其中，打车高峰期以柱状图的形式进行展现，如图 2-43 和图 2-44 所示。

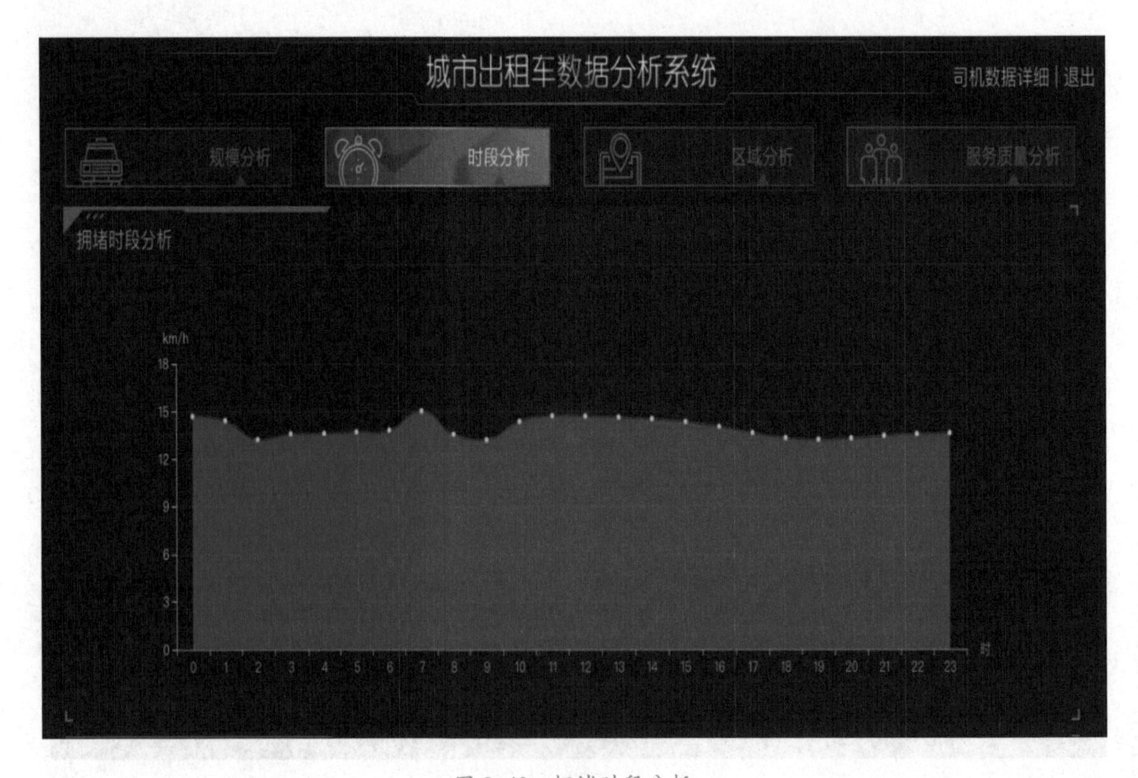

图 2-43　拥堵时段分析

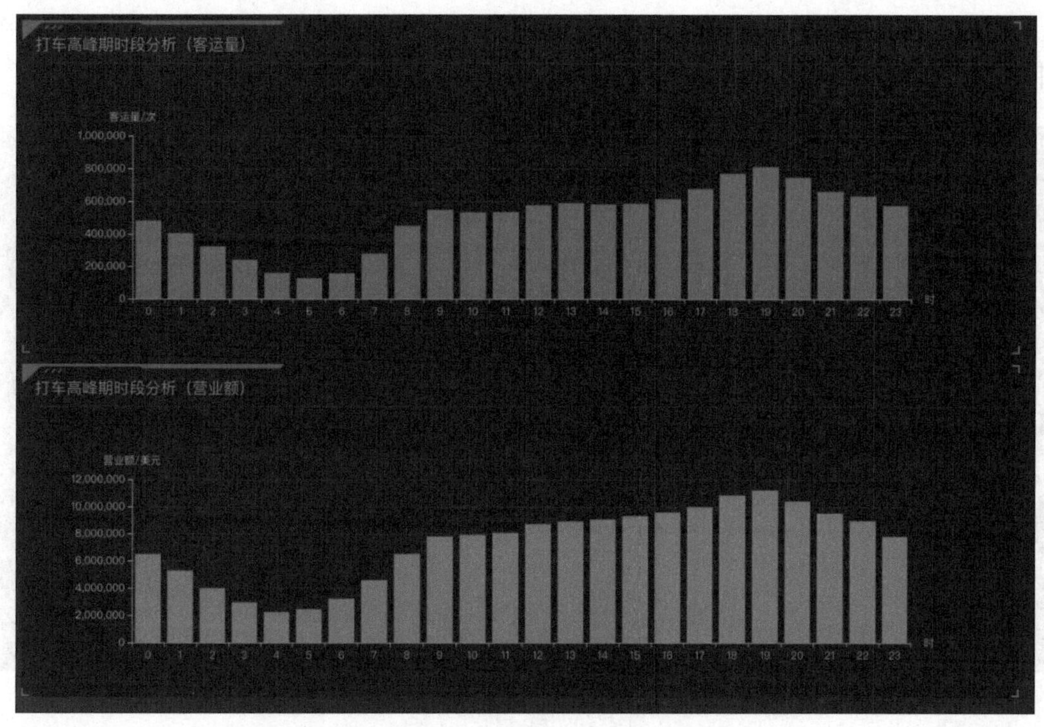

图 2-44　打车高峰期时段分析

3）区域分析。使用百度地图热力图的方式展现在乘坐出租车最密集的区域，在热力图的右方以图表的方式展现每个区域的上车数量，如图 2-45 所示。

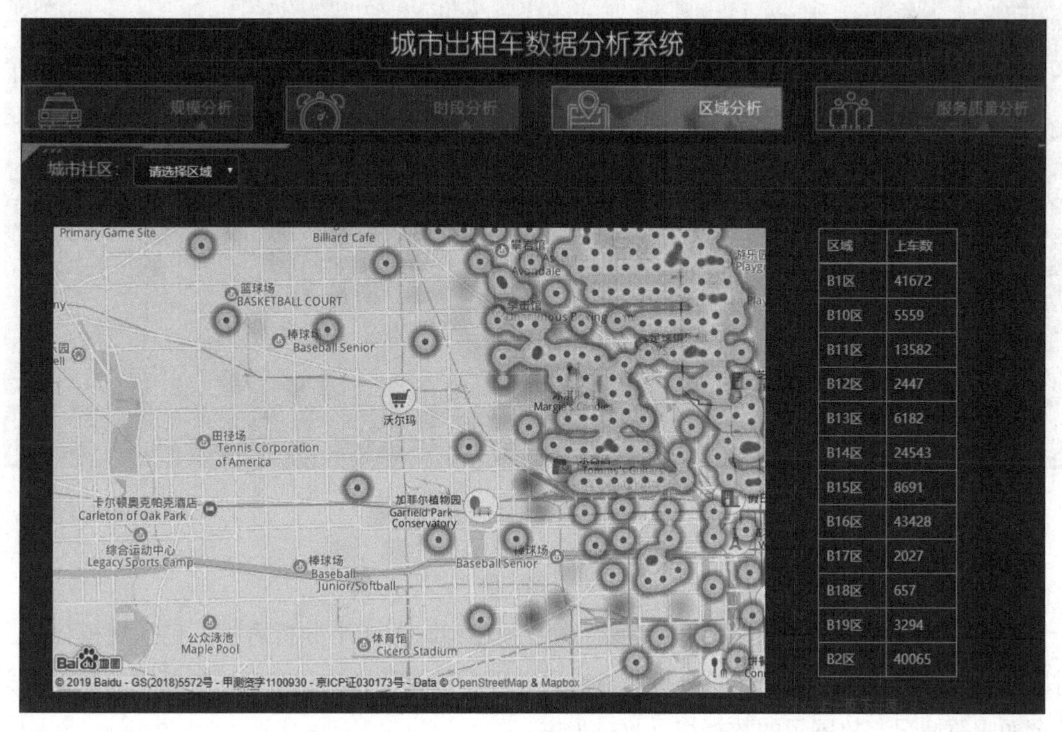

区域	上车数
B1区	41672
B10区	5559
B11区	13582
B12区	2447
B13区	6182
B14区	24543
B15区	8691
B16区	43428
B17区	2027
B18区	657
B19区	3294
B2区	40065

图 2-45　区域分析

4）服务质量分析。该分析图的可视化展示与规模分析看板类似，使用折线图展示服务时段质量，用列表显示公司服务质量排名，如图 2-46 和图 2-47 所示。

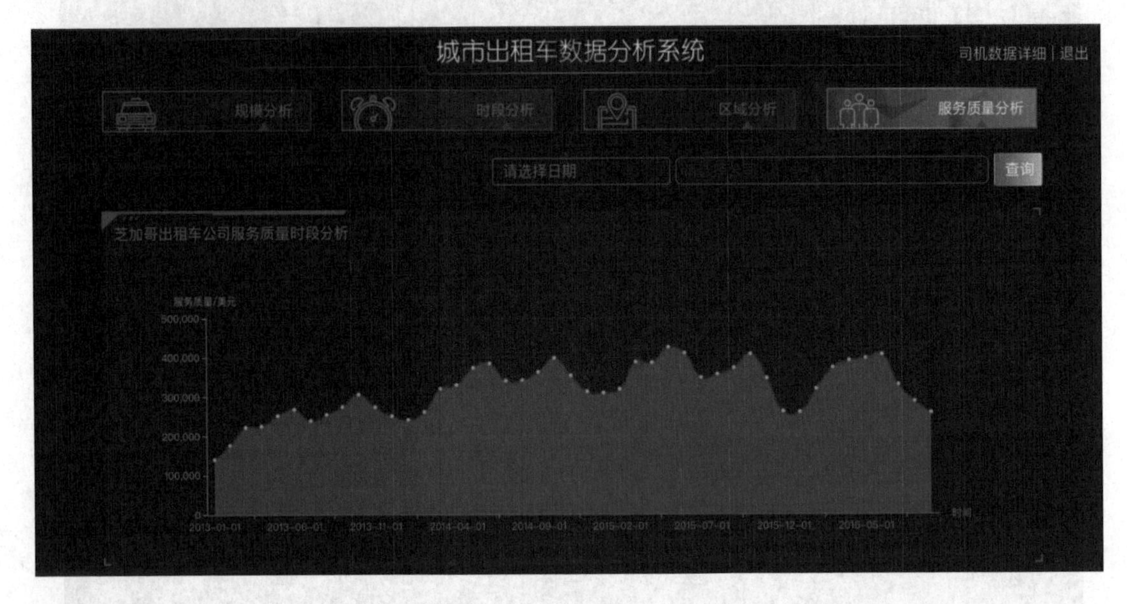

图 2-46　服务质量分析

图 2-47　服务质量排行

3．出租车公司看板

出租车公司看板可视化显示与交通管理看板相似，共 4 个分析看板，包括规模分析、时段分析、区域分析、服务质量分析。与交通管理看板相比，出租车公司看板中的数据更关注金额收益情况，故展示的数据均以收益为主。

1）规模分析，以总收益数据作为重点分析数据，采用折线图方式突出每个时段的收益对比情况。同时，汇总该公司中司机的收益情况排行和公司所有司机的详细数据信息，如图 2-48 和图 2-49 所示。

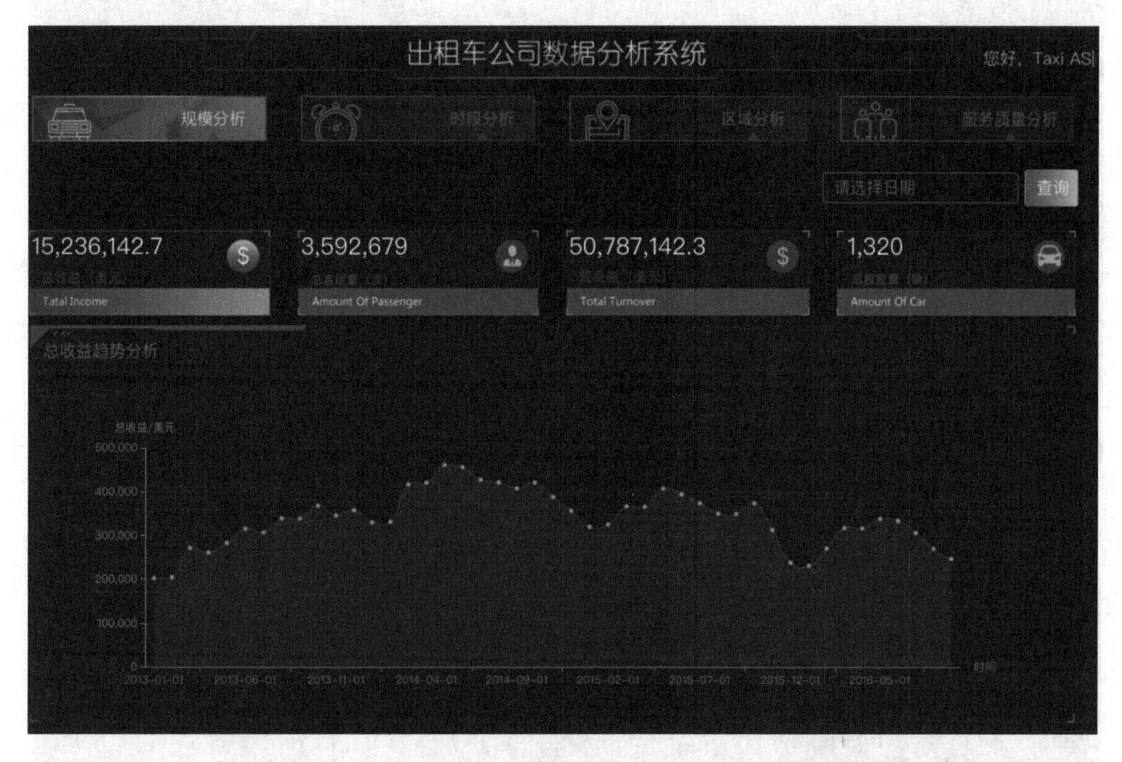

图 2-48　规模分析（1）

图 2-49　规模分析（2）

2）时段分析。该模块分为拥堵时段分析、打车高峰期时段分析（客运量）、打车高峰期时段分析（营业额）3 个图表。其中打车高峰期时段分析以柱状图的形式进行展现，相比

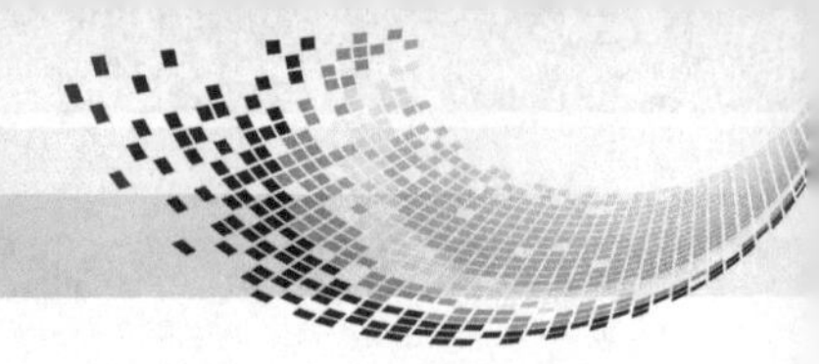

交通管理看板而言，该看板中的数据仅为一家公司的数据，如图 2-50 和图 2-51 所示。

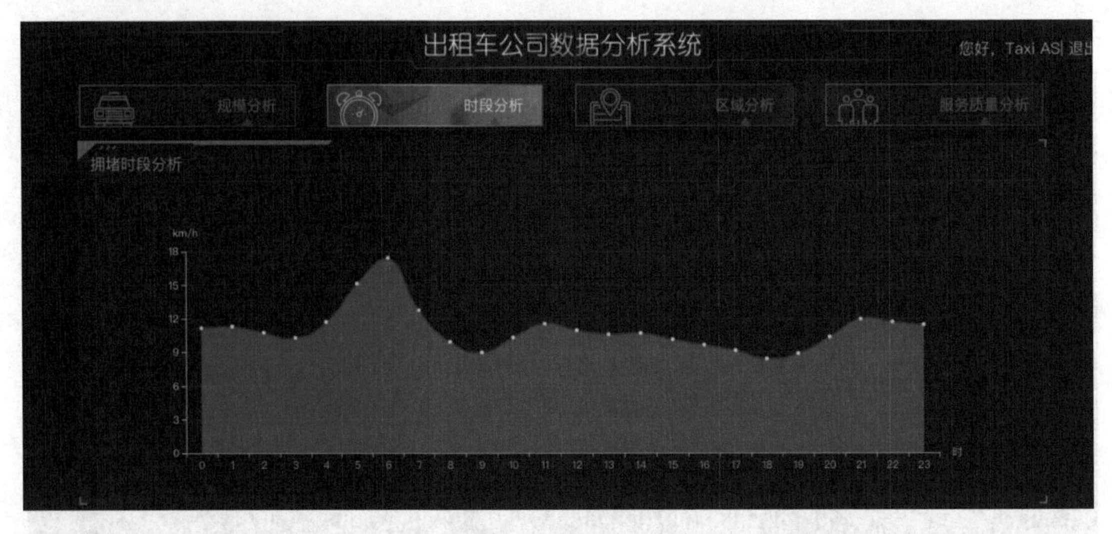

图 2-50　时段分析（1）

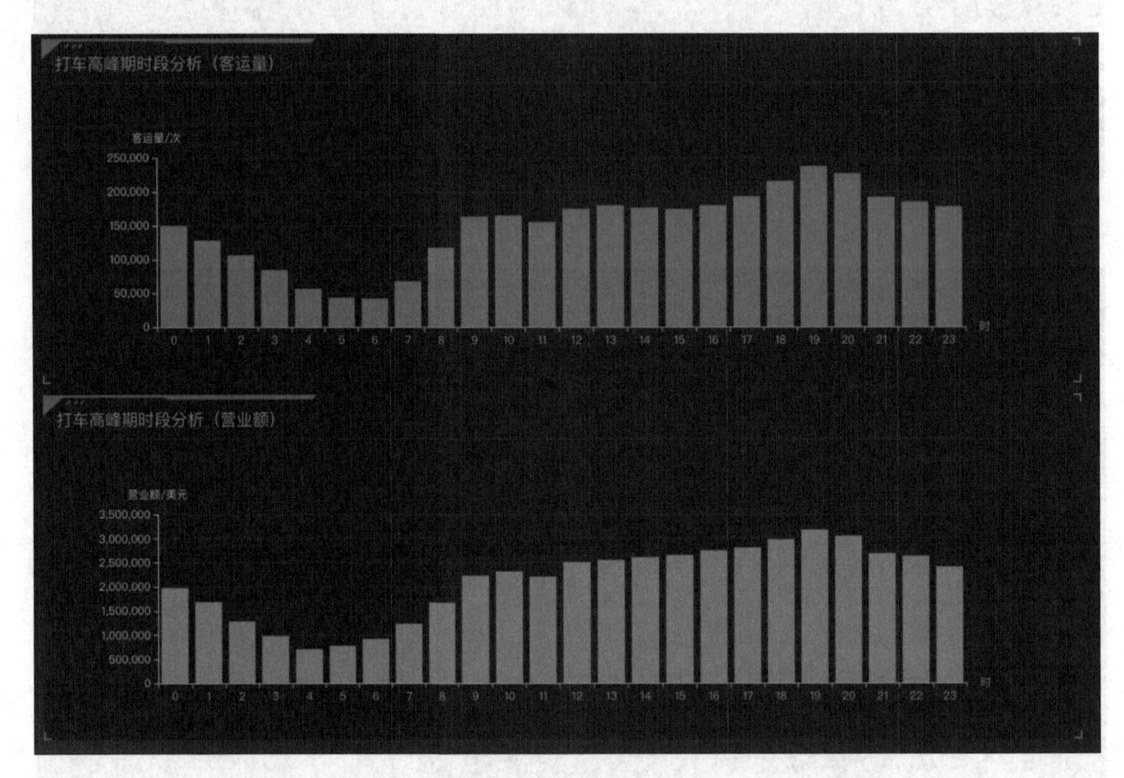

图 2-51　时段分析（2）

3）区域分析。使用百度地图热力图的方式展现某公司的出租车乘客上车最密集的区域；在热力图的右方以图表的方式展现每个区域的上车数量，如图 2-52 所示。

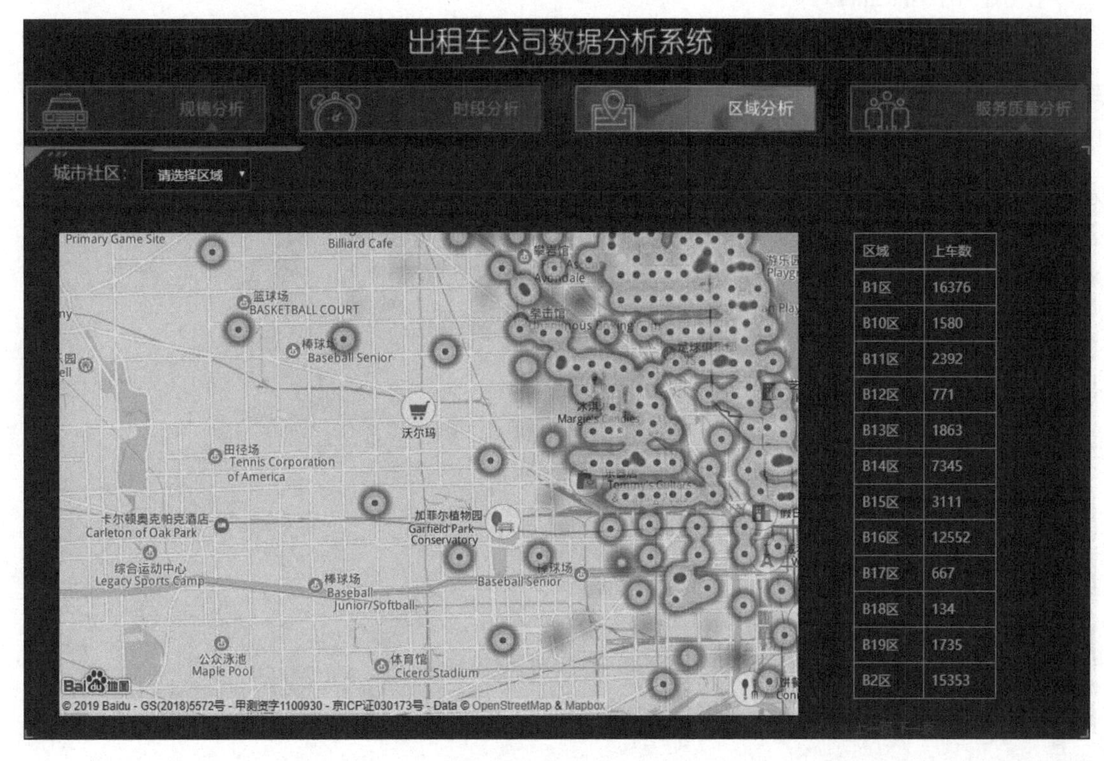

图 2-52　区域分析

4）服务质量分析。该分析图的可视化展示与规模分析看板类似，使用折线图展示服务时段质量，用列表显示公司服务质量排名，如图 2-53 所示。

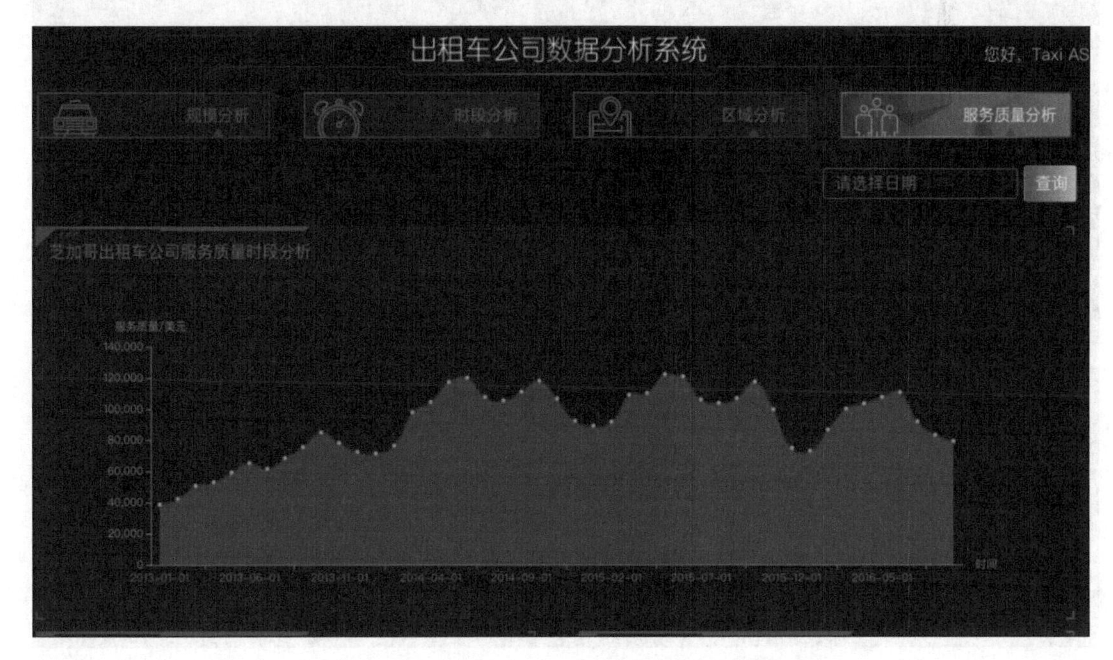

图 2-53　服务质量分析

4. 出租车司机看板

在出租车司机看板中，主要是将司机个人的数据进行展示，使用仪表盘、柱形统计图、趋势图等方式进行客运量次数、收益、营业额的展示。同时也可以切换查看月份的报表，如图 2-54 和图 2-55 所示。

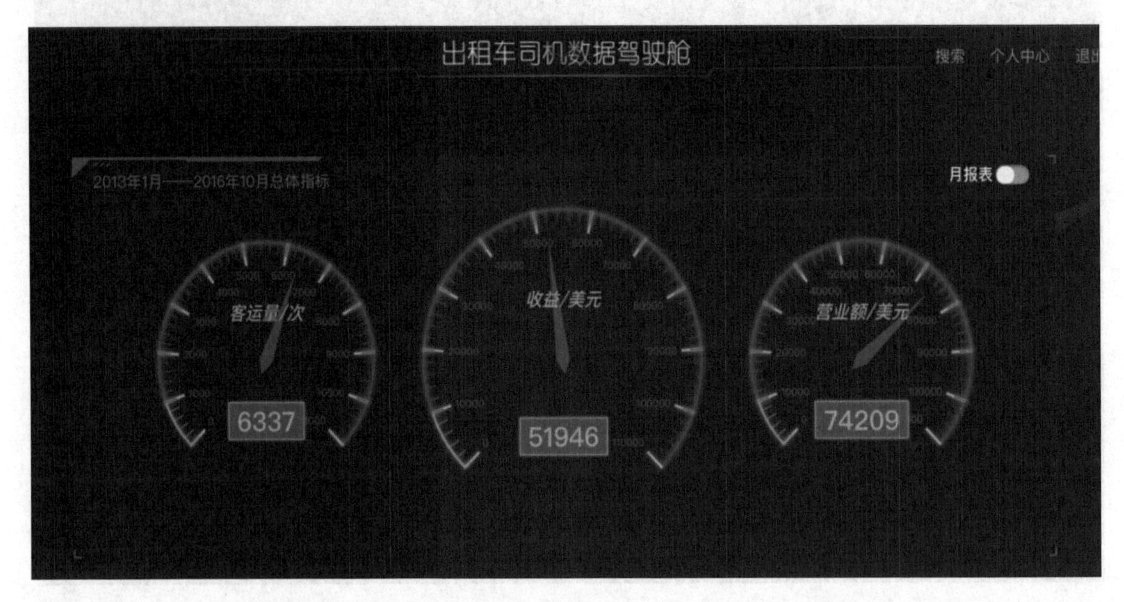

图 2-54 司机看板（1）

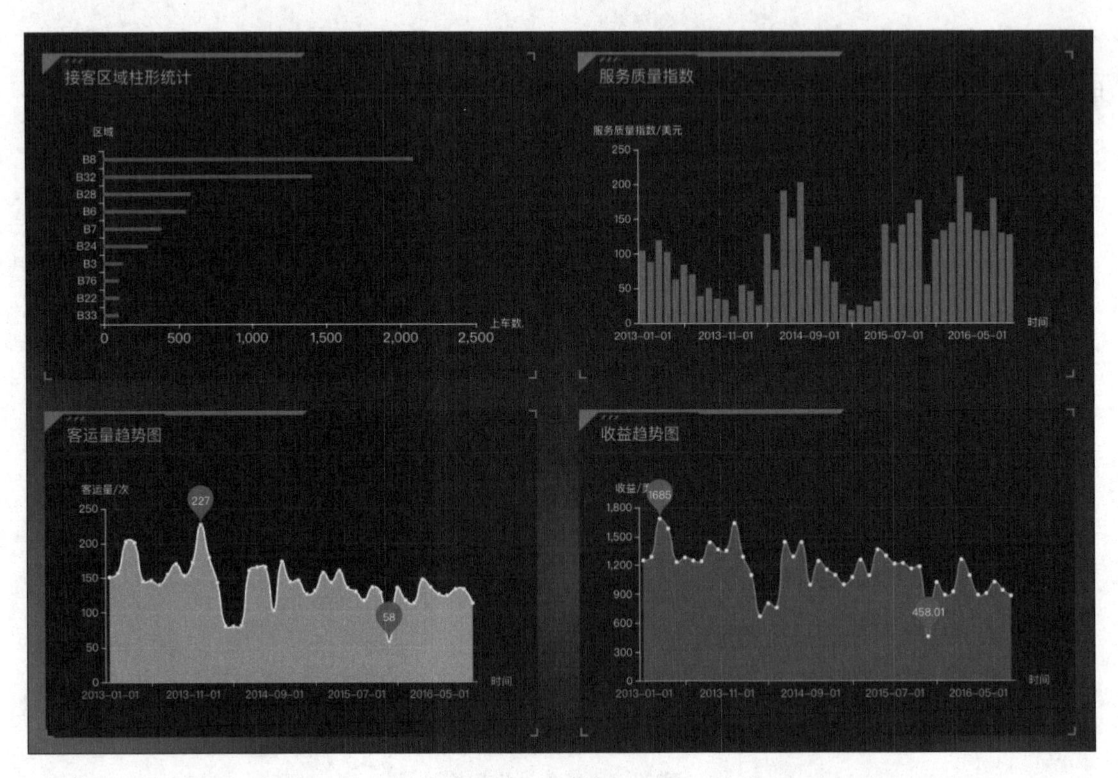

图 2-55 司机看板（2）

在出租车司机看板中，通过日期可查询司机的载客历史记录，可以使用列表的方式显示如上车时间、行程时长、消费等记录，如图 2-56 所示。

出租车司机数据驾驶舱

首页

请选择日期 查询

序号	编号	上车时间	行程时长	小费
1	100886	01/26/2013 01:45:00 AM	240s	0
2	227956	01/15/2013 07:00:00 PM	600s	0
3	310661	01/30/2013 03:00:00 AM	240s	2.1
4	412351	01/28/2013 12:00:00 PM	360s	0
5	423603	01/08/2013 04:15:00 PM	660s	0
6	428277	01/01/2013 03:15:00 AM	540s	0
7	461708	01/20/2013 03:15:00 AM	60s	0
8	464974	01/10/2013 04:30:00 AM	360s	0
9	528003	01/12/2013 02:00:00 PM	360s	2
10	534681	01/18/2013 12:15:00 PM	300s	0

共602页

图 2-56　历史记录查询

在司机看板中，可单击个人中心查询个人信息，如姓名、性别、手机号码、出租车牌号等信息，如图 2-57 所示。

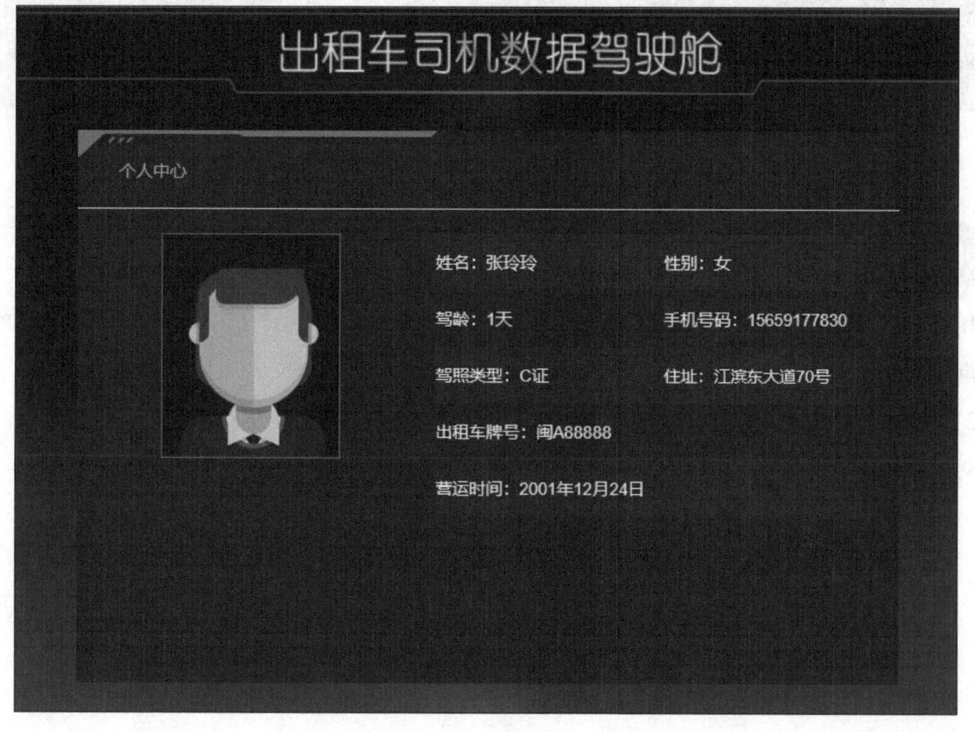

图 2-57　个人中心

5. 出租车乘客看板

在出租车乘客看板中，可查看交通管理部门发布的消息、出租车公司的排行、出租车司机的排行并使用列表和柱状图的方式展示，如图 2-58 所示。

图 2-58　乘客看板

2.8 思考练习

1）将 MySQL 数据库中的 taxi 数据库的名称修改为“taxi_test”后，如何使“出租车项目”能正常运行。

2）修改 Spring 工程对应的代码，将项目默认的密码修改为“88888”。

3）如何配置信息使“http://192.168.56.100:8080/taxi_test”可以正常访问。

Chapter 3

第3章 某市出租车项目设计

本章简介

本章以介绍数据源的结构为主，让读者了解项目的整体设计思路与框架。初步介绍大数据ETL的概念，让读者能够了解大数据ETL的过程。

学习目标

1）了解某市出租车项目数据源的结构。

2）了解项目整体设计框架。

3）掌握大数据ETL的概念。

3.1 数据源

1. 数据简介

某市出租车数据源为 2013 年 1 月～ 2016 年 10 月的出租车行驶记录，包括出租车 ID、行程开始时间、行程结束时间、行程里程数、行程的各种费用、上下车经纬度、上下车区域等信息，共有字段 23 个，正式数据有 13 572 640 行，示例数据 1 708 834 行，文件无后缀名，正式文件数据大小为 5.01GB，示例数据为 649MB，数据类型为脱敏关键数据，见表 3-1。

表 3-1 某市出租车行驶数据简介

项　目	内　容
数据名称	某市 2013 年～ 2016 年出租车行驶记录
文件名称	taxi_all
数据介绍	某市 2013 年 1 月～ 2016 年 10 月的出租车行驶数据，包括出租车 ID、行程开始时间、行程结束时间、行程里程数、行程的各种费用、上下车经纬度、上下车区域等信息
字段数	23
记录数	正式数据：13 572 640 行；示例数据：1 708 834 行
文件类型	无后缀名
文件大小	正式数据：5.01 GB；示例数据：649 MB
数据类型	脱敏关键数据

2. 数据详细信息

项目所使用的数据的文件类型为 CSV，各字段以“逗号”分隔。现在将 23 个字段分成 4 段逐一介绍，该 4 段数据的字段为连续的关系。

1）该段为行程 ID、时间、里程字段，其中行程 ID 为每个行程生成的唯一标识符，出租车 ID 为该出租车的唯一标识符，行程开始时间为乘客上车时间，行程结束时间为乘客下车时间，行程时间秒数为乘客在车内的总时间，行程里程数为出租车行驶里程数。详细信息见表 3-2。

表 3-2 某市出租车行驶行程 ID、时间里程数

字段名称	字段注释	数据样例	备　注
Trip ID	行程 ID	00a1e01ead491c60fef1c5e3826a77fad6b401ff	
Taxi ID	出租车 ID	bd30d866401ef22dcebc3ae81dc4d45f3d8d	
Trip Start Timestamp	行程开始时间	02/26/2016 09:45:00 PM	
Trip End Timestamp	行程结束时间	02/26/2016 10:00:00 PM	
Trip Seconds	行程时间秒数	660	s
Trip Miles	行程里程数	2.7	mile

2）该段为上车普查区、下车普查区、上车社区地区、下车社区地区的数据，其中上下车普查区存储普查区所对应的 ID 号，详细信息见表 3-3。

表 3-3　某市出租车行驶普查区、社区记录

字段名称	字段注释	数据样例	备　注
Pickup Census Tract	上车普查区	17031839100	
Dropoff Census Tract	下车普查区	17031832600	
Pickup Community Area	上车社区 / 地区	32	
Dropoff Community Area	下车社区 / 地区	7	

3）该段记录行程对应的金额，包括计费金额、小费、通行费、附加费、总金额、支付方式、车租车公司等信息，详细信息见表 3-4。

表 3-4　费用相关信息

字段名称	字段注释	数据样例	备　注
Fare	计费金额	$10.5	
Tips	小费	$2.1	
Tolls	通行费	$0.00	
Extras	附加费	$0.00	
Trip Total	总金额	$12.60	
Payment Type	支付方式	Credit Card	Cash/Credit Card
Company	出租车公司	Taxi Affiliation Services	

4）该段记录行程经纬度信息，根据该信息可准确定位出上车、下车所在的区域，可使用该数据生成所对应区域的热力图，详细信息见表 3-5。

表 3-5　行程经纬度信息

字段名称	字段注释	数据样例	备　注
Pickup Centroid Latitude	上车纬度值	41.880994471	
Pickup Centroid Longitude	上车经度值	−87.632746489	
Pickup Centroid Location	上车位置	POINT (−87.632746 41.880994)	
Dropoff Centroid Latitude	下车纬度值	41.914747305	
Dropoff Centroid Longitude	下车经度值	−87.654007029	
Dropoff Centroid Location	下车位置	POINT (−87.654007 41.914747)	

3.2 项目整体架构设计

通过对出租车行驶记录数据的分析，总体项目架构可概括为 3 个层：ETL 层、数据层和展示层。对这 3 个层分别使用 MapReduce、Sqoop、HDFS、MySQL 和 Spring Boot 等技术实现，如图 3-1 所示。

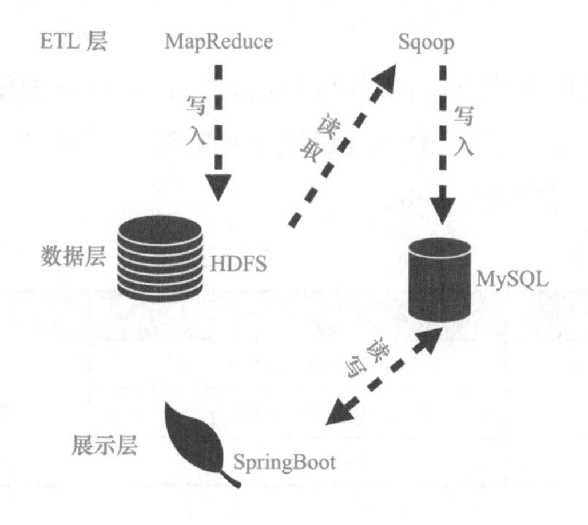

图 3-1 出租车分析系统模块设计图

3.3 选择所需软件

本项目考虑到平台软件的代表性与稳定性，推荐使用以下软件版本组合，具体集群系统的详细软件版本名称，见表 3-6。

表 3-6 所需软件版本集合

软 件 分 类	软件名称及版本
集群操作系统	CentOS Linux 4
虚拟集群	VirtualBox 5.2
编程语言	Java、Python 2.7
编程工具	Eclipse 4.7.3a、Pycharm、Maven 3.5、Spring Boot
Hadoop 集群相关软件	Hadoop-2.7.5、JDK 1.8、Sqoop-1.4、Hbase-1.2.6、ZooKeeper-3.4.11、Hive-1.2.2、Spark-2.3
数据库	MySQL 5.7

3.4 Hadoop 集群规划

1．机器选型

用户搭建集群节点的计算机硬件配置，见表 3-7。

表 3-7 计算机硬件配置

硬 件	参 数
处理器	Core i5 及以上
内存	8GB 以上
硬盘	大于 250GB 及以上，转速不小于 18 000rpm
网卡	百兆以上以太网接口

2．节点规划

本项目为了提高平台的可靠性，同时帮助读者了解 Hadoop 的整个生态环境，推荐使用 Hadoop 完全分布式环境，可以完全分布式解决单点故障，不同主机具备不同的角色功能，并提供不同的服务。角色规划见表 3-8。

表 3-8　角色规划

主 机 名	IP 地址	安 装 服 务
master	192.168.56.100	Hadoop 主节点
slave0	192.168.56.101	MySQL 服务、Sqoop 服务
slave1	192.168.56.102	Tomcat 服务

3．目录规划

在实际项目开发中，项目所需要的源数据、分析过程产生的中间数据、结果数据是存储在 Hadoop 集群分布式文件系统（HDFS）中的。为了统一开发，都会将所有存放数据的目录结构做出统一规划，这在项目开发中是有严格要求的。具体目录结构建议参考表 3-9。

表 3-9　具体目录结构建议

目 录 结 构	目 录 解 释
/taxi_homepage	公司订单单月盈利详细
/company_taxi	司机订单单月盈利详细
/vehicle_input	公司每月车辆投放量详细
/heat_map	热力图详细数据
/time_analysis_all	公司 24h 时段分析
/time_analysis_tas	Taxi Affiliation Services 公司 24h 时段分析
/driver_information	司机订单详细信息
/driver_area	司机订单上车区域数据

3.5 大数据 ETL 过程

大数据 ETL 是构建数据仓库的重要一环，用户从数据源抽取出所需的数据，经过数据清洗，最终按照预先定义好的数据仓库模型将数据加载到数据仓库中，如图 3-2 所示。

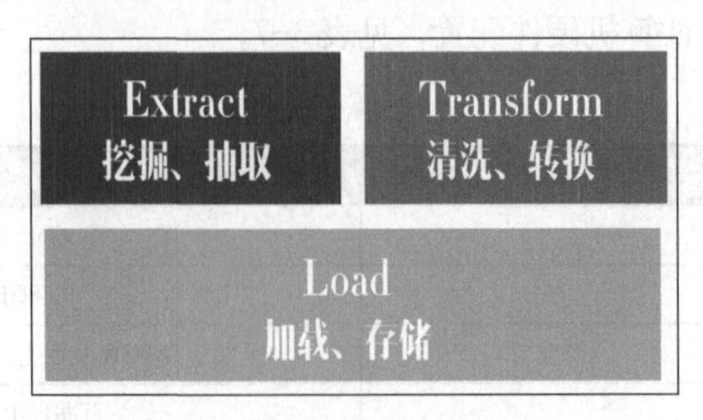

图 3-2　数据 ETL

1．数据抽取

数据抽取（Extract）一般可理解为数据抽取、挖掘、爬取等工作，如使用 EMiner 平台抓取 Web 页面的数据、从 DBMS（Database Management System，数据库管理系统，包括 SQLServer、MySQL、Oracle）中提取数据、从各类格式（CSV、Word、Excel、TXT）文件中抽取数据。

在开始数据的抽取工作之前，需要在调研阶段做大量工作，首先要了解以下 4 个问题：

1）数据是从几个业务系统中来的?

2）各个业务系统的数据库服务器运行什么 DBMS？

3）是否存在手工数据，手工数据量有多大?

4）是否存在非结构化的数据?

当收集完这些信息之后才可以进行数据抽取的设计工作，常用的方法有：

1）与存放 DW 的数据库系统相同的数据源处理方法：这一类数据源在设计时比较容易，一般情况下，DBMS 都会提供数据库链接功能，在 DW 数据库服务器和原业务系统之间建立直接的链接关系就可以写 Select 语句直接访问。

2）与 DW 数据库系统不同的数据源的处理方法：这一类数据源一般情况下也可以通过使用 ODBC 的方式建立数据库链接，如 SQL Server 和 Oracle 之间。如果不能建立数据库链接，则可以有两种方式完成，一种是通过工具将源数据导出成 .txt 或者是 .xls 文件，然后将这些源系统文件导入到 ODS 中。另外一种方法通过程序接口来完成。

3）对于文件类型数据源（.txt 和 .xls）的处理方法：可以培训业务人员利用数据库工具将这些数据导入指定的数据库，然后从指定的数据库抽取。或者可以借助工具实现，如 SQL Server 2005 的 SSIS 服务的平面数据源和平面目标等组件导入 ODS 中。

4）增量更新问题：对于数据量大的系统，必须考虑增量抽取。一般情况下，业务系统会记录业务发生的时间，可以用作增量的标志，每次抽取之前首先判断 ODS 中记录最大的时间，然后根据这个时间去业务系统抽取大于这个时间的所有记录。

数据抽取一般可分为两种方式：

（1）全量抽取

全量抽取类似于数据迁移或数据复制，它将数据源中的表或视图的数据原封不动地从数据库中抽取出来，并转换成自己的 ETL 工具可以识别的格式。全量抽取比较简单。

（2）增量抽取

增量抽取指抽取数据库中新增、修改、删除的数据。在 ETL 使用过程中，增量抽取较全量抽取应用更广。如何捕获变化的数据是增量抽取的关键。对捕获方法一般有两点要求：准确性，能够将业务系统中的变化数据准确地捕获到；性能，尽量减少对业务系统造成太大的压力，影响现有业务。

目前增量数据抽取中常用的捕获变化数据的方法有：

1）触发器：在要抽取的表上建立需要的触发器，一般要建立插入、修改、删除 3 个触发器，每当源表中的数据发生变化，就被相应的触发器将变化的数据写入一个临时表，抽取线程从临时表中抽取数据。触发器方式的优点是数据抽取的性能较高，缺点是要求在业务数据库中建立触发器，对业务系统有一定的性能影响。

2）时间戳：它是一种基于递增数据比较的增量数据捕获方式，在源表上增加一个时间戳字段，系统中更新修改表数据的时候，同时修改时间戳字段的值。当进行数据抽取时，通过比较系统时间与时间戳字段的值来决定抽取哪些数据。有的数据库的时间戳支持自动更新，即表的其他字段的数据发生改变时，自动更新时间戳字段的值。有的数据库不支持时间戳自动更新，这就要求业务系统在更新业务数据时手工更新时间戳字段。同触发器方式一样，时间戳方式的性能也比较好，数据抽取相对清楚简单，但对业务系统也有很大的倾入性（加入额外的时间戳字段），特别是对不支持时间戳的自动更新的数据库，还要求业务系统进行额外的更新时间戳操作。另外，无法捕获对时间戳以前数据的 delete 和 update 操作，在数据准确性上受到了一定的限制。

3）全表比对：典型的全表比对的方式是采用 MD5 校验码。ETL 工具事先为要抽取的表建立一个结构类似的 MD5 临时表，该临时表记录源表主键以及根据所有字段的数据计算出来的 MD5 校验码。每次进行数据抽取时，对源表和 MD5 临时表进行 MD5 校验码的比对，从而决定源表中的数据是新增、修改还是删除，同时更新 MD5 校验码。MD5 方式的优点是对源系统的倾入性较小（仅需要建立一个 MD5 临时表），但缺点也是显而易见的，与触发器和时间戳方式中的主动通知不同，MD5 方式是被动进行全表数据的比对，性能较差。当表中没有主键或唯一列且含有重复记录时，MD5 方式的准确性较差。

4）日志对比：通过分析数据库自身的日志来判断变化的数据。Oracle 的改变数据捕获（CDC，Changed Data Capture）技术是这方面的代表。CDC 特性是在 Oracle 9i 数据库中引入的。CDC 能够帮助用户识别从上次抽取之后发生变化的数据。利用 CDC 在对源表进行 insert、update 或 delete 等操作的同时就可以提取数据，并且变化的数据被保存在数据库的变化表中。这样就可以捕获发生变化的数据，然后利用数据库视图以一种可控的方式提供给目标系统。CDC 体系结构基于发布者 / 订阅者模型。发布者捕捉变化数据并提供给订阅者。订阅者使用从发布者那里获得的变化数据。通常，CDC 系统拥有一个发布者和多个订阅者。发布者首先需要识别捕获变化数据所需的源表。然后，它捕捉变化的数据并将其保存在特别创建的变化表中。它还使订阅者能够控制对变化数据的访问。订阅者需要清楚自己感兴趣的是哪些变化数据。一个订阅者可能不会对发布者发布的所有数据都感兴趣。订阅者需要创建一个订阅者视图来访问经发布者授权可以访问的变化数据。CDC 分为同步模式和异步模式，同步模式实时捕获变化数据并存储到变化表中，发布者与订阅者都位于同一个数据库中。异步模式则是基于 Oracle 的流复制技术。

2．数据 Transform

数据 Transform 一般可以理解为对数据的转换、清洗等工作，如将各类文件（如 TXT、CSV、Excel）中不需要的数据或错误的数据进行转换处理、在文件数据中添加新的字段、删除重复信息等。

数据转换指发现并纠正数据文件中可识别的错误的程序，包括检查数据一致性，处理无效值和缺失值等。因为数据仓库中的数据是面向某一主题的数据的集合，这些数据从多个业务系统中抽取而来而且包含历史数据，这样就避免不了有的数据是错误数据、有的数据相互之间有冲突，这些错误的或有冲突的数据显然是用户不想要的，称为“脏数据”。要按照一定的规则把“脏数据”“洗掉”。

根据每个变量的合理取值范围和相互关系，检查数据是否合乎要求，发现超出正常范围、逻辑上不合理或者相互矛盾的数据。例如，用 1 ～ 7 级量表测量的变量出现了 0 值，体重出现了负数，都应视为超出正常值域范围。SPSS、SAS、和 Excel 等计算机软件都能够根据定义的取值范围自动识别每个超出范围的变量值。具有逻辑上不一致性的答案可能以多种形式出现。例如，许多调查对象说自己开车上班，又报告没有汽车；或者调查对象报告自己是某品牌的重度购买者和使用者，但同时又在熟悉程度表上给了很低的分值。发现不一致时，要列出问卷序号、记录序号、变量名称、错误类别等，便于进一步核对和纠正。

3．数据加载

数据加载主要是数据的加载、数据的存储，是将经过转换的数据加载到数据仓库里面即入库，操作者可以通过数据文件直接装载或直连数据库的方式来进行数据装载，充分体现其高效性。

数据加载是将清洗后的数据加载至数据库中存储，如使用 Sqoop 软件将 MapReduce 后的数据存储至 MySQL 数据库中，或者将清洗后的数据使用 Hadoop 命令上传存储至 HDFS 文件系统中，或将处理后的数据通过命令存储至 HBase 数据库中进行存储。

3.6 思考练习

1）根据本章内容简述 MapReduce、Sqoop、HDFS、MySQL、Spring Boot 的用途，并画出项目执行流程。

2）简述 ETL 过程。

Chapter 4

第4章 Python语言基础

本章简介

Python语言简单易用，适合开发各种应用程序。本章从Python语言简介开始介绍Python语言在计算机编程领域的重要性。从Hello World程序开始新建第一个Python工程，再到Python变量声明、方法调用、判断、循环等代码的编写，读者可以一步步从做中学习Python基础知识。

学习目标

1）了解Python语言。

2）安装Pycharm软件。

3）使用Pycharm开发Python程序。

4）了解Python变量，特别是字符串的各种应用方法。

4.1 Python 语言概述

Python 是一种计算机程序设计语言，是一种动态的、面向对象的脚本语言，最初被设计用于编写自动化脚本（Shell），随着版本的不断更新和语言新功能的添加，越来越多地被用于独立的、大型项目的开发。

Python 的功能十分强大，在 Python 开发过程中不需要开发者过多考虑。用 Python 编写程序时，不需要考虑程序内存等过于底层的细节问题，在模块库方面也十分丰富，有很多开发者为其开发了各种类型的库，方便调用不需要重新开发新的库，这就像拥有一部智能手机，可以安装许多 APP。

图 4-1　Python 图标

Python 是大数据专业人士使用最广泛的编程语言，并且正在超越其传统的竞争对手 R 语言，成为大数据分析师学习计划的名单首位。相比 R 语言，Python 更容易学习，图标如图 4-1 所示。

Python 的易用性、强大的工具和库以及在数据领域之外的使用使得它的使用率逐年上升，如图 4-2 所示。

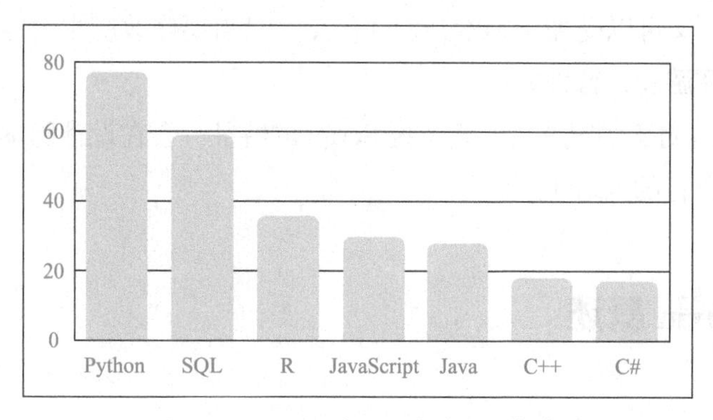

图 4-2　Python 编程语言使用增长率

在工作中，Python 更是可以胜任各式各样的任务。

1）用爬虫实现数据挖掘、数据处理操作。爬虫的本质是模仿人去获取网页数据。当需要获取大批量数据或是不停地获取的时候，Python 可以快速做到，节省重复劳动时间。

2）包装其他语言的程序。Python 又叫做胶水语言，因为它可以用混合编译的方式使用 C/C++ 等语言的库。另外，树莓派作为微型计算机，也使用 Python 作为开发语言，如图 4-3 所示。

图 4-3　树莓派

3）网站后端程序员使用 Python 搭建网站，后台服务相对更容易管理维护，需要增加功能时，用 Python 开发更容易实现。不少知名的网站均采用 Python 开发，如

图 4-4 所示。

图 4-4 知名网站

4）自动化运维。越来越多的运维开始倾向于自动化，批量处理大量的运维任务，Python 在系统管理上的优势在于强大的开发能力和完整的工具链。

5）数据分析。Python 能快速开发的特性可以迅速验证用户的想法，而不是把时间浪费在程序本身，并且有丰富的第三方库支持，也能节省时间。

6）游戏开发。一般将 Python 作为游戏脚本内嵌在游戏中，这样做的好处是即可以利用游戏引擎的高性能，又可以受益于脚本开发的优点，只需要修改脚本内容就可以调整游戏内容，不需要重新编译游戏，特别方便。

7）自动化测试。对于测试来说，要掌握 Script 的特征，会在设计脚本中有更好的效果。Python 是目前比较流行的 Script。

4.2 PyCharm 概述

1. 安装软件

1）安装 Python 2.7，打开“python-2.7.15.amd64.msi”软件安装包，如图 4-5 所示。

图 4-5 Python 安装包

2）选择“Install for all users”单选按钮，单击“Next”按钮，选择安装路径，再单击“Next”按钮，最后单击“Finish”按钮完成安装，如图 4-6 所示。

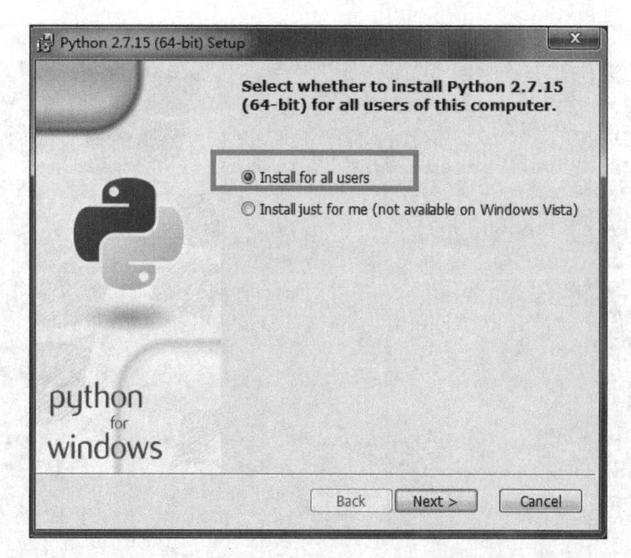

图 4-6　安装 Python 2.7

3）添加环境变量，右击桌面上的“计算机”图标，选择“属性”命令，在打开的窗口中单击“高级系统设置”，在弹出的对话框中选择“高级”选项卡，单击“环境变量”按钮，在“系统变量”中双击“Path”，在“编辑系统变量”对话框中，“变量值”文本框中添加 Python 路径“C:\Python27”，最后单击“确定”按钮，如图 4-7 所示。

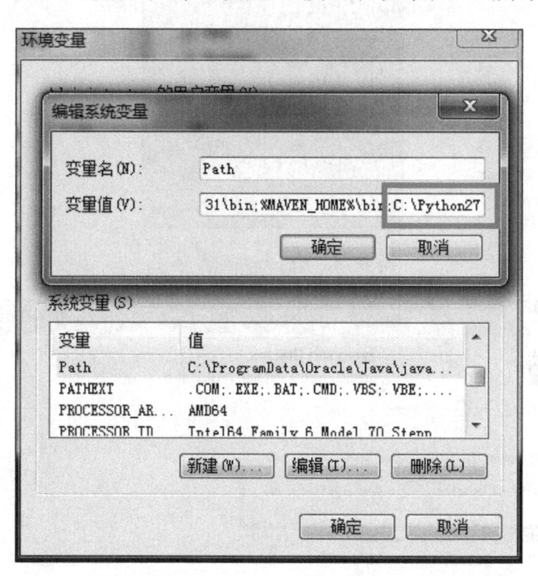

图 4-7　添加环境变量

4）验证 Python 安装是否成功。按键盘上的<Win>键，在“运行”文本框中输入“cmd”，在弹出的窗口中输入命令“python”，如图 4-8 所示，则表示安装成功。

5）安装 PyCharm。打开“pycharm-professional-2018.2.4”软件安装包，如图 4-9 所示。

6）选择安装目录，选择“32-bit launcher”“64-bit launcher”“.py”复选框，如图 4-10 所示。单击“Next”按钮进入下一步，最后单击“Finish”按钮完成安装。

```
管理员: C:\Windows\system32\cmd.exe - python
Microsoft Windows [版本 6.1.7601]
版权所有 (c) 2009 Microsoft Corporation。保留所有权利。

C:\Users\Administrator>python
Python 2.7.15 (v2.7.15:ca079a3ea3, Apr 30 2018, 16:30:26) [MSC v.1500 64 bit (AM
D64)] on win32
Type "help", "copyright", "credits" or "license" for more information.
>>>
```

图 4-8　Python 安装成功

图 4-9　PyCharm 安装包

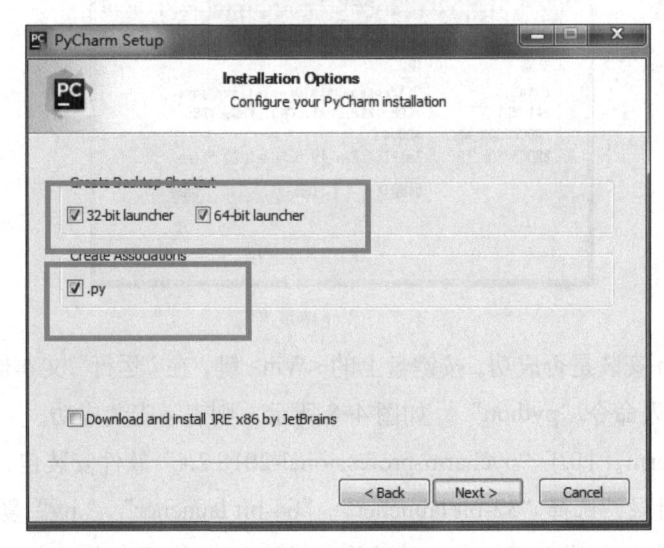

图 4-10　设置选项

7）运行“JetBrains PyCharm.exe”，选择“Do not import settings”，单击“OK”按钮，选择“Evaluate for free”单选按钮完成安装，如图 4-11 所示。

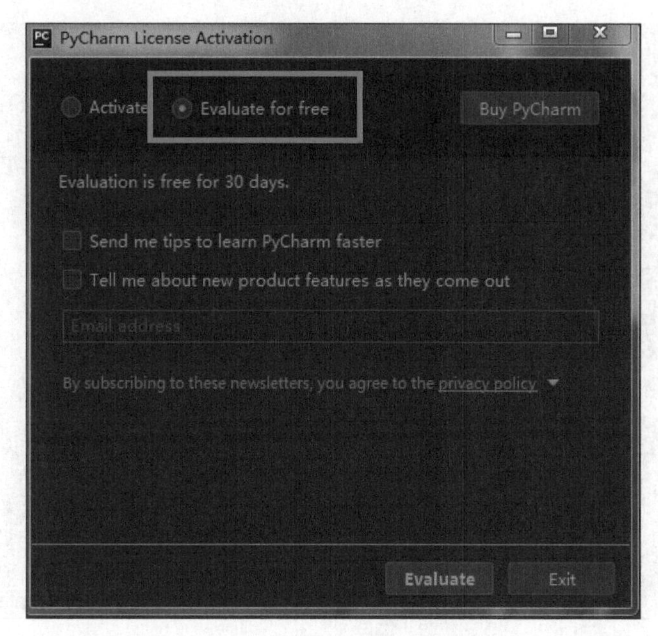

图 4-11　选择免费模式

2．创建第一个工程

1）打开 PyCharm 开发平台，单击“Create New Project”按钮新建一个工程，如图 4-12 所示。

图 4-12　新建工程

2）选择“Pure Python”新建空的 Python 工程，在“Location”中选择项目路径，完成后单击“Create”按钮创建工程，如图 4-13 所示。

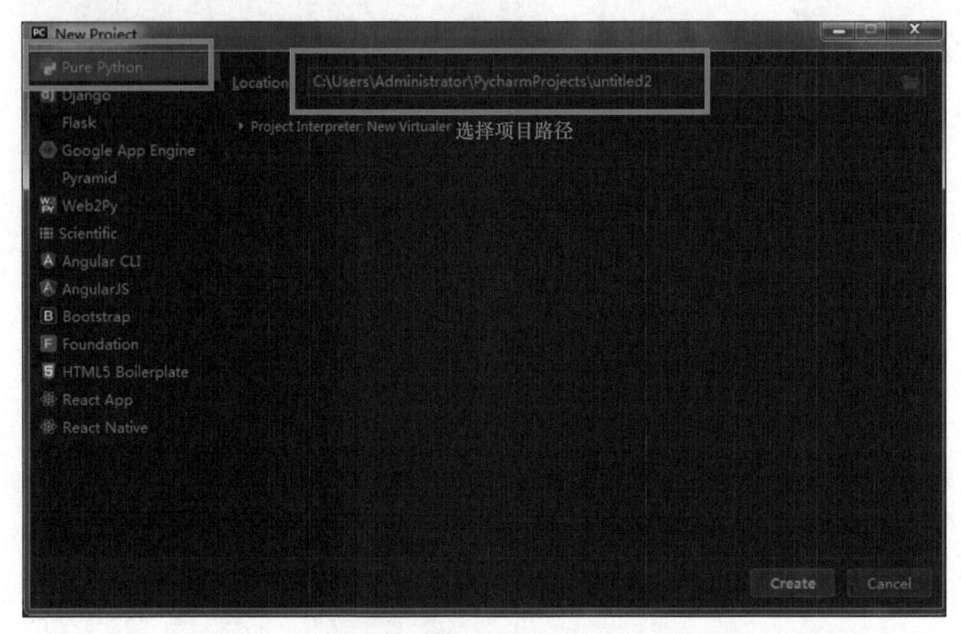

图 4-13　创建空的 Python 工程

3）新建一个空的 Python 文件，右击工程目录，选择“New”→“Python File”命令，然后创建文件输入名称“Test01”，单击“OK”按钮后新建成功，如图 4-14 所示。

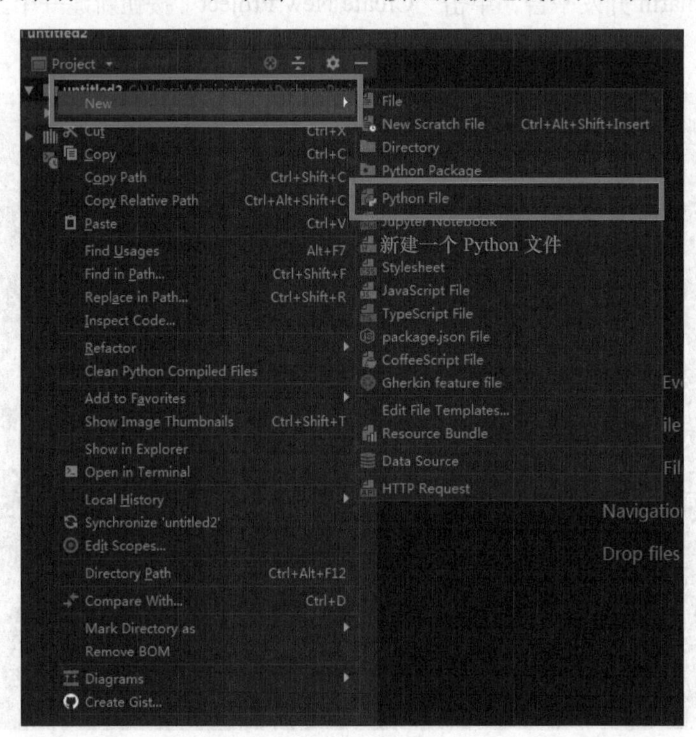

图 4-14　新建一个 Python 文件

4）在工程栏中双击新建的文件“Test01”，在文件空白处编写 Python 程序，输入如下代码，完成代码编写任务。

```
# 设置编码方式 utf-8
#coding=utf-8
# 打印 hello world
print "Hello World! "
```

方法详解

方法名：print。

方法作用：打印字符串。

参数 1：要打印的字符串，如“Hello World!”。

注意：在 Python 语言中字符串以 " " 号或者 ' ' 包含，无须在结束加入“；”等特殊符号表示结束。

代码详解

代码：#coding=utf-8。

作用：表示当前代码使用的编码格式为 utf-8，如在代码中加入中文等字符串，若不加该语句将无法运行或编译。

5）运行测试代码，右击“Test01”文件，选择“Run'Test01'”命令运行 Test01 程序，如图 4-15 所示。

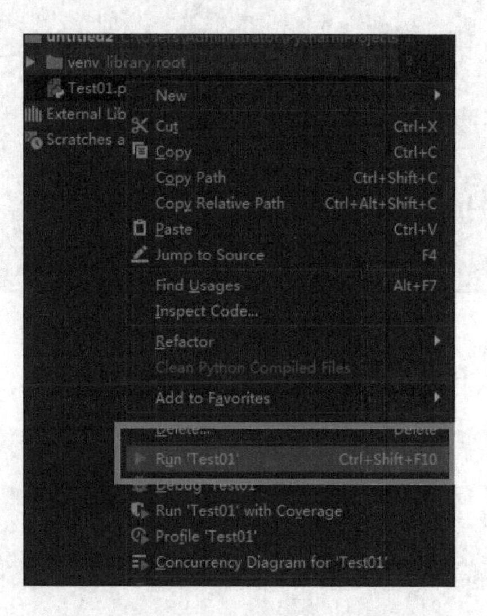

图 4-15　运行 Test01 代码

6）在 PyCharm 平台下方查看运行结果，如图 4-16 所示。

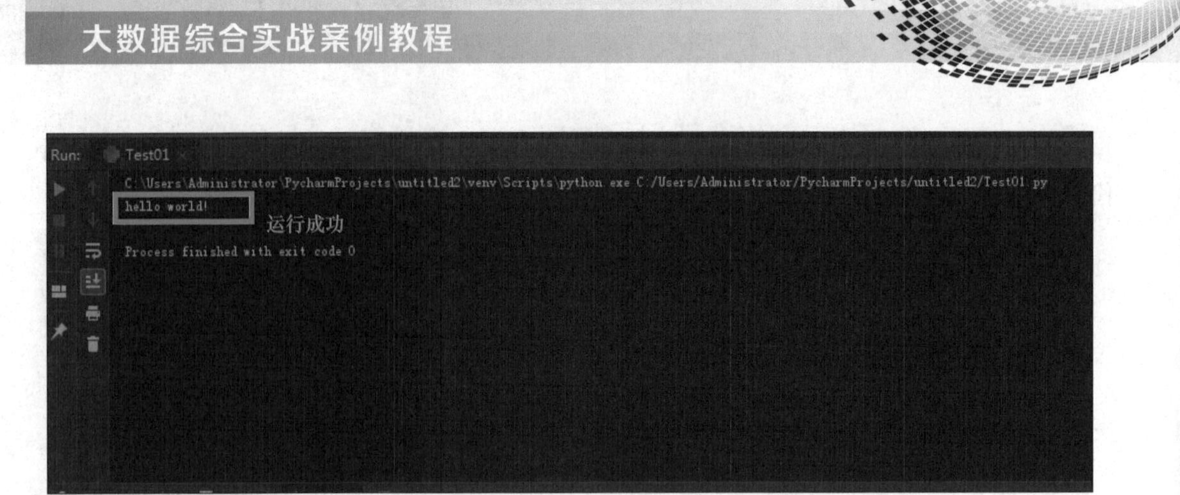

图 4-16　运行成功

4.3 Python 基础

1. 使用 Python 命令模式

1）启动 Windows 命令行命令或在“运行”文本框中输入“cmd”，弹出命令行窗体，输入“python”命令启动 Python 命令行模式，如图 4-17 所示。

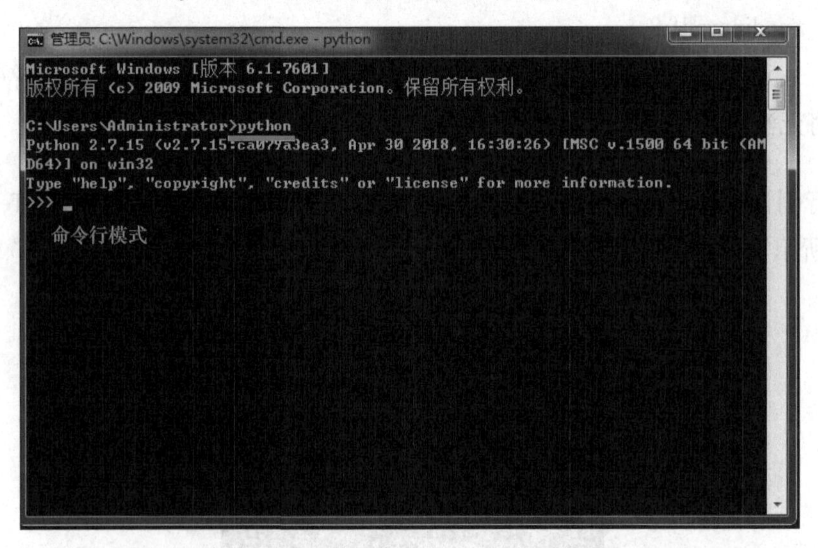

图 4-17　Python 命令行模式

2）测试命令模式，输入代码 print "Hello World!" 查看效果，如图 4-18 所示。

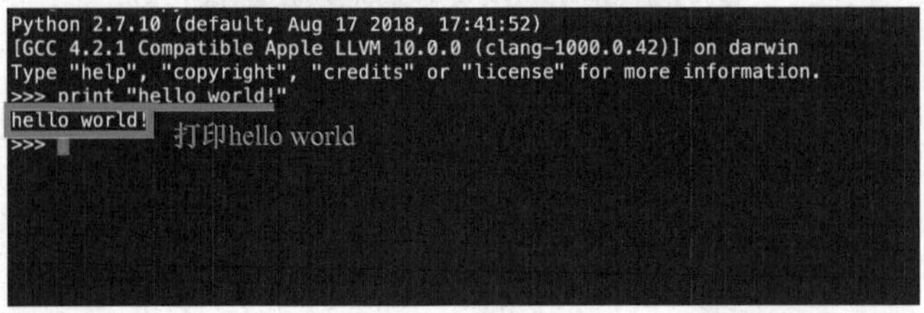

```
Python 2.7.10 (default, Aug 17 2018, 17:41:52)
[GCC 4.2.1 Compatible Apple LLVM 10.0.0 (clang-1000.0.42)] on darwin
Type "help", "copyright", "credits" or "license" for more information.
>>> print "hello world!"
hello world!
>>>
```

打印hello world

图 4-18　打印效果

2．Python 变量

1）变量是 Python 编程最基本的存储单位，变量会暂时存储数据。现在进行一个简单的操作完成变量的声明。

注意：Python 编程与其他语言不一样的地方在于，声明变量时无需将变量类型写出，如图 4-19 所示。

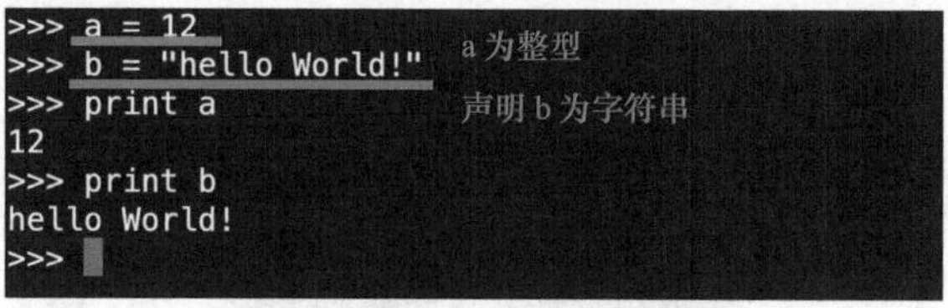

```
>>> a = 12
>>> b = "hello World!"
>>> print a
12
>>> print b
hello World!
>>>
```


图 4-19　声明变量

代码详解

代码：a=12。

说明：将 a 声明为整型，并且赋值为 12。

代码：b="hello world！ "。

说明：将 b 声明为字符串，并且赋值为 "hello world！ "。

代码：print a。

说明：print 方法除了可以带入常量的值，也可以带入变量，如 a 存储了 12 那么打印的结果也是 12。

2）在 Python 语言中字符串有几种表示的方法，如下。

代码详解

代码：a = ' 你好 '。

说明：使用单引号声明字符串。

代码：a = " 你好 "。

说明：使用双引号声明字符串。

代码：a = ''' 你好世界，你好世界，你好世界，
你好世界 '''。

说明：使用三引号，如字符串过长则可多行显示字符串。

3．Python 字符串常用处理

1）字符串的基本用法，除了可以声明之外还可以进行累加，代码如下。输出结果如图 4-20 所示。

```
# 设置编码方式为 utf-8
#coding=utf-8
# 声明变量
age = '18'
name = 'Gary'
sex = 'man'
print age + name + sex
```

图 4-20　输出结果 1

代码详解

代码：print age + name+sex。

说明：将字符串进行累加得到一串连续的字符，18garyman。

2）字符串分片与索引。字符串可以通过 string[i] 的方式进行索引或者分片，[] 里面加的是要索引字符的位置，代码如下。输出结果如图 4-21 所示。

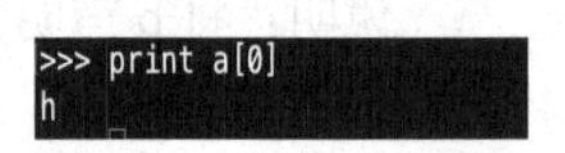

图 4-21　输出结果 2

```
# 设置 utf-8 编码方式
#coding=utf-8
# 声明变量
a = "hello world！ "
print a[0]
```

代码详解

代码：print a[0]。

说明：表示输出 a 的第 0 个位的结果，计算机语言中一般从 0 开始记数。

3）除了索引单个文字之外，还可以索引多个片段字符，代码如下。输出结果如图 4-22 所示。

```
#coding=utf-8
a = "hello world！ "
# 打印 0-5 个字符
print a[0:5]
# 打印 6 之后的字符
print a[6:]
```

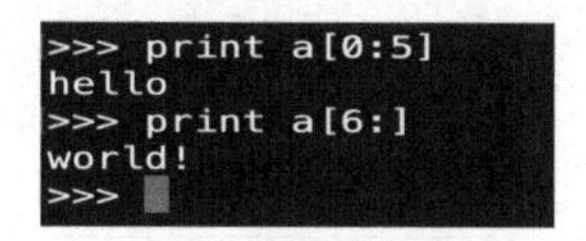
```
>>> print a[0:5]
hello
>>> print a[6:]
world!
>>>
```

图 4-22　输出结果 3

代码详解

代码：print a[0:5]。

说明：表示输出 a 的从第 0 位～第 5 位的结果。

代码：print a[6:]。

说明：表示输出第 6 位之后所有的字符串。

4）在 Python 爬虫中也时常用到字符串索引，如下有一段数据现需截取图片的名称，使之得到如“20160913153205.png”的数据。

```
http://www.fzjdxx.cn/Uploads/CmsImage/ 最新资讯 /20160913153205.png
http://www.fzjdxx.cn/Uploads/CmsImage/ 最新资讯 /20160913153122.jpg
http://www.fzjdxx.cn/Uploads/CmsImage/ 最新资讯 /20160913153113.jpg
http://www.fzjdxx.cn/Uploads/CmsImage/ 最新资讯 /20160913153104.jpg
```

经分析可知上述数据从第 51 位之后为图片名称，故可直接显示截图数据代码如下所示。

```
#coding=utf-8
a='http://www.fzjdxx.cn/Uploads/CmsImage/ 最新资讯 /20160913153205.png'
# 打印 51 之后的字符串
print a[51:]
```

注意：在字符串格式中，中文占两个字节。

5）字符串常见方法。现有一段个人隐私数据需要进行去敏处理，替换头 3 个字符为 * 号，数据如下。

```
用户名：abc123
密码：123456
姓名：陈武
```

使用方法 replace() 进行处理，代码如下。输出结果如图 4-23 所示。

```
#coding=utf-8
username = 'abc123'
password = '123456'
name = ' 陈武 '
# 替换 0 ～ 2 字符串为 ***
username = username.replace(username[0:2],"***")
# 替换 0 ～ 3 字符串为 ***
password = password.replace(password[0:3],"***")
# 替换 0 ～ 3 字符串为 *
name = name.replace(name[0:3],"*")
```

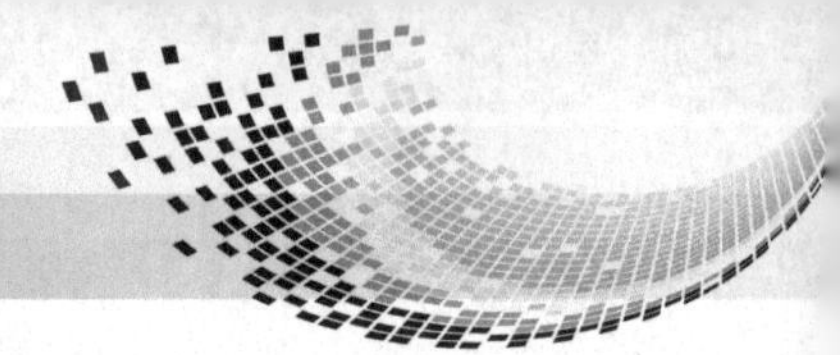

```
print username
print password
print name
```

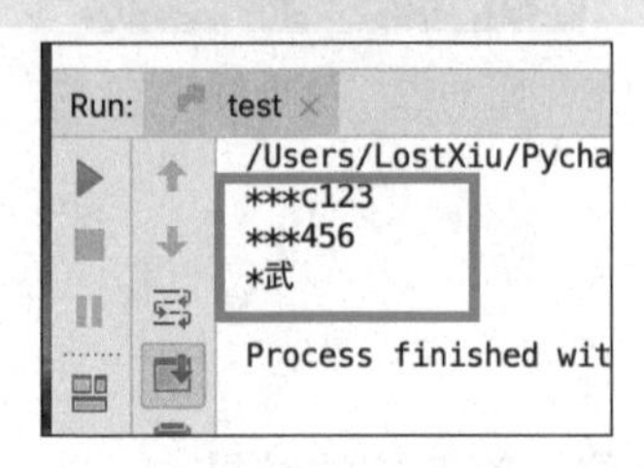

图 4-23　输出结果 4

方法详解

方法名：string.replace()。

方法作用：替换字符串。

参数 1：被替换的旧内容。

参数 2：替换的新内容。

注意：调用时需要加上对象本身才可被调用。

6）字符串常见方法。现有一段数据需要将内容进行分解得到所需内容，数据如下。

```
aa,bbb,cc,assd,asdf,hello,world,aaaa,bbbb
```

经分析可知该段字符串均由“，”号进行分割，故可以使用方法 split() 进行分解，代码如下。输出结果如图 4-24 所示。

```
#coding=utf-8
file = 'aa,bbb,cc,assd,asdf,hello,world,aaaa,bbbb'
# 分解列表 ','
arry = file.split(',')
print arry
```

图 4-24　输出结果 5

代码详解

代码：arry = file.split(',')。

说明：表示将 file 字符串使用“，”分解成一个数组，赋给 arry 变量。

注意：数组为一组字符，使用方法为 arry[0],arry[1]。

代码：string.split()。

方法作用：通过字符作为分隔符分解成数组。

参数 1：分隔符，如“，”号。

4．Python 判断语句

1）Python 语言中常用的判断语句为 if 语句，如果条件满足则进入执行语句，如果条件不满足，则不进入，代码如下，语法如图 4-25 所示。

```
#coding=utf-8
a = 13
b = 20
if b > a:
    print a
```

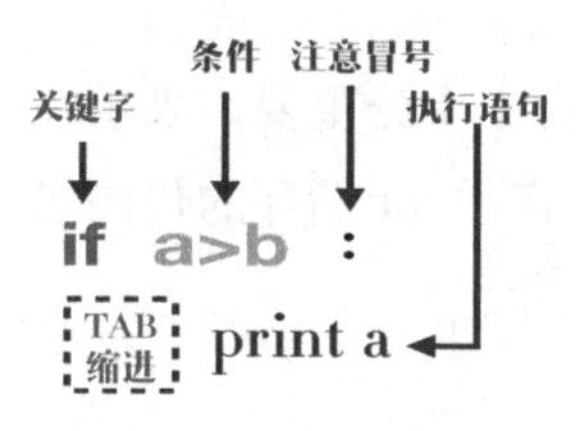

图 4-25　if 语句语法

注意：在 Python 程序开发中，缩进格式十分重要，如执行语句后必须缩进，可按 <Tab> 键缩进。

代码详解

代码：if b > a:

　　print a

说明：判断 b 是否大于 a，程序中 b 为 20，a 为 13，故程序满足条件为真（True），输出结果 13。

2）if 语句中的条件除了可以判断大小之外还可以判断字符串是否满足条件，代码如下。

```
#coding=utf-8
a = 'hello world!'
if a.find("hello") == 0:
    print 'ok'
```

方法详解

方法名：string.find()。

方法作用：查找对应的字符串，如有则输出首个单词对应的位置，无则输出 -1。

参数 1：要查找的字符串。

3）Python 的比较运算符除了 == 、> 之外还包含有其他比较运算符，如图 4-26 所示。

比较运算符

==	→	左右两边等值
!=	→	左右两边不相等
>	→	左边大于右边
<	→	右边大于左边
>=	→	左边大于或等于右边
<=	→	右边大于或等于左边

图 4-26　比较运算符

5．Python 循环语句

1）循环语句在计算机编程语言中十分重要，表示在语句中不断循环执行一些语句，当条件不满足时退出循环。Python 语言中 for 循环的代码如下，语法详解如图 4-27 所示。

```
#coding=utf-8
for i in range(0,10):
    print(i)
```

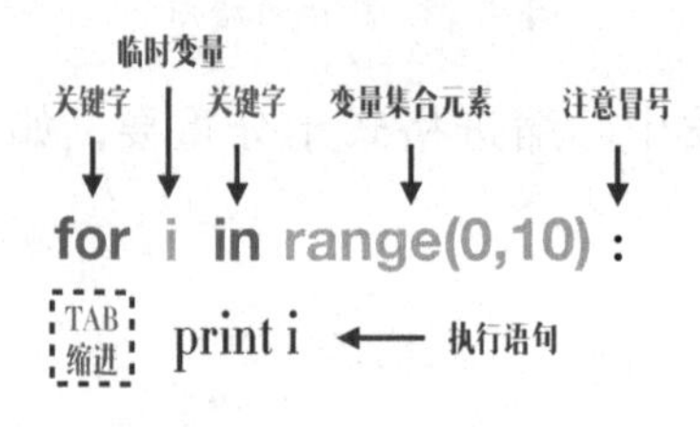

图 4-27　for 循环详解

代码详解

代码：for i in range(0,10):。

说明：range 表示生成 0 ～ 10 的列表，for i in range(0,10) 表示从 0 开始赋值给 i 到 10 结束，表示循环 10 次缩进包含的执行语句。

2）在循环语句中可加入判断语句，如果条件满足则使用 break 语句退出循环，代码如下。

```
#coding=utf-8
for i in range(0,10):
    print i
    if (i == 5):
        break
```

代码详解

代码：if(i==5):break。

说明：表示如果 i 为 5 时退出循环。

3）在 Python 编程中除了 for 循环外，在某些应用场合更适合用 while 循环，如无限循环，代码如下（注意该程序为死循环，将无限执行代码，需使用 <Ctrl+C> 组合键停止运行，在 PyCharm 中则单击红色 X 按钮停止运行），语法详解如图 4-28 所示。

```
#coding=utf-8
flag = True
while flag:
    print 'hello'
```

图 4-28　while 循环详解

代码详解

代码：flag=True。

说明：flag 为布尔类型，赋值为真。

代码：while flag：。

说明：条件 flag 为 True 表示真，将无限打印 hello 字符串。

4）在 while 无限循环中，也可使用 if 语句判断条件，如果条件满足则使用 break 语句退出，代码如下。

```
#coding=utf-8
flag = True
i=0
while flag:
    i=i+1
    if (i==5):
        break
```

代码详解

代码：if(i==5):break。

说明：在死循环中，如果 i 等于 5 则退出循环。

6．Python 常见数据类型

1）list（列表）。列表为一系列的变量的集合。其最显著的特征为：列表中的每一个元素都是可变的，其中的元素是有序的，可以容纳 Python 中的任何对象。列表的定义代码如下。

```
#coding=utf-8
list=[1,2,3,5,5,7,8]
for i in list:
    print i
```

代码详解

代码：list=[1,2,3,5,5,7,8]。

说明：声明 1，2，3，5，5，7，8 变量列表。

代码：for i in list。

说明：将列表带入 i 循环打印。

2）dictionary（字典）。字典数据类型的特征与现实生活中的字典一样，通过关键字 key 来索引数值 value。字典中的数据必须是以键值对出现；逻辑上键不能重复，值可以重复，字典中的键 key 是不可变的，值可以变、可以是任何对象。代码如下。

```
#coding=utf-8
dic =\
    {
        'name':'gary',
        'age':'18',
        'sex':'man',
    }
print dic.get('name')
print dic.get('age')
print dic.get('sex')
```

代码详解

代码：dic.get('name')。

说明：get 方法对关键字返回的数值为 value。

4.4 思考练习

1）输出打印“你好”这个字符串。

2）使用循环打印输出 1 ～ 100 的数字。

3）将 1 ～ 100 中的偶数进行打印输出。

4）将如下字符串分解成单个英文单词并打印：

“Word Excel Power Point Visult Code Photo”。

Chapter 5

第5章 数据提取

本章简介

本章以Python作为编程语言，从简单的爬虫开始，了解并掌握爬虫的基础知识，使用字符索引方法索引所需文本内容。学习正则表达式基础知识，使用正则表达式爬取所需的内容。将文件数据从TXT文件提取到CSV、Word等文件中，从而提高编程的能力。使用Python从MySQL数据库中提取所需的内容。

学习目标

1）了解Python爬虫的基础知识。

2）掌握编写简单Python爬虫程序的方法。

3）掌握索引字符串的应用方法。

4）掌握正则表达式的基础知识。

5）掌握使用Python获取数据的方法。

5.1 数据爬虫

1. 数据挖掘

在大数据技术中，数据挖掘是其中最为关键的工作之一。它是一种过程性处理，一般是指从大量的数据中通过算法搜索隐藏于其中的信息的过程，是从大量的、不同的、随机的应用数据中，提取隐藏在其中的、不为人知的、又具有一定价值的信息数据的工程。其具有几层定义（见图 5-1）：

1）数据源必须是真实的、大量的、含噪声的；

2）发现的是用户感兴趣的信息；

3）发现的知识要可接受、可理解、可应用；

4）不求发现的数据是完全准确的，但一定是特定的数据。

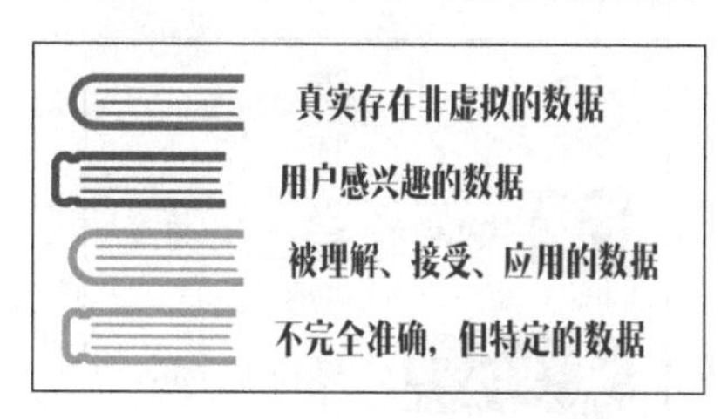

图 5-1 数据挖掘的特点

2. 网络爬虫

网络爬虫的基本操作是抓取网页，它是一种按照一定的规则从网络上爬取信息的程序或脚本，如 Baidu、Google 等网站均有一套十分强大的爬虫系统来爬取来自网络的各种网站信息与资源。从一个或若干初始网页的 URL 开始，不断爬取新的数据。

爬虫即网络爬虫，可以理解为在网络中爬来爬去的蜘蛛，如图 5-2 所示。互联网就是一张大网，爬虫便是在这张网上的蜘蛛，如果遇到猎物（所需要的信息），那么它就会将其抓取下来。如它在抓取一个网页，在这个网中发现了一条道路，可以理解成是 URL 链接，那么它就可以爬到这个道路上获取猎物。

图 5-2 网络爬虫

常用的爬虫语言有（见图 5-3）：

1）C/C++：高效、快速，适合通用搜索引擎的全网爬虫。但是开发慢，写起来代码量很大。

2）脚本语言：Perl、Python、Java、Ruby。简单、易学，良好的文本处理能力，方便网页内容的细致提取，但效率往往不高，适合对少量网站的聚集爬取。

其中，脚本语言 Python 具有跨平台、丰富的爬虫库资源，可快速开发各种爬虫应用，作为一门编程语言，Python 以简洁清晰的语法和强制使用空白符进行语句缩进的特点深受程序员的喜爱。如完成一个任务，使用 C 语言需要 1000 行代码，使用 Java 语言需要 100 行代码，而使用 Python 语言则只需要 20 行代码，代码量少，代码简洁、可读性更强。

Python 是一门非常适合开发网络爬虫的编程语言，相比于其他静态编程语言，Python 抓取网页文档的接口更简洁；相比于其他动态脚本语言，Python 的 urllib2 包提供了较为完整的访问网页文档的 API。此外，Python 中有优秀的第三方包可以高效实现网页抓取，并可用极短的代码完成网页的标签过滤功能。

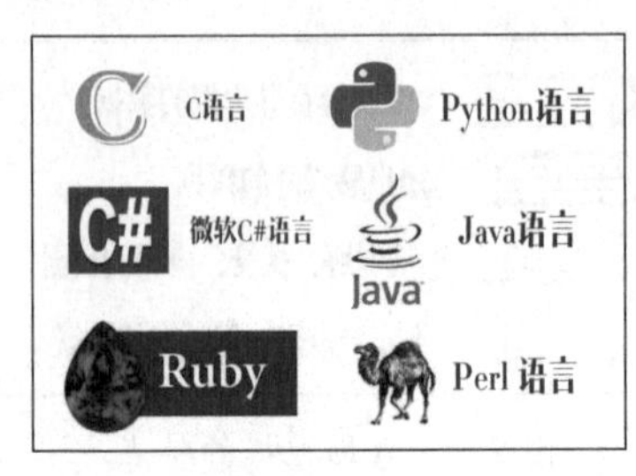

图 5-3　常用的爬虫语言

3．一个简单的 Python 爬虫

1）使用 PyCharm 新建一个空的 Python 工程，新建一个 Python 文件，如图 5-4 所示。

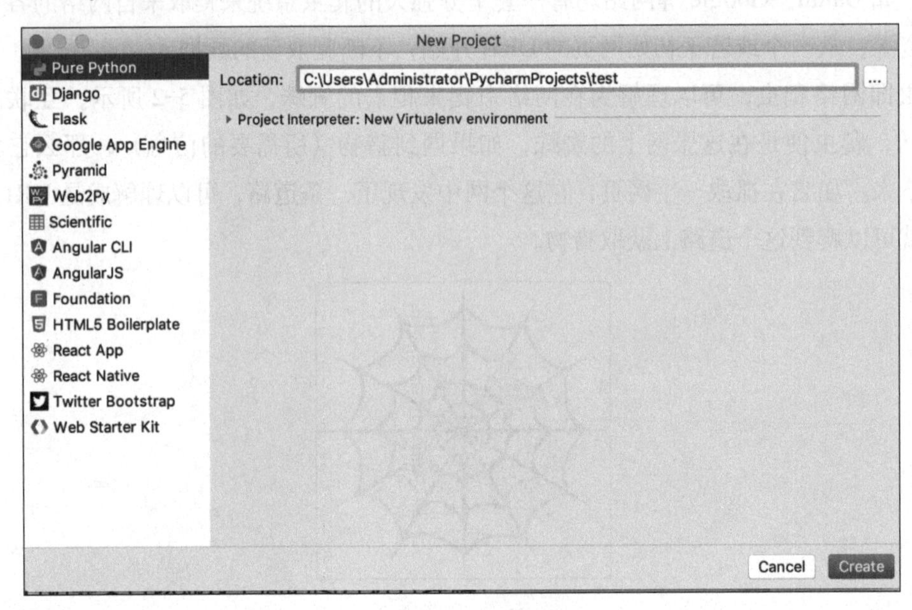

图 5-4　新建工程

2）编写代码，引入 urllib 库与 urllib.request 库，代码如下。

```
# 引入 urllib 库
import urllib
```

代码详解

代码：import。

说明：import 为 Python 关键字，用于索引 Python 库模块，从而使用模块中的类与方法。

代码：urllib。

说明：urllib 是 Python 自带的标准库，无需安装可直接使用，其中有许多针对 URL 的方法如 urlopen、request 等方法。

3）编写获取网站源文件的代码并运行查看结果，如图 5-5 所示，代码如下。

```
# 打开网页 'http://www.baidu.com'
re = urllib.urlopen('http://www.baidu.com')
# 使用 utf-8 编码打印网页源文件内容
print (re.read().decode('utf-8'))
```

图 5-5　爬取结果源文件

方法详解

方法：urllib.urlopen(URL)。

作用：打开一个网站，获取网站源文件。

参数：需要打开的网页，注意需要以 http:// 开头。

方法：re.read().decode('utf-8')。

作用：read() 为读出网页源文件数据的方法，decode 将内容转换为 utf-8 显示。

参数：utf-8 为编码格式，常用的编码格式有：GB2312、GBK、utf-8 等。

4）使用字符串处理方法，从页面 http://www.fzjdxx.cn/ 中抓取 <title></title> 标签中的内容，代码如下。爬取到的内容如图 5-6 所示。

```
# 编码格式为 utf-8
#coding=utf-8
# 引入 urllib 库
import urllib
# 打开 http://www.fzjdxx.cn/ 网站
re = urllib.urlopen('http://www.fzjdxx.cn/')
# 使用 utf-8 编码打印网页源文件内容
s = re.read().decode('utf-8')
# 打印 从 <titile>+7 位置内容到 </title> 的内容
print s[s.find('<title>')+7:s.find('</title>')]
```

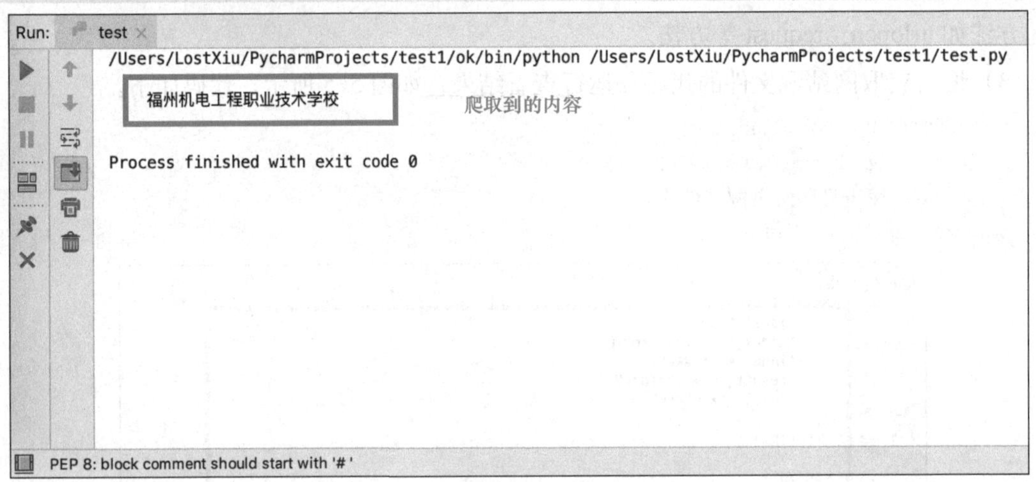

图 5-6　爬取到的内容

代码详解

代码：s[s.find('<title>')+7:s.find('</title>')]。

说明：截取数据从 '<title>'+7 个字符开始到 '</title>' 结束，其中加 7 为 <titile> 的字符个数。

5）将爬取到的页面“http://www.fzdjxx.cn/”保存至本地并存储，代码如下。

```
# 编码格式为 utf-8
#coding=utf-8
# 引入 urllib 库
import urllib
# 打开网页 http://www.fzjdxx.cn
re = urllib.urlopen('http://www.fzjdxx.cn/')
# 获取内容放入变量 s 中
s = re.read()
# 打开本地 1.html 网页，模式为写入模式
file = open('c:/1.html', mode='w')
```

```
#写入源文件内容
file.write(s)
#关闭文件
file.close()
```

方法详解

方法：file = open ('c:/1.html', mode='w')。

作用：创建打开路径为 "c:/1.html" 的文件，模式为写入模式。

参数 1：创建写入路径。

参数 2：打开的模式，mode='w' 表示写，'r' 表示读，'a' 表示追加。

方法：file.write(s)。

作用：写入变量 s 中的数据到指定路径中。

参数 1：写入的数据。

方法：file.close()。

作用：关闭内存占用。

6）除了使用 urllib 库获取页面外，也可使用更快更有效率的 urllib2 获取网页数据，代码如下（注意，如无法使用 urllib2 运行库，可使用 Python 2.7 版本再试）。

```
#coding=utf-8
#引入网页库 urllib2 库
import urllib2
#声明网页变量
url = 'http://www.fzjdxx.cn'
#打印内容
print urllib2.urlopen(url).read()
```

方法详解

方法：urllib2.urlopen(url)。

作用：使用 urllib2 模块打开 URL 页面。

参数：网站地址。

4. 正则表达式

正则表达式只是一个字符串，没有长度限制。正则表达式在英语中是有规则表达式的，该表达式只是一条规则，正则表达式引擎能够根据这条规则，帮用户在字符串中寻找所有符合规则的部分，如有一条字符串“hello world 123”，需索引出其中的 hello 单词，引擎会把 hello 从字符串中找出来。

Python 中默认带有 re 模块，其提供了强大的正则表达式功能。第三方 regex 模块具有与标准库 re 模块兼容的 API，但提供了额外的功能和更全面的 Unicode 支持。

Python re 模块的简单使用方法如下。输出结果如图 5-7 所示。

```
#coding=utf-8
# 引入正则表达式库文件 re 库
import re
# 搜索包含 hello 的内容
m = re.search('hello',"hello world 123")
# 打印内容
print (m.group())
```

```
/Users/LostXiu/PycharmProjects/re/venv/bin/python /Use
hello                输出 hello 语句

Process finished with exit code 0
```

图 5-7　输出结果 1

方法详解

方法：re.search()。

作用：使用可选标记搜索字符串中第一次出现的正则表达式模式，如果匹配成功，则返回匹配对象，否则返回 None。

参数 1：字符串特征。

参数 2：匹配的字符串。

方法：group()。

作用：输出包含特征的关键字。

在正则表达式中“\d”表示数字，使用 re 正则表达式引擎会把字符串中的数字寻找出，代码如下。输出数字结果如图 5-8 所示。

```
#coding=utf-8
# 引入库文件
import re
# 声明搜索变量
s = '12345 aabbd ccc'
# 正则表达式格式为 \d
regex = '\d'
# 搜索内容
m = re.search(regex,s)
# 输出内容
print(m.group())
```

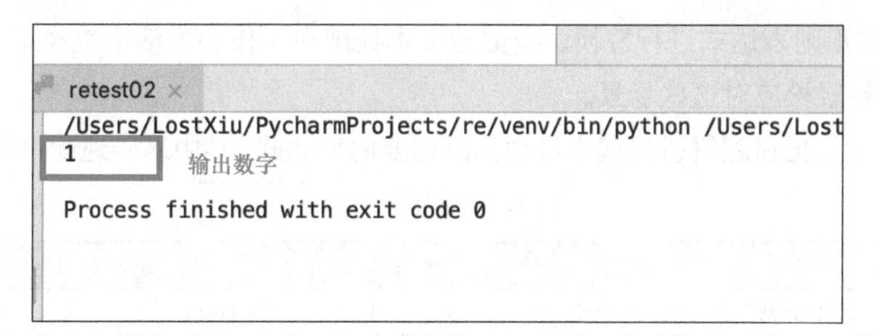

图 5-8　输出数字结果

Python re 模块正则表达式除了匹配第一个 search 方法外，还可以使用 findall 方法查询输出所有包含特征字符的字符串，以列表形式输出，代码如下。输出列表如图 5-9 所示。

```
#coding=utf-8
# 引入 re 库
import re
# 正则表达式格式为 apple
regex = 'apple'
# 查找所有包含正则的内容 apple，输出为 list 列表
m = re.findall(regex,'apple1 apple2 apple3')
print(m)
```

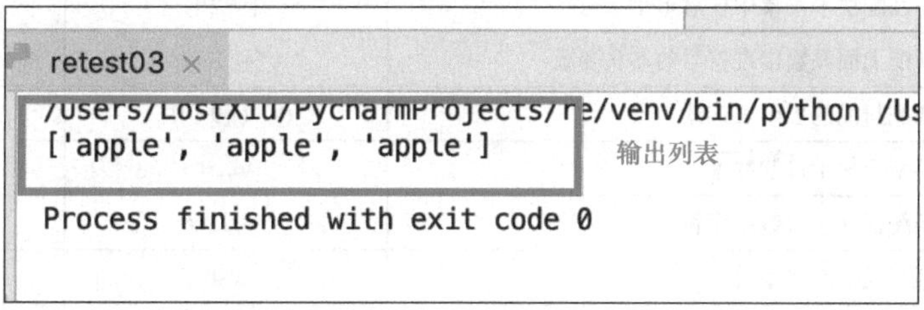

```
retest03
/Users/LostXiu/PycharmProjects/re/venv/bin/python /Us
['apple', 'apple', 'apple']
输出列表
Process finished with exit code 0
```

图 5-9　输出列表

方法详解

方法：re.findall()。

作用：查找字符串中所有（非重复）出现的正则表达式模式，并返回一个匹配列表。

参数 1：字符串特征。

参数 2：匹配的字符串。

根据正则表达式的理论，可以把规则串联起来，变成一条更复杂的规则。想要从一条字符串中找到有意义的部分，任务可能不仅是从字符串中提取数字这么简单，因此需要设计非常复杂的规则。事实上，制定好规则之后，引擎不仅能够根据规则进行查找，还可以进行分割、替换等复杂的操作，随心所欲地处理字符串。

学会正则表达式，不仅能提升编程能力，还能让工作和生活更加方便。比如在处理文章时，把文章的数字标号“第 1 章”变成汉字编号“第一章”，如果章节非常多，手动修改将非常复杂，而 Word 自带的替换功能略显不足，这时就可以使用一个功能强大的编辑器

如 sublime 通过正则表达式进行替换。类似的文本处理在工作和生活中也经常出现。掌握正则表达式后能够轻松应对这些场景。

正则表达式是把通配符拼接起来实现匹配需要的表达式，其中基础通配符见表 5-1 所示。

表 5-1 基础通配符

通配符	含义	正则示例	匹配结果
reg1 | reg2	匹配正则表达式 reg1 或 reg2	foo | bar	foo
.	匹配任何字符（\n 除外）	a.a	abc
^	匹配字符串起始部分	^a	ab…
$	匹配字符串终止部分	.txt$	a.txt
*	匹配 0 次或者多次前面出现的正则表达式	a*	aaaaa
+	匹配 1 次或者多次前面出现的正则表达式	[a-z]+	aasx
?	匹配 0 次或者 1 次前面出现的正则表达式	first?	first
{N}	匹配 N 次前面出现的正则表达式	*.c{2}	first.c abc.c
{M，N}	匹配 M ～ N 次前面出现的正则表达式	*.c{0，1}	one.c
[…]	匹配来自字符集的任意单个字符	[abc]	b
[…x-y…]	匹配 x ～ y 范围中的任意单个字符	[0-9]	9
[^…]	不匹配次字符集中任意单个字符	[^0-9]	a
(*|+|?|{})?	匹配上面频繁出现符号的非贪婪版	(*|+|?|{})?	({})
(…)	匹配封闭的正则表达式	([0-1][0-9])?	12
\d	匹配任何十进制数字	\d.txt	1.txt
\w	匹配任何字母数字字符	\w{2}txt	1.txt
\s	匹配任何空格字符	a\sb	a b
\b	匹配任何单词边界	The\bdog	The dog
\N	匹配已保存的子组	([0-9])\1	1
\.	匹配“.”这个字符	a\.txt	a.txt

(^ $ * + . | ? {} [] ()) 就是元字符了。

1）[] 常用来指定一个字符集，如 [abc]、[a-z] 里面所有的字母会被一一匹配。

2）{} 常用来制定匹配位数，如 {6} 表示匹配 6 次，同时也可以写 {1,3} 表示 1 ～ 3 次。

3）^ 表示开头，在多行模式下则匹配每一行的开头。

4）$ 表示匹配字符串的结尾。在多行模式下匹配每一行的尾部。

5）* 表示指定前一个字符可以匹配 0 次或者多次，而不是只有 1 次，匹配结果会尽可能地重复多次，最大不超过 20 亿次。

6）+ 表示匹配前一个字符 1 次或者多次。

7）？表示匹配前一个字符 0 次或者 1 次。

正则表达式把通配符拼接起来实现各种匹配的目的，如匹配手机号、身份证号等。常用的表达式见表 5-2。

表 5-2 常用的表达式

<table>
<tr><th>正则表达式</th><th>描 述</th><th>匹配结果</th></tr>
<tr><td>\d+(\.\d*)?</td><td>任意整数和浮点数</td><td>0.004 2 75.</td></tr>
<tr><td>\b[^\Wa-z0-9_][^WA-Z0-9_]*\b</td><td>首字母只能大写</td><td>Boo Foo</td></tr>
<tr><td>^http:\/\/([\w-]+(\.[w-]+)+(\/[\w-.\/\?%&=\u4e00-\u9fa5]*)?)?$</td><td>验证网址</td><td>http://www.baidu.com/?id=1</td></tr>
<tr><td>^[\u4e00-\u9fa5]{0,}$</td><td>验证汉字</td><td>汉字汉字</td></tr>
<tr><td>\w+([-+.']\w+)*@\w+([-.]\w+)*\.\w+([-.]\w+)*</td><td>验证电子邮件</td><td>example@163.com</td></tr>
<tr><td>^[1-9]([0-9]{16}|[0-9]{13})[xX0-9]$</td><td>验证身份证</td><td>14525419951215445X</td></tr>
<tr><td>^13[0-9]{1}[0-9]{8}|^15[9]{1}[0-9]{8}</td><td>验证手机号</td><td>138459572***</td></tr>
<tr><td>^(25[0-5]|2[0-4][0-9]|[0-1]{1}[0-9]{2}|[1-9]{1}[0-9]{1}|[1-9])\.
(25[0-5]|2[0-4][0-9]|[0-1]{1}[0-9]{2}|[1-9]{1}[0-9]{1}|[1-9]|0)\.
(25[0-5]|2[0-4][0-9]|[0-1]{1}[0-9]{2}|[1-9]{1}[0-9]{1}|[1-9]|0)\.
(25[0-5]|2[0-4][0-9]|[0-1]{1}[0-9]{2}|[1-9]{1}[0-9]{1}|[0-9])$</td><td>验证 IP</td><td>192.168.1.1</td></tr>
<tr><td>^([a-zA-Z0-9]+([a-zA-Z0-9\-\.]+)?\.s|)$</td><td>验证域名</td><td>baidu.com</td></tr>
<tr><td>^([a-zA-Z]\:|\\)\\([^\\]+\\)*[^\/:*?"<>|]+\.txt(l)?$</td><td>验证文件路径</td><td>C:\user\wo</td></tr>
<tr><td><(.*)>(.*)<\/(.*)>|<(.*)\/></td><td>HTML 标签匹配</td><td>xxxx</td></tr>
</table>

下面编写一段简单的验证手机号的正则表达式，同时输出结果，代码如下。结果如图 5-10 所示。

```
#coding=utf-8
# 引入 re 库
import re
# 生成手机规则变量
regex = '^1[0-9]{10}$'
# 匹配数据
m = re.match(regex,'13005992557')
print(m.group())
```

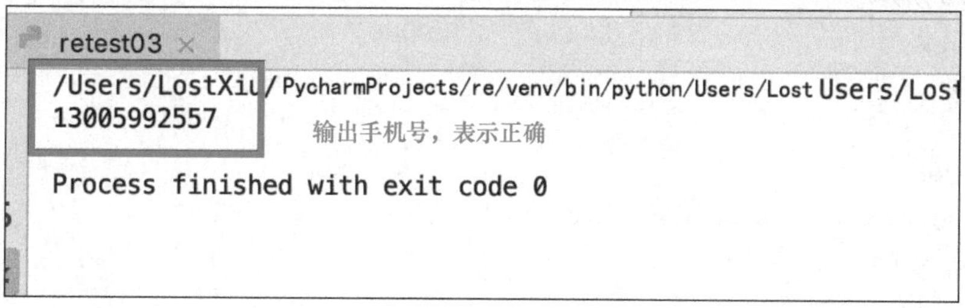

```
retest03
/Users/LostXiu/PycharmProjects/re/venv/bin/python/Users/Lost Users/Los
13005992557          输出手机号，表示正确

Process finished with exit code 0
```

图 5-10 手机号判断

代码详解

代码：regex = '^1[0-9]{10}$'。

说明：手机号是以 1 开头的 11 位数字，^1 表示以 1 开头，[0-9] 表示 0 ～ 9 的数字均有效，{10} 表示有 10 位。

下面编写一段身份证号的正则表达式，同时输出结果，代码如下。结果如图 5-11 所示。

```
#coding=utf-8
# 引入 re 库
import re
# 声明身份证正则表达式
regex = '^[1-9]([0-9]{16}|[0-9]{13})[xX0-9]$'
# 索引身份证
m = re.match(regex,'31010419111022456X')
n = re.match(regex,'31010419111023x')
# 打印内容
print(m.group())
print(n.group())
```

```
retest03
/Users/LostXiu/PycharmProjects/re/venv/bin/python /U
31010419111022456X
31010419111023x          输出身份证

Process finished with exit code 0
```

图 5-11　输出身份证

代码详解

代码：regex = '^[1-9]([0-9]{16}|[0-9]{13})[xX0-9]$'。

说明：身份证号一般位数为 15 位或 18 位，^[1-9] 表示开始位为 1 ～ 9 的数字，[0-9]{16} 表示后续 16 位为 0 ～ 9 的数字，|[0-9]{13} 表示或者后续 13 位为 0 ～ 9 的数字，[xX0-9]$ 表示最后一位为 x 或 X 或 0 ～ 9 的数字组成。

正则表达式除了匹配数字的格式也可匹配多个单词并以列表的形式输出，代码如下。结果如图 5-12 所示。

```
#coding=utf-8
# 引入 re 库
import re
# 单词字符串
test1="who you are,what you do,When you get get there? "
# 正则表达式规则
regex = "\w*o\w*"
# 输出列表
print(re.findall(regex,test1))
```

```
retest03
/Users/LostXiu/PycharmProjects/re/venv/bin/python /Users/LostXiu/P
['who', 'you', 'you', 'do', 'you']

Process finished with exit code 0

输出包含字母 o 的单词
```

图 5-12　输出包含字母 o 的单词

代码详解

代码：regex = '\w*o\w*'。

说明：\w*o\w* 表示为任意长度开头的字母加 o 加任意长度字母结束。

正则表达式也可以截取所需文字进行输出。有一些日期数据会写成 2011 年 12 月 1 日、2011/12/1、2011-12-1 或者 2011-12-1 等，也可能会写为 2018-06 或 2018 年 6 月，需要一个正则表达式来统一匹配这么多的情况，代码如下。结果如图 5-13 所示。

```
#coding=utf-8
# 引入 re 库
import re
# 声明 list 中的各种时间格式数据
list =' 时间：2011-06-07 时间：2011 年 06 月 07 日时间：2011 年 06 月 07 日 '
# 正则表达式规则
regex = " 时间：(\d{4}[ 年 /-]\d{1,2}[ 月 /-]\d{1,2})"
# 查找所有并输出 list 列表
result = re.findall(regex,list)
print(result)
```

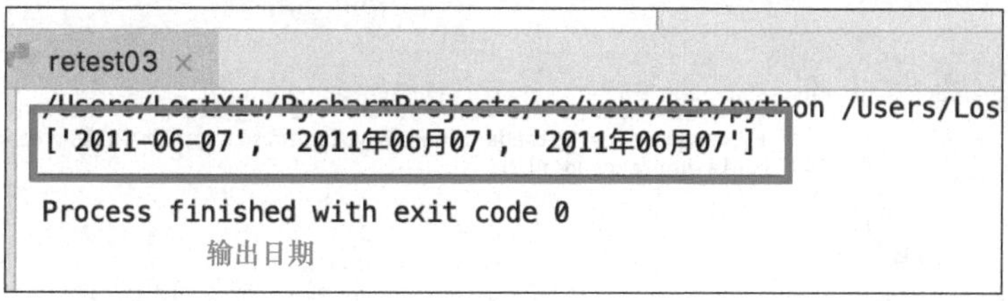

```
retest03 ×
/Users/LostXiu/PycharmProjects/re/venv/bin/python /Users/Los
['2011-06-07', '2011年06月07', '2011年06月07']

Process finished with exit code 0
        输出日期
```

图 5-13 输出日期

代码详解

代码：regex = ' 时间：(\d{4}[年 /-]\d{1,2}[月 /-]\d{1,2})'。

说明：表示以“时间：”开头，\d{4} 表示 4 个数字为年，[年 /-] 表示中间任意一个字符为间隔。

5．正则表达式 + Python 爬虫

使用正则表达式可以让代码更加简洁并方便获取网页图片中的地址信息，代码如下。结果如图 5-14 所示。

```
#coding=utf-8
# 引入 urllib2 库
import urllib2
# 引入 re 库
import re
# 要爬取的网站
url = 'http://www.fzjdxx.cn/NewsContent.aspx?SubSystemID=003001&ID=5106'
# 正则表达式规则
```

```
regex = "<img src=\"(.*?\.png)"
# 获取网页源
result = urllib2.urlopen(url).read()
# 先输出查看
print result
# 索引数据
list = re.findall(regex,result)
# 遍历输出
for i in list:
    # 在地址结尾加上首页地址并输出
    print "http://www.fzjdxx.cn/"+i
```

代码详解

代码：regex = "<img src=\"(.*?\.png)"。

说明：表示以 <img src=\" 开头，获取中间任意字符 .*? 并以 png 结尾的地址，其中符号 \ 表示转义符，表示 " 为纯引号字符。

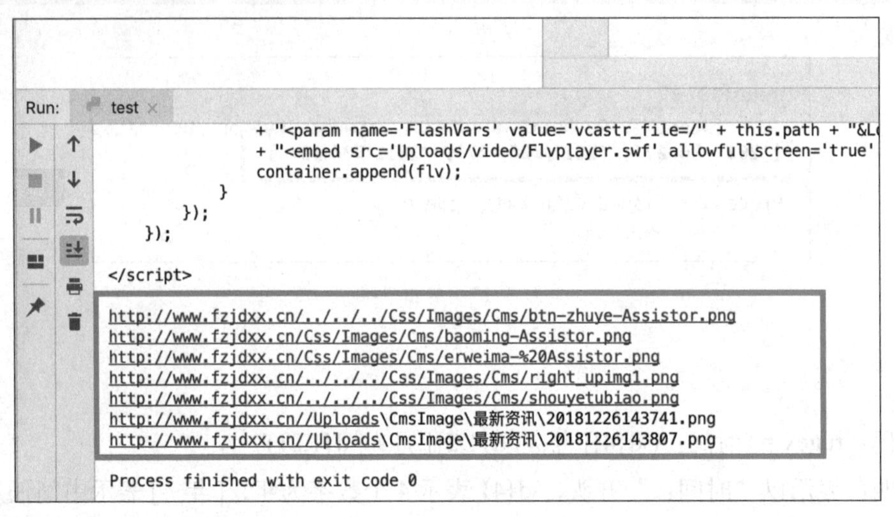

图 5-14　输出结果 2

5.2 文件数据提取

从文件中提取所需的内容是数据提取中十分重要的任务，但被提取的文件格式多种多样，包括 TXT、CSV、Word、Excel 文件等，接下来就根据文件格式的不同提取不同的内容，然后存储起来。

1. 获取 TXT 文本文件内容

使用 Python 语言提取 TXT 文件内容，相比提取其他文件格式内容来说较简单，可以使用 open() 方法打开文件，使用 readlines() 方法将内容读取出来，代码如下。结果如图 5-15 所示。

```
# 编码规则为 utf
#coding=utf-8
# 引入 io 库
import io
# 声明文件路径
path = "c:/test"
# 打开文件
file = open(path,mode='r')
# 遍历输出数据
for i in file.readlines():
    print i
file.close()
```

```
test1
/Users/LostXiu/PycharmProjects/openurl/venv/bin/python /Users/LostXiu/Pycl
123 123  dmda ajjd jdakdj ajdka djkja

ajsdk ajdka djk ajkd kdj kdj dkj aksdj

ajdfasdkjfaksdfkla sdfkj sdf

ajsdkfjasdlkf jasldf j

ajsdkfla lsdkfjs f

ajkldsfjalkdsfja lksdfj
```

图 5-15　输出结果 3

方法详解

方法：open(path,mode='r')。

作用：打开文件，返回文件类。

参数 1：文件路径。

参数 2：打开模式，格式 mode='r'，其模式内容如下：

1）r，打开只读文件，该文件必须存在；

2）r+，打开可读写的文件，该文件必须存在；

3）w，打开只写文件，若文件存在则文件长度清为 0，即该文件内容会消失。若文件不存在则建立该文件；

4）w+，打开可读写文件，若文件存在则文件长度清为 0，即该文件内容会消失。若文件不存在则建立该文件；

5）a，以附加的方式打开只写文件。若文件不存在，则会建立该文件，如果文件存在，则写入的数据会被加到文件尾，即文件原来的内容会被保留；

6）a+，以附加方式打开可读写的文件。若文件不存在，则会建立该文件，如果文件存在，则写入的数据会被加到文件尾后，即文件原来的内容会被保留。

方法：file.readlines()。

作用：获取文件每行的内容。

方法：file.close()。

作用：关闭文件，避免占用。

代码详解

代码：file = open(path,mode='r')。

说明：表示打开 path 的路径并赋值给 file变量。

代码：file.readlines()。

说明：表示获取所有行的内容，可配合 for 进行遍历输出结果。

2．获取 CSV 文件内容

Python 除了方便获取 TXT 文件的内容外，也提供了一个打开并获取 CSV 格式文件的库文件，可以使用其中的 csv.reader() 方法获取文件内容，再将结果进行输出返回。代码如下。结果如图 5-16 所示。

```
#coding=utf-8
# 引入 csv 文件库
import csv
# 文件路径
path = 'c:/test.csv'
# 打开文件并使用 csv 库 reader 方法进行打开
file = csv.reader(open(path,'r'))
# 遍历输出
for f in file:
    print f
```

方法详解

方法：csv.reader(open(path,'r'))。

作用：打开并读取 csv 格式文件的内容，返回为数据列表可直接遍历输出。

参数：文件类，为 open(path,'r') 方法返回的文件类，需要设置打开模式。

代码详解

代码：file = csv.reader(open(path,'r'))。

说明：使用 csv 库中的 reader 方法打开文件，并赋值给 file 变量。

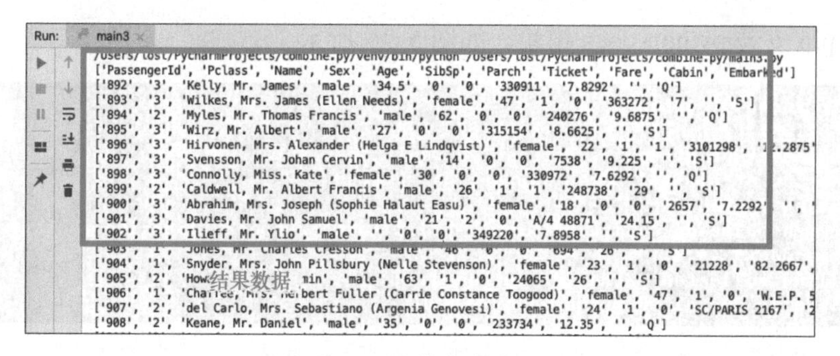

图 5-16　输出结果 4

3．获取 Word 文件的内容

Python 除了方便获取 TXT、CSV 文件的内容外，也提供了一个获取 Word 格式文件的库文件，对应代码较为复杂，在使用前需安装 python-docx 模块来打开 Word 格式文件。可在命令提示符下使用 pip 命令安装 python-docx。

pip 是 Python 包管理工具，该工具提供了对 Python 包的查找、下载、安装、卸载的功能。Python 2.7.9 或 Python 3.4 以上版本都自带 pip 工具。如计算机中未安装 pip 工具，则可先按如下步骤先进行安装。

1）复制 pip 安装文件，如图 5-17 所示。

```
# 获取 pip 安装包文件
python get-pip.py
```

```
C:\>python get-pip.py
DEPRECATION: Python 2.7 will reach the end of its life on January 1st, 2020. Pl
ase upgrade your Python as Python 2.7 won't be maintained after that date. A fu
ure version of pip will drop support for Python 2.7.
Collecting pip
```

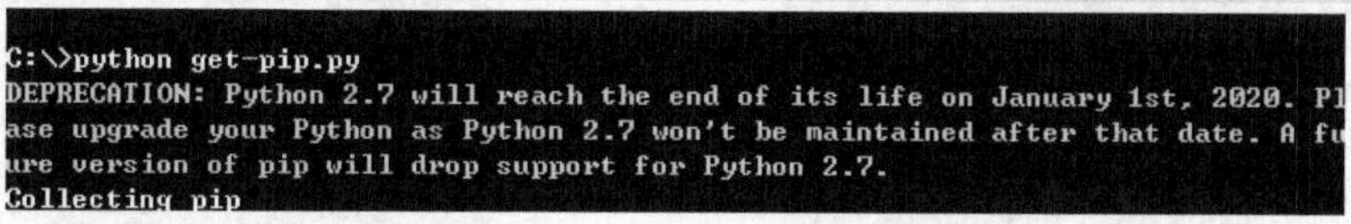

图 5-17　复制 pip 安装文件

2）添加环境变量。可参照 4.2 节中添加环境变量的步骤，在“编辑系统变量”对话框的“变量值”文本框中添加“C:\Python27\Scripts”，之后重启计算机，如图 5-18 所示。

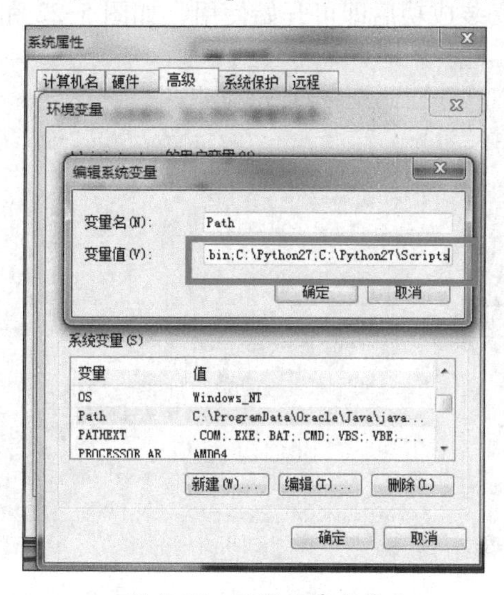

图 5-18　配置环境变量

3）使用 pip 安装 python-docx 模块，如图 5-19 所示。

```
C:\>pip install python-docx
DEPRECATION: Python 2.7 will reach the end of its life on January 1st, 2020. Pl
ase upgrade your Python as Python 2.7 won't be maintained after that date. A fut
ure version of pip will drop support for Python 2.7.
Collecting python-docx
Requirement already satisfied: lxml>=2.3.2 in c:\python27\lib\site-packages (fr
m python-docx) (4.3.1)
Installing collected packages: python-docx
Successfully installed python-docx-0.8.10
```

图 5-19　安装 python-docx 模块

安装 pip 与 python-docx 模块完成后，即可使用 python-docx 模块带的方法打开 Word 文件。

4）在 PyCharm 中安装 python-docx 模块。执行“File”→“Settings”命令，如图 5-20 所示。

5）在“Project:untitled2”中选择“Project Interpreter”，如图 5-21 所示。

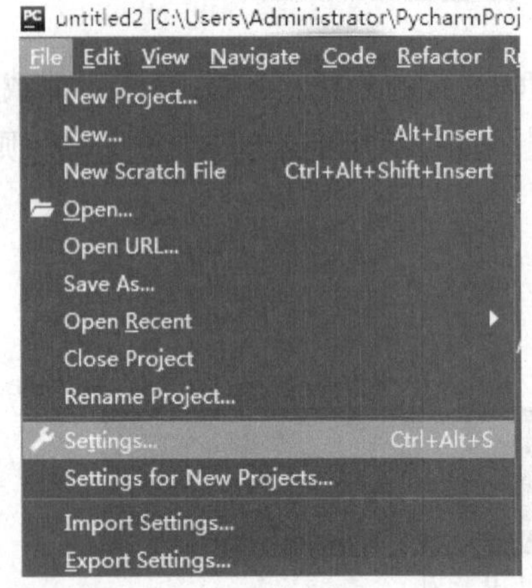

图 5-20　设置

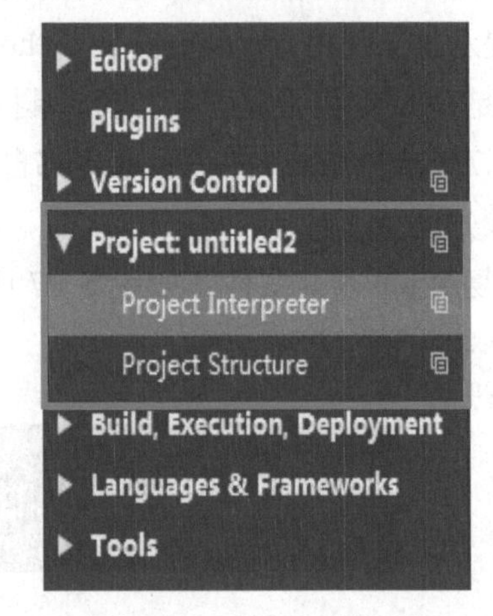

图 5-21　导入工程配置

6）双击“pip”，在弹出的“Available Packages”对话框中搜索“python-docx”，单击“Install Package”按钮进行安装。安装成功后即可开始使用，如图 5-22 和图 5-23 所示。

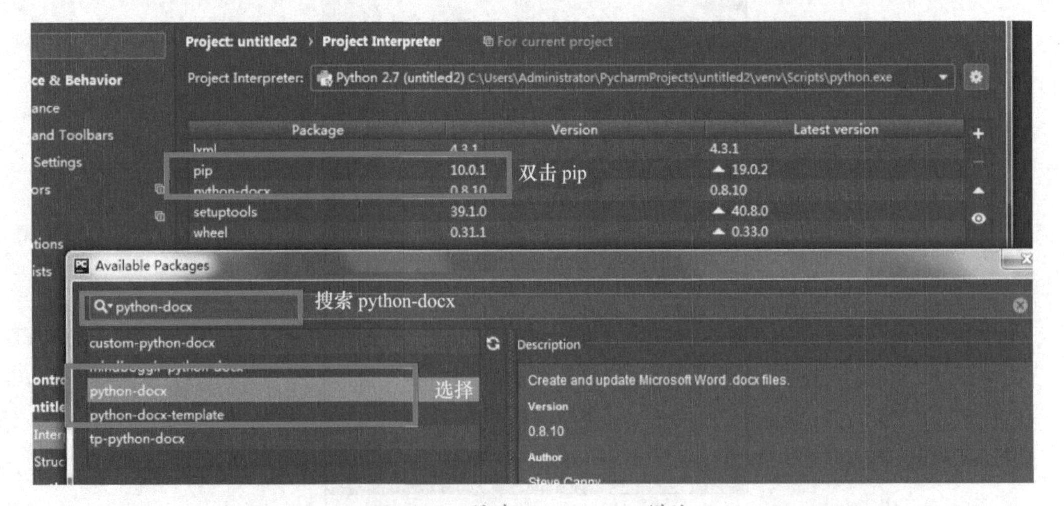

图 5-22　搜索 python-docx 模块

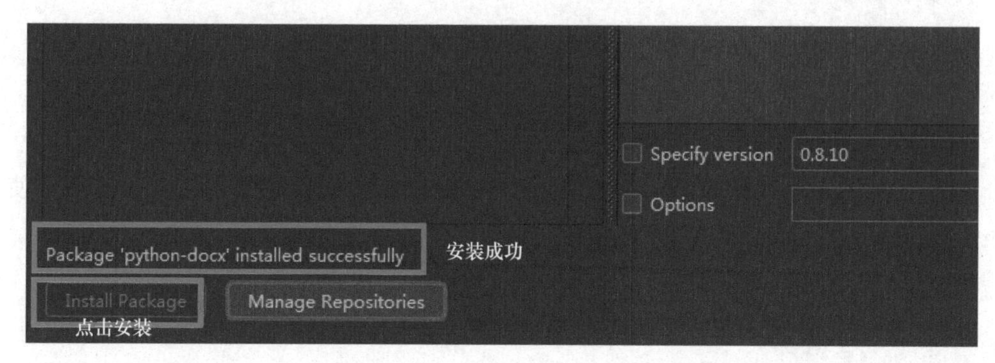

图 5-23　安装成功

安装完 python-docx 后，开始使用 python-docx 模块的方法获取数据。首先引用 docx 中的 Document 类，使用 Document.paragraphs 类遍历所有结果。代码如下，结果如图 5-24 所示。

```
#coding=utf-8
# 引用 docx 中的 Document 类
from docx import Document
# 文件路径
path = "c:/test.docx"
# 导入路径
document = Document(path)
# 遍历输出结果
for result in document.paragraphs:
    print(result.text)
```

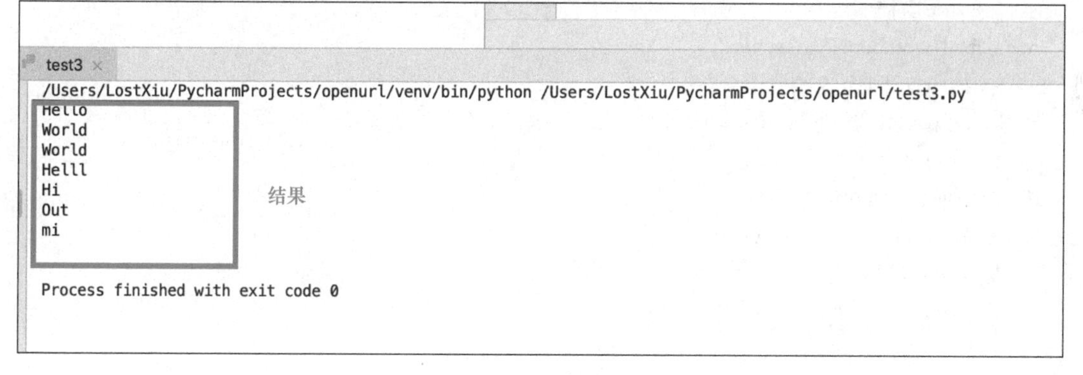

图 5-24　输出结果 5

方法详解

方法：document = Document(path)。

作用：打开 word 文档。

参数：Word 文档的路径。

属性：document.paragraphs

作用：存放 Word 文档信息的类，可遍历输出结果

代码详解

代码：document = Document(path)。

说明：该方法为打开 Word 文档的方法，会返回一个类，在使用该方法时需要使用 from docx import Document 事先导入。

代码：document.paragraphs。

说明：打开成功后，既可使用方法输出结果。

4．获取 Excel 文件内容

在获取 Excel 内容之前，需要安装一个第三方的 Python 模块 openpyxl 进行 Excel 的操作，安装方法与安装 Python-docx 模块类似，这里不再重复介绍，安装命令如下。

```
# 安装 openpyxl
pip install openpyxl
```

可以使用 openpyxl 来获取所需 Excel 文件的内容，并将其遍历输出，代码如下。结果如图 5-25 所示。

```
#coding=utf-8
# 在 openpyxl 中引入 load_workbook 方法
from openpyxl import load_workbook
# 打开 xlsx 文档
wb = load_workbook('c:/test.xlsx')
# 在文档中打开 test 文档
a_sheet = wb.get_sheet_by_name('test')
# 遍历查询输出每行
for row in a_sheet.rows:
    # 输出每行每个单元格内容
    for cell in row:
        print(cell.value)
```

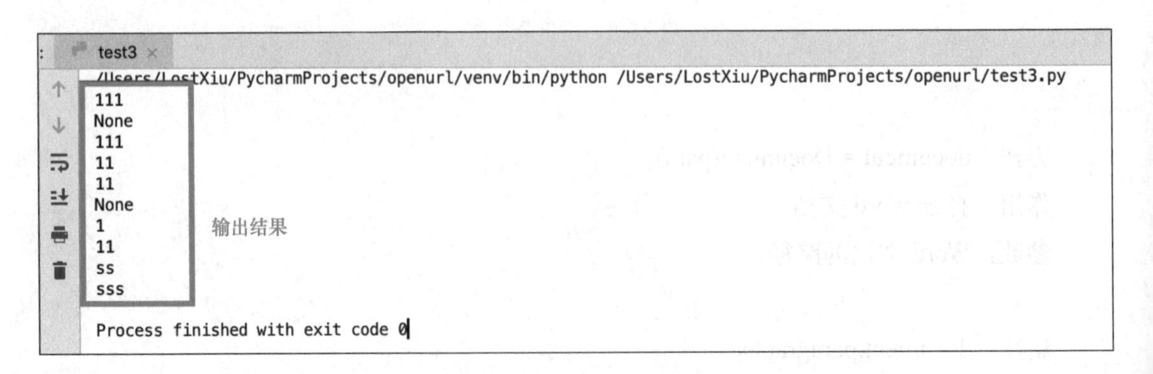

图 5-25　输出结果 6

方法详解

方法：load_workbook('/Users/LostXiu/Desktop/test.xlsx')。

作用：打开 Excel 文件的方法。

参数：Excel 路径信息。

方法：get_sheet_by_name('test')。

作用：打开 Excel 表格中的一个 test 工作表。

参数：工作表名称。

属性：a_sheet.rows。

作用：test 工作表中的所有行列表。

属性：cell.value。

作用：行中的单元格信息。

代码详解

代码：load_workbook('/Users/LostXiu/Desktop/test.xlsx')。

说明：该方法为打开 Excel 文档的方法，会返回一个类，在使用该方法时需要使用 from openpyxl import load_workbook 事先导入。

代码：get_sheet_by_name('test')。

说明：依次打开获取工作表类。

代码：a_sheet.rows。

说明：依次打开获取所有行类。

代码：cell.value。

说明：依次打开获取所有工作表。

5.3 思考练习

1）编写一个 Python 程序，爬取一个网站，并将爬取的信息写入本地文件。

2）匹配下列正则表达式。

① 验证长度为 8 ～ 10 的用户密码（以字母开头，包含数字、下画线）。

② 验证字符串的组成规则，第一个须为数字，后面可以是字母、数字、下画线，总长度为 5 ～ 20 位。

③ 验证 QQ 号码，要求必须是 5 ～ 15 位数字，0 不能开头，必须都是数字，先用非正则表达式实现再用正则表达式实现。

④ 验证是否为汉字。

3）编写一个 Python 程序，获取 TXT 文本文件的内容，并将只属于汉字的内容写入另一个文本中。

Chapter 6

第6章 数据清洗

本章简介

本章以实际案例出发讲解大数据清洗的过程，包括数据筛选、数据字段过滤、字段提取、各种类型文件输出等，读者需要重点掌握大数据清洗过程中所有用过的过程逻辑。

学习目标

1）掌握使用Python筛选数据的方法。

2）掌握使用Python进行字段过滤的方法。

3）掌握使用Python对字段进行提取的方法。

4）掌握各类文件输出的方法。

5）掌握MapReduce过程。

数据清洗一般可以理解为对数据的转换、清洗等工作，如将各类文件（TXT、CSV、Excel）中无用的数据或错误数据进行转换处理、在文件数据中添加新的字段、删除重复信息等，包括检查数据一致性，处理无效值和缺失值等。因为数据仓库中的数据是面向某一主题的数据集合，这些数据从多个业务系统中抽取而来而且包含历史数据，这样就避免不了有的数据是错误数据、有的数据相互之间有冲突。这些错误的或有冲突的数据显然是不需要的，称为“脏数据”。要按照一定的规则把“脏数据”“洗掉”。

6.1 数据清洗过滤

1．大数据筛选

在大数据清洗的过程中，常常会遇到数据过大、无用字段等问题，需要事先获取前几行的数据进行分析过滤。一般可使用Python语言对其进行筛选，选出前几行的数据进行输出，存储成新的文件，代码如下。

```
#coding=utf-8
# 设置输入文本的路径
input_path = 'c:/test'
# 设置输出文件的路径
output_path = 'c:/taxiTop100'
# 打开输入文件，只读模式
input_file = open(input_path,mode='r')
# 打开输出文件，写模式
output_file = open(output_path,mode='w')
# 声明列表变量
list = []
# 循环 100 次
for i in range(100):
    # 读出一行放入 list 列表中
    list.append(input_file.readline())
# 遍历循环
for i in list:
    # 写入输出文件中
    output_file.write(i)

# 关闭输入文件流
input_file.close()
# 关闭输出文件流
output_file.close()
```

方法详解

方法：file.write(i)。

作用：将数据写入文件中。

参数：需要写入的字符串。

代码详解

代码：input_file = open(input_path,mode='r')。

说明：由于输入的文件需要读取，所以使用 mode='r' 来获取数据，打开后返回给 input_file。

代码：output_file = open(output_path,mode='w')。

说明：由于输入的文件需要写入，所以使用 mode='w' 来写入数据，打开后返回给 output_file。

代码：for i in range(100):。

说明：使用 range 方法得到 100 个数字，循环 100 次，从而得到 100 行数据进行存储。

在编写 Python 程序的过程中，在理解上述代码的基础上，可以使用更加精简的代码编写，代码如下。

```
#coding=utf-8
# 设置输入文本的路径
input_path = 'c:/test'
# 设置输出文本的路径
output_path = 'c:/taxiTop100'
# 打开输入文件，只读模式
input_file = open(input_path,mode='r')
# 打开输出文件，写模式
output_file = open(output_path,mode='w')
count = 0
# 循环 100 次
for i in range(100):
# 读出一行并写入数据
    output_file.write(input_file.readline())
input_file.close()
output_file.close()
```

代码详解

代码：output_file.write(input_file.readline())。

说明：一句话实现读出与写入功能，先读出一行再写入数据，这样就无须再遍历数据写入。

2．数据字段删除过滤

将数据获取之后，有时需要将无用的字段或字符串进行过滤，得到一个新的数据文件，这时需要使用一些字符串处理方法来处理数据，如 split 等方法。现有一个大数据文件

taxiTop100，该文件的某一行内容如下。

```
2,3880,05/24/2014 06:30:00 PM,600,1.7,7,6,7.85,0.00,0.00,2.50,10.35,Ilie Malec,
41.921778188,-87.651061884,41.94258518,-87.656644092
```

由上述数据可见，该数据由逗号“，”进行分隔，由十几个字段构成，现需要将时间字段与有“-”号的字段进行过滤删除，得到一个新的数据文件。

1）在处理数据前可先获取某个字段的位置，这样可以方便进行过滤，代码如下。数据序号如图 6-1 所示。

```
#coding=utf-8
input_file = 'c:/taxiTop100'
output_file = 'c:/out'
input_file = open(input_file,mode='r')
output_file = open(output_file,mode='w')
count = 0
for s in input_file.readlines():
    # 以逗号为分隔符，分隔字符串
    list = s.split(',')
    # 遍历数据
    for s0 in list:
        # 输出数据序号
        print(str(count)+':'+s0)
        count = count + 1
    count = 0
```

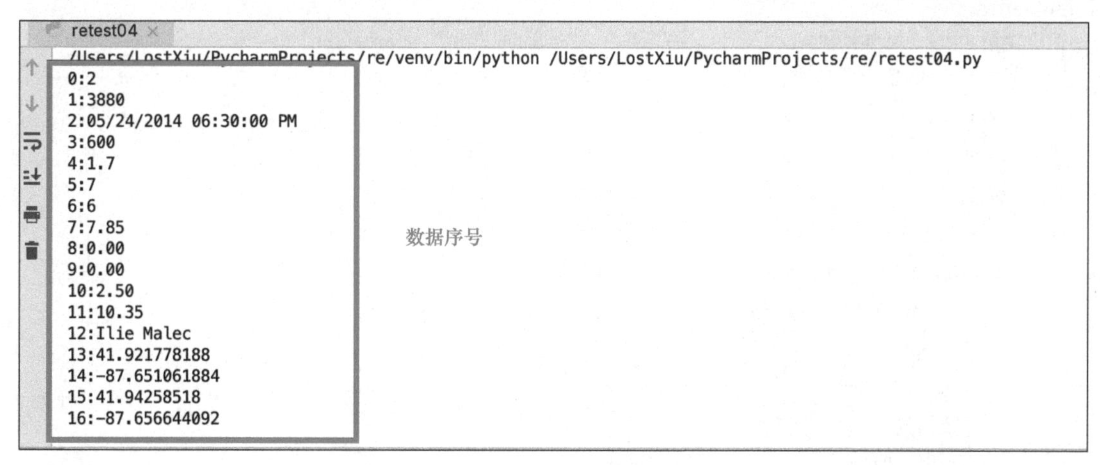

图 6-1　数据序号

方法详解

方法：str(count)。

作用：将其他类型转换成 string 字符串类型。

参数：其他类型的变量或常量。

代码详解

代码：list = s.split(',')。

说明：使用自带方法将数据使用逗号“，”分隔成 list 列表。

代码：for s0 in list:

```
        # 输出数据序号
        print(str(count)+':'+s0)
        count = count + 1
```

说明：使用遍历 list 列表输出结果，因为 count 为整型类型，所以需要将其转换成 string 字符串格式再进行输出。

2）由图 6-1 可知序号 2、14、16 为需要过滤的字段，所以可直接使用代码进行过滤，代码如下。

```
#coding=utf-8
input_file = 'c:/taxiTop100'
output_file = 'c:/out'
input_file = open(input_file,mode='r')
output_file = open(output_file,mode='w')

for s in input_file.readlines():
    list = s.split(',')
    count=0
    result = ''
    for i in list:
        # 如果序号为 2、14、16 时不进行累加
        if ((count!=2) and (count!=14) and (count!=16)):
            # 结果累加，以逗号 "，" 号分隔
            result = result + i + ','
        count = count+1
    # 将结果的尾部，号清除
    result = result[:result.__len__()-1]
    # 输出结果
    print(result)
    # 写入数据
    output_file.write(result)
input_file.close()
output_file.close()
```

知识补充

Python 逻辑运算符

在 Python 编程中，经常用到一些逻辑运算符来表示一些逻辑算法，如一个变量不能等于 2，同时不能等于 14、不能等于 16，这时就需要用到“and”语法来表示“同时”的意思。常用的逻辑运算符如图 6-2 所示。

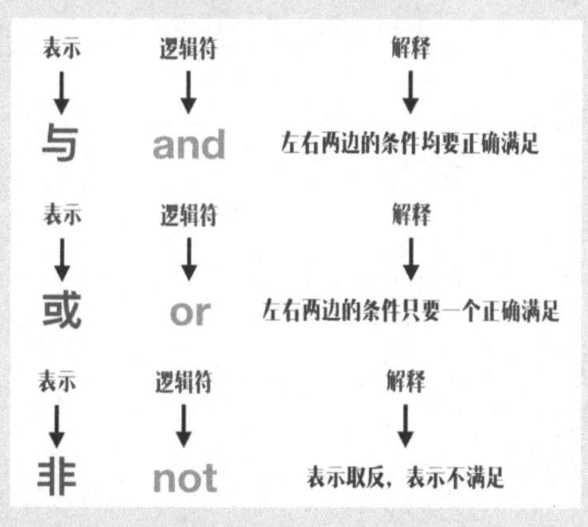

图 6-2　常用的逻辑运算符

如果在不使用逻辑运算符的情况下表示上述逻辑，代码将复杂很多，代码如下。

```
if count!=2:
    if count!=14:
        if count!=16:
```

由此可见使用逻辑运算符可大大提高代码的可读性并精简代码。

方法详解

方法：result.__len__()。

作用：获取 result 字符串的总长度。

代码详解

代码：

```
if ((count!=2) and (count!=14) and (count!=16)):
    result = result + i + ','
count = count+1
result = result[:result.__len__()-1]
```

说明：过滤出序号为 2、14、16 的字段，使用 count 作为累加变量进行判断，最后因为执行完成后会多出一个逗号，所以将最后尾部的逗号去除即可。

注意：在编写代码时需要注意缩进关系。

3）在大数据处理的过程中，除了过滤清除无用的字段，有时也需要将某些字段进行替换得到一个新的字段，如要将字段中出现的时间中的PM和AM修改成下午、上午。代码如下。

```
2,3880,05/24/2014 06:30:00 PM,600,1.7,7,6,7.85,0.00,0.00,2.50,10.35,Ilie Malec,
41.921778188,-87.651061884,41.94258518,-87.656644092
```

```
#coding=utf-8

input_file = 'c:/taxiTop100'
output_file = 'c:/out'

input_file = open(input_file,mode='r')
output_file = open(output_file,mode='w')

for s in input_file.readlines():
    list = s.split(',')
    count=0
    result = ''
    for i in list:
        if (count == 2):
            # 由于某些行不存在 'PM'，将引起程序出错
            # 使用 try 语句解决问题
            try:
                if (i.index('PM') > 0):
                    # 替换 PM 为下午
                    i = i.replace('PM'," 下午 ")
            except:
                print('')
            # 由于某些行不存在 'AM'，将引起程序出错
            # 使用 try 语句解决问题
            try:
                if (i.index('AM') > 0):
                    # 替换 AM 为上午
                    i = i.replace('AM'," 上午 ")
            except:
                print('')

        result = result + i + ','
        count = count+1
    result = result[:result.__len__()-1]
    print(result)
    output_file.write(result)
input_file.close()
output_file.close()
```

知识补充

Python 异常处理

在 Python 编程的过程中，有时会遇到一个问题，当程序出错时会报出错误直接退出，但又需要程序可以接着运行不能直接退出，这时就需要使用异常处理 try 语句来解决问题。Python 提供了两个非常重要的功能来处理程序在运行中出现的异常和错误。可以使用该功能来调试程序，如图 6-3 所示。

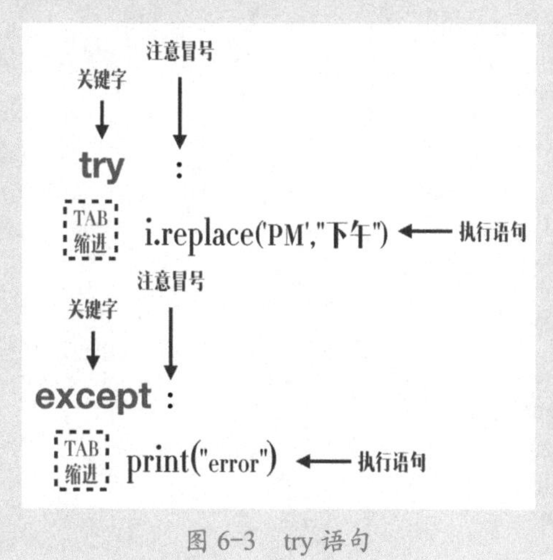

图 6-3　try 语句

方法详解

方法：i.index('PM')。

作用：索引关键字，如果存在则返回值大于 0，不存在则抛出异常。

参数：要索引的关键字。

代码详解

代码：

```
try:
        if (i.index('PM') > 0):
            # 替换 PM 为下午
            i = i.replace('PM'," 下午 ")
except:
        print('')
```

说明：使用 try…except 防止因为 i.index('PM') 不存在抛出的错误，如果大于 0 则表示存在 PM，将字符串 i 中的 PM 替换为下午。

在编程中除了使用 index 来判断字符串是否存在之外还可以使用 Python 自带的语法来进行判断处理，这样就无须使用异常处理函数进行处理，但是读者也必须掌握异常处理函数。

```
#coding=utf-8

input_file = 'c:/taxiTop100'
output_file = 'c:/out'

input_file = open(input_file,mode='r')
output_file = open(output_file,mode='w')

for s in input_file.readlines():
    list = s.split(',')
    count=0
    result = ''
    for i in list:
        if (count == 2):
                if i in 'PM':
                    i = i.replace('PM'," 下午 ")
                if i in 'AM':
                    i = i.replace('AM'," 上午 ")
        result = result + i + ','
        count = count+1
    result = result[:result.__len__()-1]
    print(result)
    output_file.write(result)
input_file.close()
output_file.close()
```

3．大数据个别字段提取

在大数据数据清洗的过程中，常常会将某些字段提取出来，生成一个新的文件提供使用。这里使用 Python 语言将所需的字段进行提取，使用的数据源如下。

```
2,3880,05/24/2014 06:30:00 PM,600,1.7,7,6,7.85,0.00,0.00,2.50,10.35,Ilie Malec,
41.921778188,-87.651061884,41.94258518,-87.656644092
```

现需要将该数据源经度、纬度信息进行提取，同时将错误的经度、纬度信息进行清洗过滤，生成新的文件，代码如下。

```
#coding=utf-8

input_file = 'c:/taxiTop100'
output_file = 'c:/out'

input_file = open(input_file,mode='r')
output_file = open(output_file,mode='w')
```

```
for s in input_file.readlines():
    list = s.split(',')
    count=0
    result = ''
    for i in list:
     # 使用逻辑运算符 or 进行或运算，将序号为 13、14、15、16 的数值进行提取
        if (count == 13 or count == 14 or count == 15 or count == 16):
            # 如果字符串长度大于 2 则表示有数据
            if (i.__len__() > 2):
                result = result + i + ','
        count = count + 1
     # 如果结果字符串长度大于 5 则表示有数据
    if (result.__len__() > 5):
        result = result[:result.__len__() - 1]
        output_file.write(result)
        print(result)

input_file.close()
output_file.close()
```

代码详解

代码：

```
if (count == 13 or count == 14 or count == 15 or count == 16):
    if (i.__len__() > 2):
        result = result + i + ','
```

说明：使用逻辑运算符 or 进行或运算，表示如果出现 13、14、15、16 序号并且数据真实存在则输出结果。

6.2 各类格式文件的数据输出

在数据清洗完成后，有时需要将清洗后的数据转换成各种类型的文件格式进行输出显示。常见的输出文件类型为 CSV、TXT、Word、Excel 等。

1. 输出为 CSV 文件

在获取 TXT 文件数据之后将文件输出为 CSV 文件。可以使用第 4 章所使用的模块来实现输出，代码如下，结果如图 6-4 所示。

```
#coding=utf-8
import csv
# 文件路径
input_path = 'c:/taxiTop100'
output_path = 'c:/test.csv'
# 创建一个新的文件
output_file = open(output_path,'wb')
# 打开一个数据源
input_file = open(input_path)
# 获取数据列表
list = input_file.readlines()
# 写入信息
output_csv = csv.writer(output_file)
# 遍历循环
for i in list:
    # 以逗号进行分隔
    li = i.split(',')
    # 写入数据
    output_csv.writerow(li)
# 关闭文件
output_file.close()
# 关闭文件
input_file.close()
```

2	2															
2	3880	05/24/2014 06:30:00 PM	600	1.7	7	6	7.85	0	0	2.5	10.35	Ilie Malec	41.921778188	-87.651061884	41.94258518	-87.656644092
3	3881	03/16/2013 07:00:00 PM	1740	7.8			19.64	4.13	0	1	24.77	C&D Cab Co IncD Cab Company				
4	3882	09/17/2013 09:15:00 AM	2100	1.72			34.85	0	0	0	34.85	Choice Taxi Association				
5	3883	02/27/2014 07:15:00 PM	540	2.3			7.85	0	0	0	7.85	Jordan Taxi Inc				
6	1001	01/31/2013 09:30:00 AM	1920	164	6	56	35.45	7.45	0	2	44.9	Taxi Affiliation Services	41.944226601	-87.655998182	41.79259236	-87.769615453
7	1002	08/30/2014 11:45:00 AM	480	2.1	24	28	7.65	0	0	1	8.65	Northwest Management LLC	41.901206994	-87.676355989	41.874005383	-87.66351755
8	3884	06/06/2014 04:00:00 PM	1980	2.7			15.65	3.53	0	2	21.18	Zeymane Corp				
9	1003	08/22/2014 04:45:00 PM	360	0	8	8	5.05	0	0	1	6.05	Taxi Affiliation Services	41.892507781	-87.626214906	41.892507781	-87.626214906
10	1004	08/25/2014 07:30:00 PM	360	1	32	8	5.85	0	0	0	5.85	Dispatch Taxi Affiliation	41.880994471	-87.632746489	41.892042136	-87.63186395
11	3885	05/22/2015 02:15:00 PM	240	0.9	32	8	5.45	0	0	1	6.45	Sam Mestas	41.884987192	-87.620992913	41.890922026	-87.618868355
12	1005	06/16/2015 04:15:00 PM	3600	16.9	76	8	36.25	7.65	0	2	45.9	Choice Taxi Association	41.97907082	-87.903039661	41.892507781	-87.626214906
13	1006	06/15/2014 12:30:00 PM	420	0	28	8	7.45	0	0	2.5	9.95	Taxi Affiliation Services	41.879255084	-87.642648998	41.89503345	-87.619710672
14	1007	01/09/2014 07:45:00 PM	240	0.7	32	8	5.05	1	0	0	6.05	KOAM Taxi Association	41.880994471	-87.632746489	41.892072635	-87.628874157
15	1008	06/29/2016 09:15:00 AM	240	0	32	32	5.25	0	0	0	5.25	Taxi Affiliation Services	41.880994471	-87.632746489	41.884987192	-87.620992913
16	1009	06/11/2013 08:00:00 AM	960	0	3	32	18.05	1	0	0	19.05	Blue Ribbon Taxi Association Inc.	41.96581197	-87.655878786	41.878865584	-87.625192142
17	1010	01/06/2015 08:45:00 PM	660	2.4	6	7	8.25	0	0	0	8.25	Taxi Affiliation Services	41.952719111	-87.660503502	41.922082541	-87.634156093
18	1011	05/07/2014 09:00:00 AM	360	0.7	8	8	5.65	2	0	0	7.65	Northwest Management LLC	41.892042136	-87.63186395	41.890922026	-87.618868355
19	1012	02/13/2013 08:00:00 PM	540	0	8	32	7.05	0	0	1	8.05	Choice Taxi Association	41.899155613	-87.626210532	41.877406123	-87.621971652
20	3886	06/26/2014 09:00:00 AM	480	0.8	8	32	6.25	0	0	0	6.25	Top Cab Affiliation	41.892042136	-87.63186395	41.880994471	-87.632746489
21	3887	08/28/2015 03:45:00 PM	120	0.5	32	32	4.25	0	0	0	4.25	Chinesco Trans Inc	41.880994471	-87.632746489	41.880994471	-87.632746489
22	1013	01/22/2015 09:15:00 AM	720	2.3	41	41	8.65	2	0	0	10.65	Taxi Affiliation Services	41.794090253	-87.592310855	41.794090253	-87.592310855
23	3888	10/09/2014 11:15:00 AM	540	1.5	32	8	7.05	0	0	0	7.05	Royal Star	41.880994471	-87.632746489	41.89503345	-87.619710672
24	3889	04/15/2013 06:15:00 PM	540	1.8	28	28	7.25	0	0	1	8.25	Salifu Bawa	41.885300022	-87.642808466	41.87866742	-87.671653621
25	3890	04/12/2014 08:00:00 PM	840	2.1	8	8	9.05	2	0	1	12.05	Seung Lee	41.907412816	-87.640901525	41.892507781	-87.626214906
26	3891	09/05/2013 12:15:00 PM	300	0.9	8	8	5.45	2	0	0	7.45	Sergey Cab Corp.	41.899602111	-87.633308037	41.899602111	-87.633308037
27	3892	06/01/2013 01:45:00 PM	780	1.8			8.44	3	0	1.5	12.94	Northwest Management LLC				

图 6-4　导出的 CSV 文件

这里用同样的方法把数据获取到，使用 split（','）方法进行数据拆解，使用 writerow（）方法将数据写入 output_csv 中进行存储，但是注意最后一定要用 close（）方法关闭文件，养成良好的编程习惯。

方法详解

方法：output_csv = csv.writer(output_file)。

作用：创建一个 CSV 写入类。

参数：open(path) 返回的类型，作为参数传递。

方法：output_csv.writerow(li)。

作用：写入 list 数据到 CSV 文件中，以列来区分存储。

参数：list 列表数据。

代码详解

代码：

```
output_file = open(output_path,'a', newline='')
output_csv = csv.writer(output_file)
output_csv.writerow(li)
```

说明：使用 CSV 模块的 writer() 方法将数据输出成 CSV 文件，writerow() 方法是将列表类型的数据分列写入 CSV 表中。

2．输出为 Word 文件

使用 python-docx 模块可以进行输出操作。代码如下。结果如图 6-5 所示。

```
#coding=utf-8
from docx import Document
# 生成目录
path = "c:/test.docx"
# 创建文件
document = Document()
# 写入一行数据
document.add_paragraph('dolor sit')
# 写入一行数据
document.add_paragraph("hello")
# 保存数据
document.save(path)
```

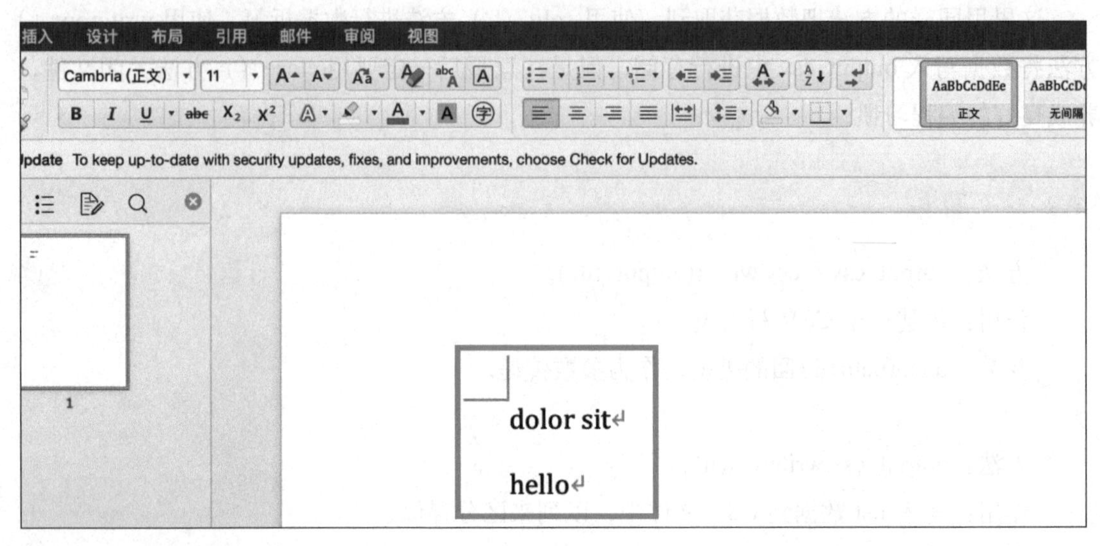

图 6-5　输出为 Word

方法详解

方法：document.add_paragraph('dolor sit')。

作用：写入数据到 Word 文档中。

参数：要写入的数据。

方法：document.save(path)。

作用：保存 Word 文件到指定目录中。

参数：保存的目录。

代码详解

代码：

```
document.add_paragraph('dolor sit')
document.add_paragraph("hello")
document.save(path)
```

说明：使用 add_paragraph() 方法将数据 'dolor sit' 写入缓存中，使用 save() 方法保存到指定的文件路径中。

3．输出为 Excel 文件

使用 openpyxl 模块可以进行输出操作。代码如下。结果如图 6-6 所示。

```
#coding=utf-8
from openpyxl import Workbook
path = 'c:/test.xlsx'
# 创建文件对象
wb = Workbook()
# 获取第一个 sheet
ws = wb.active
# 写入数字
ws['A1'] = 42
# 写入中文
ws['B1'] = " 你好 "+"automation test"
# 写入多个单元格
ws.append([1, 2, 3])
wb.save(path)
```

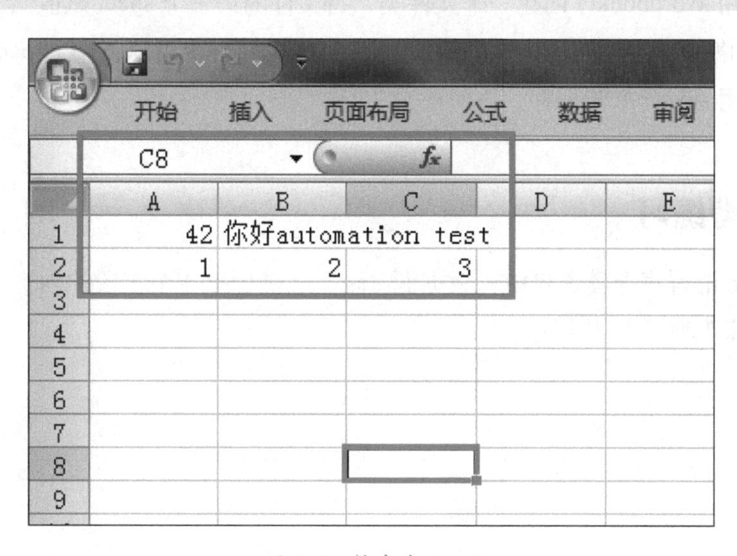

图 6-6　输出为 Excel

方法详解

方法：Workbook()。

作用：创建一个文件对象。

方法：ws.append([1, 2, 3])。

作用：在多个单元格写入批量数据。

参数：数据 list 列表。

方法：wb.save(path)。

作用：保存文件到指定位置。

参数：指定位置路径。

代码详解

代码：

```
wb = Workbook()
ws = wb.active
ws['A1'] = 42
ws['B1'] = " 你好 "+"automation test"
ws.append([1, 2, 3])
wb.save(path)
```

说明：使用 Wordbook() 创建一个文件类，将文件的第一个 sheet 赋值给 ws 类，ws 类可以通过对表格列行的数据进行赋值直接写入数据，同时也可以使用 append() 方法写入数据，最后使用 save() 方法保存。

6.3 思考练习

使用 Python 语言将配套资料中"数据源 \test"文件中第 3 个字段的内容"05/24/2014"中的符号"/"修改为"-"并保存。

Chapter 7

第7章 数据存储

本章简介

本章重点讲解在数据保存的过程中，Sqoop的使用与安装，以及如何使用HDFS（Hadoop Distributed File System，Hadoop分布式文件系统）进行上传、下载等操作。

学习目标

1）掌握安装Sqoop的过程。

2）掌握Sqoop的使用方法。

3）掌握使用HDFS加载的过程。

数据的加载与存储是将经过转换的数据加载到数据仓库里面，即入库。操作者可以通过数据文件直接装载或直连数据库的方式来进行数据装载，充分体现其高效性。可以使用 Sqoop 软件将 MapReduce 后的数据存储至 MySQL 数据库中，或者将清洗后的数据使用 hadoop 命令上传至 HDFS 中存储，或将处理后的数据通过命令存储至 HBase 的数据库中。

7.1 HDFS 加载存储

注：运行 HDFS 需要事先安装 Hadoop，开启 Hadoop 集群后再使用 HDFS 命令。

1．启动命令模式

1）HDFS 命令模式基于 Hadoop，故在启用前需开启 Hadoop 服务，命令如下。

```
# 开启 Hadoop 服务
start-all.sh
```

2）测试 HDFS 是否成功启动，命令如下。

```
# 查看 HDFS 文件目录
hadoop fs -ls /
```

3）命令运行成功，如图 7-1 所示。

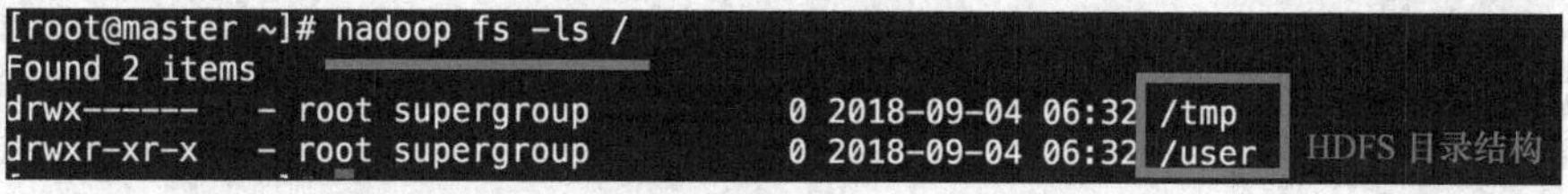

```
[root@master ~]# hadoop fs -ls /
Found 2 items
drwx------   - root supergroup          0 2018-09-04 06:32 /tmp
drwxr-xr-x   - root supergroup          0 2018-09-04 06:32 /user
```
HDFS 目录结构

图 7-1　查看 HDFS 文件目录

2．退出 HDFS 安全模式

1）在启动 Hadoop 服务后，有时会无法使用 HDFS 命令创建数据，有可能是 HDFS 处于安全模式下，如图 7-2 所示。

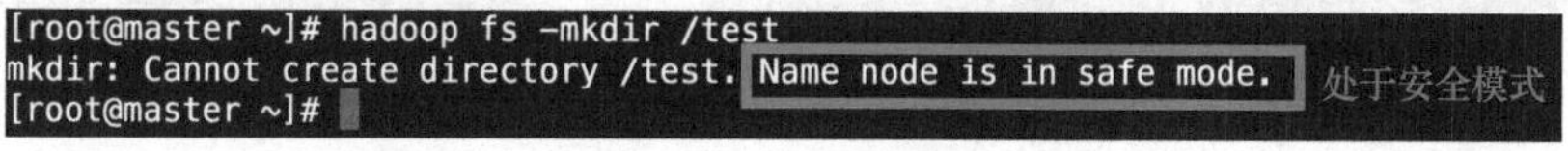

```
[root@master ~]# hadoop fs -mkdir /test
mkdir: Cannot create directory /test. Name node is in safe mode.
[root@master ~]#
```
处于安全模式

图 7-2　安全模式

2）此时需要退出安全模式才可执行 HDFS 文件操作，如图 7-3 所示，命令如下。

```
# 退出 HDFS 安全模式
hadoop dfsadmin -safemode leave
```

```
[root@master ~]# hadoop dfsadmin -safemode leave
DEPRECATED: Use of this script to execute hdfs command is deprecated.
Instead use the hdfs command for it.

Safe mode is OFF
```
退出安全模式

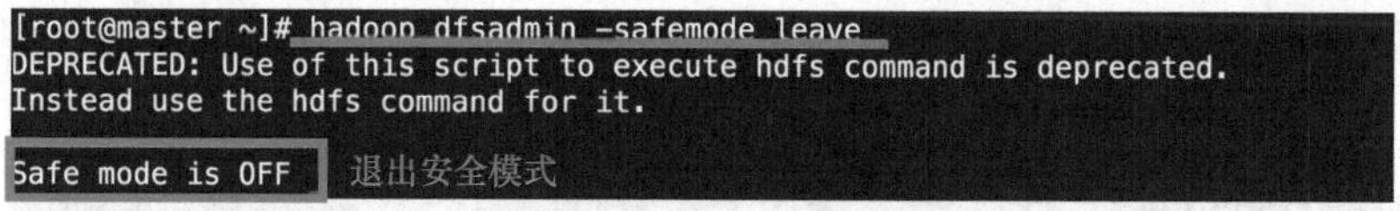

图 7-3　退出安全模式

3．列出目录

1）查看 HDFS 目录文件，类似于 Linux 操作系统中查看目录的命令，注意需要加上“-”符号，命令如下。

```
# 列出目录
hadoop fs -ls /
```

2）命令执行效果如图 7-4 所示。

```
[root@master ~]# hadoop fs -ls /
Found 2 items
drwx------   - root supergroup          0 2018-09-04 06:32 /tmp
drwxr-xr-x   - root supergroup          0 2018-09-04 06:32 /user
```

HDFS 目录结构

图 7-4　列出目录命令

3）循环列出目录、子目录所有信息，如图 7-5 所示，命令如下。

```
# 循环列出目录、子目录信息
hadoop fs -lsr /
```

```
[root@master ~]# hadoop fs -lsr /
lsr: DEPRECATED: Please use 'ls -R' instead.
drwx------   - root supergroup          0 2018-09-04 06:32 /tmp
drwx------   - root supergroup          0 2018-09-04 06:32 /tmp/hadoop-yarn
drwx------   - root supergroup          0 2018-09-04 06:32 /tmp/hadoop-yarn/staging
drwxr-xr-x   - root supergroup          0 2018-09-04 06:32 /tmp/hadoop-yarn/staging/history
drwxrwxrwt   - root supergroup          0 2018-09-04 06:32 /tmp/hadoop-yarn/staging/history/done_inte
mediate
drwxrwx---   - root supergroup          0 2018-09-05 16:55 /tmp/hadoop-yarn/staging/history/done_inte
mediate/root
-rwxrwx---   1 root supergroup      91431 2018-09-04 06:33 /tmp/hadoop-yarn/staging/history/done_inte
mediate/root/job_1536000438903_0001-1536013948188-root-QuasiMonteCarlo-1536013993764-10-1-SUCCEEDED-de
fault-1536013955608.jhist
-rwxrwx---   1 root supergroup        356 2018-09-04 06:33 /tmp/hadoop-yarn/staging/history/done_inte
mediate/root/job_1536000438903_0001.summary
-rwxrwx---   1 root supergroup     120228 2018-09-04 06:33 /tmp/hadoop-yarn/staging/history/done_inte
mediate/root/job_1536000438903_0001_conf.xml
-rwxrwx---   1 root supergroup      91459 2018-09-05 16:55 /tmp/hadoop-yarn/staging/history/done_inte
mediate/root/job_1536137549043_0001-1536137655825-root-QuasiMonteCarlo-1536137707926-10-1-SUCCEEDED-de
fault-1536137661589.jhist
-rwxrwx---   1 root supergroup        356 2018-09-05 16:55 /tmp/hadoop-yarn/staging/history/done_inte
mediate/root/job_1536137549043_0001.summary
-rwxrwx---   1 root supergroup     120228 2018-09-05 16:55 /tmp/hadoop-yarn/staging/history/done_inte
mediate/root/job_1536137549043_0001_conf.xml
drwx------   - root supergroup          0 2018-09-04 06:32 /tmp/hadoop-yarn/staging/root
drwx------   - root supergroup          0 2018-09-05 16:55 /tmp/hadoop-yarn/staging/root/.staging
drwxr-xr-x   - root supergroup          0 2018-09-04 06:32 /user
drwxr-xr-x   - root supergroup          0 2018-09-05 16:55 /user/root
```

图 7-5　列出目录信息

4．创建文件夹

1）在 HDFS 下创建文件夹，命令如下。

```
# 创建文件夹
hadoop fs -mkdir /test
```

2）-mkdir 命令的参数与 Linux 命令类似，后面是创建的目录与文件名，创建完成后使用 hadoop fs -ls / 命令查看是否创建成功，如图 7-6 所示。

```
[root@master ~]# hadoop fs -mkdir /test
[root@master ~]# hadoop fs -ls /
Found 3 items
drwxr-xr-x   - root supergroup          0 2018-09-06 00:15 /test
drwx------   - root supergroup          0 2018-09-04 06:32 /tmp
drwxr-xr-x   - root supergroup          0 2018-09-04 06:32 /user
```

图 7-6　创建文件夹

5．删除文件

1）在 HDFS 下删除文件夹与文件，命令如下。

```
# 删除文件
hadoop fs -rm /test/text.txt
# 删除文件夹
hadoop fs -rm -r /test
```

2）删除文件夹与删除文件相比多了一个参数 -r，如图 7-7 所示。

```
[root@master ~]# hadoop fs -rm -r /test
18/09/06 00:24:03 INFO fs.TrashPolicyDefault: Namenode trash configuration: Deletion interval = 0 minu
tes, Emptier interval = 0 minutes.
Deleted /test  删除了文件夹 /test
```

图 7-7　删除文件夹

6．上传

1）将虚拟机本地文件上传至 HDFS 中，命令如下。

```
# 将 /home/test.txt 上传至 / 目录
hadoop fs -put /home/test.txt /
```

2）命令 put 表示上传，参数 /home/test.txt 表示本地文件上传至 HDFS 根目录，上传完成后使用 ls 命令查看，如图 7-8 所示。

```
[root@master ~]# hadoop fs -put /home/test.txt /
[root@master ~]# hadoop fs -ls /
Found 3 items
-rw-r--r--   1 root supergroup          8 2018-09-06 00:32 /test.txt
drwx------   - root supergroup          0 2018-09-04 06:32 /tmp
drwxr-xr-x   - root supergroup          0 2018-09-04 06:32 /user
```

图 7-8　上传文件

7．下载

1）将 HDFS 中的文件下载至本地虚拟机目录，命令如下。

```
# 将 /test.txt 下载至 /opt 目录下
hadoop fs -get /test.txt /opt/
```

2）命令 get 表示下载，参数 /test.txt 表示 HDFS 目录文件下载至 /opt 目录，下载完成后使用 ls 命令查看，如图 7-9 所示。

```
[root@master ~]# hadoop fs -get /test.txt /opt/
[root@master ~]# ls /opt
hadoop  hadoop-2.7.5.tar.gz  jdk-8u162-linux-x64.tar.gz  test.txt
[root@master ~]#
```

图 7-9　下载文件

8．查看文件

1）在 HDFS 下也可以查看文件内容，命令如下。

```
# 查看文件内容
hadoop fs -cat /test.txt
```

2）cat 为查看命令，如图 7-10 所示，文件 test.txt 的内容为 newland。

```
[root@master ~]# hadoop fs -cat /test.txt
newland
```

图 7-10　查看文件

9．查看帮助

在 HDFS 下，如有问题可使用帮助命令查看提示，如图 7-11 所示，命令如下。

```
# 查看帮助文件
hadoop fs -help
```

```
[root@master ~]# hadoop fs -help
Usage: hadoop fs [generic options]
        [-appendToFile <localsrc> ... <dst>]
        [-cat [-ignoreCrc] <src> ...]
        [-checksum <src> ...]
        [-chgrp [-R] GROUP PATH...]
        [-chmod [-R] <MODE[,MODE]... | OCTALMODE> PATH...]
        [-chown [-R] [OWNER][:[GROUP]] PATH...]
        [-copyFromLocal [-f] [-p] [-l] <localsrc> ... <dst>]
        [-copyToLocal [-p] [-ignoreCrc] [-crc] <src> ... <localdst>]
        [-count [-q] [-h] <path> ...]
        [-cp [-f] [-p | -p[topax]] <src> ... <dst>]
        [-createSnapshot <snapshotDir> [<snapshotName>]]
        [-deleteSnapshot <snapshotDir> <snapshotName>]
        [-df [-h] [<path> ...]]
        [-du [-s] [-h] <path> ...]
        [-expunge]
        [-find <path> ... <expression> ...]
        [-get [-p] [-ignoreCrc] [-crc] <src> ... <localdst>]
        [-getfacl [-R] <path>]
        [-getfattr [-R] {-n name | -d} [-e en] <path>]
        [-getmerge [-nl] <src> <localdst>]
        [-help [cmd ...]]
        [-ls [-d] [-h] [-R] [<path> ...]]
        [-mkdir [-p] <path> ...]
        [-moveFromLocal <localsrc> ... <dst>]
        [-moveToLocal <src> <localdst>]
        [-mv <src> ... <dst>]
        [-put [-f] [-p] [-l] <localsrc> ... <dst>]
        [-renameSnapshot <snapshotDir> <oldName> <newName>]
```

图 7-11　查看帮助

7.2 Sqoop 加载存储

1．什么是 Sqoop

Sqoop 是一款开源工具，主要用于在 Hadoop（Hive）与传统的数据库（MySQL、PostgreSQL 等）间进行数据的传递，可以将一个关系型数据库（例如，MySQL、Oracle、PostgreSQL 等）中的数据导进 Hadoop 的 HDFS 中，也可以将 HDFS 的数据导进关系型数据库中，如图 7-12 所示。

Sqoop 项目开始于 2009 年，最早是作为 Hadoop 的一个第三方模块存在的，后来为了让使用者能够快速部署，也为了让开发人员能够快速地迭代开发，Sqoop 独立成为一个

Apache 项目。

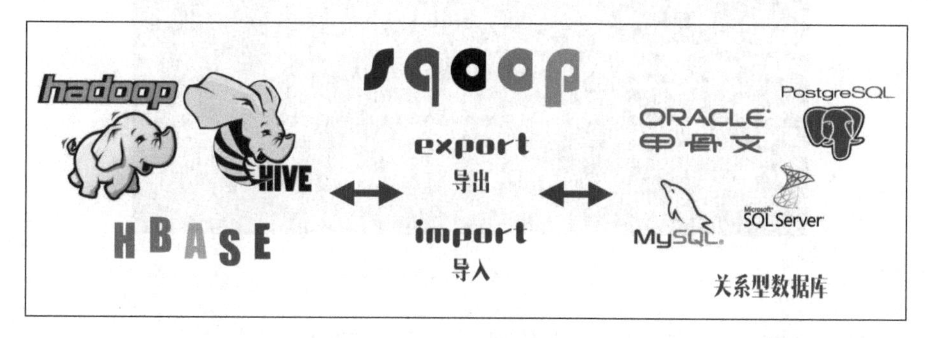

图 7-12 Sqoop

2. Sqoop 产生的原因

1）在大多数的大数据企业中，还存在很多关系型数据库需要将大量数据导入其中。

2）没有一款可以兼容多款关系型数据库导入导出的工具。

3）Sqoop 简单易用，只需要输入一些命令与参数即可将数据导入、导出到关系型数据库中。

3. Sqoop 的安装

1）上传安装包“sqoop-1.4.6-bin-hadoop-2.0.4-alpha.tar.gz”。

2）解压缩软件包，命令如下。

```
# 解压缩文件
tar -zxvf sqoop-1.4.6-bin_hadoop-2.0.4-alpha.tar.gz
# 文件重命名
mv sqoop-1.4.6-bin_hadoop-2.0.4-alpha.tar.gz sqoop
```

3）配置环境变量，命令如下。

```
# 编辑环境变量
vi ~/.bash_profile
# 添加环境变量
export SQOOP_HOME=/opt/sqoop/
export PATH=$SQOOP_HOME/bin:$PATH
# 保存环境变量
source ~/.bash_profile
```

4）复制 sqoop-env-temolate.sh 至 sqoop-env.sh，命令如下。

```
# 切换 conf 目录
cd /opt/sqoop/conf
# 复制 sh 文件
cp sqoop-env-temolate.sh sqoop-env.sh
```

5）修改 sqoop-env.sh 文件的内容，去掉 export HADOOP_COMMON_HOME 与 export HADOOP_MAPRED_HOME 前的“#”，并添加 Hadoop 路径，如图 7-13 所示。

```
# Set Hadoop-specific environment variables here.
                          去掉对应注释添加 Hadoop 路径
#Set path to where bin/hadoop is available
export HADOOP_COMMON_HOME=/opt/hadoop

#Set path to where hadoop-*-core.jar is available
export HADOOP_MAPRED_HOME=/opt/hadoop

#set the path to where bin/hbase is available
#export HBASE_HOME=
```

图 7-13　配置 Hadoop 路径

将 mysql-connector-fava-5.1.46.jar 上传到 /opt/sqoop/lib 目录下。

7）测试连接。list-databases 表示列出所有数据库，jdbc:mysql://localhost:3306/ 表示连接本机 MySQL 3306 端口，localhost 为本机地址，可修改为 IP 地址，--username 为数据库用户名，--password 表示数据库密码，如图 7-14 所示。

```
sqoop list-databases --connect jdbc:mysql://localhost:3306/ --username root --password NewLand@123
```

```
[root@master ~]# sqoop list-databases --connect jdbc:mysql://localhost:3306/ --
username root --password NewLand@123
Warning: /opt/sqoop//../hbase does not exist! HBase imports will fail.
Please set $HBASE_HOME to the root of your HBase installation.
Warning: /opt/sqoop//../hcatalog does not exist! HCatalog jobs will fail.
Please set $HCAT_HOME to the root of your HCatalog installation.
Warning: /opt/sqoop//../accumulo does not exist! Accumulo imports will fail.
Please set $ACCUMULO_HOME to the root of your Accumulo installation.
Warning: /opt/sqoop//../zookeeper does not exist! Accumulo imports will fail.
Please set $ZOOKEEPER_HOME to the root of your Zookeeper installation.
19/01/10 16:54:57 INFO sqoop.Sqoop: Running Sqoop version: 1.4.6
19/01/10 16:54:57 WARN tool.BaseSqoopTool: Setting your password on the command
-line is insecure. Consider using -P instead.
19/01/10 16:54:57 INFO manager.MySQLManager: Preparing to use a MySQL streaming
 resultset.
Thu Jan 10 16:54:58 CST 2019 WARN: Establishing SSL connection without server's
 identity verification is not recommended. According to MySQL 5.5.45+, 5.6.26+
and 5.7.6+ requirements SSL connection must be established by default if explic
it option isn't set. For compliance with existing applications not using SSL th
e verifyServerCertificate property is set to 'false'. You need either to explic
itly disable SSL by setting useSSL=false, or set useSSL=true and provide trusts
tore for server certificate verification.
information_schema
mysql                     看到数据库列表表示正确
performance_schema
sys
taxi
```

图 7-14　成功

4．Sqoop 的简单使用

1）列出 MySQL 数据库中的所有数据库：list-databases 参数表示列出所有数据库，-connect 表示连接数据库，-username 表示用户名，-password 表示密码，命令如下。

```
sqoop list-databases -connect jdbc:mysql://localhost:3306/ -username root -password NewLand@123
```

2）列出 MySQL 数据库中的表：list-tables 参数表示列出所有数据库，-connect 表示连接数据库，-username 表示用户名，-password 表示密码，命令如下。

```
sqoop list-tables -connect jdbc:mysql://localhost:3306/taxi -username root -password NewLand@123
```

5．Sqoop+HDFS 综合实战

这里将使用 Sqoop 将生成的 MapReduce 数据导入 MySQL 数据库中存储，步骤如下。

1）开启 Hadoop 集群环境并将本章提供的 heat_map/part-r-00000 数据源上传至 HDFS 服务器中，命令如下，结果如图 7-15 所示。

```
# 上传 /home/heat_map 目录到 HDFS 中
hadoop fs -put /home/heat_map /heat_map
# 查看文件是否成功上传
Hadoop fs -ls /heat_map
```

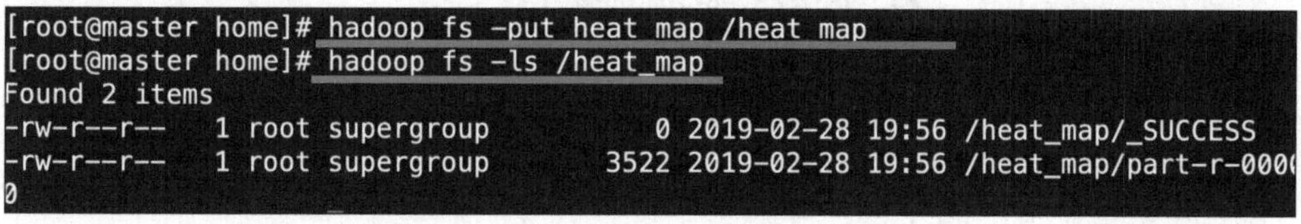

```
[root@master home]# hadoop fs -put heat map /heat map
[root@master home]# hadoop fs -ls /heat_map
Found 2 items
-rw-r--r--   1 root supergroup          0 2019-02-28 19:56 /heat_map/_SUCCESS
-rw-r--r--   1 root supergroup       3522 2019-02-28 19:56 /heat_map/part-r-0000
0
```

图 7-15　上传文件成功

2）在服务器上开启 MySQL 服务，并查看端口是否正常。命令如下，结果如图 7-16 所示。

```
# 开启 MySQL 服务
service mysqld start
# 查看端口是否开启成功
netstat -an | grep 3306
```

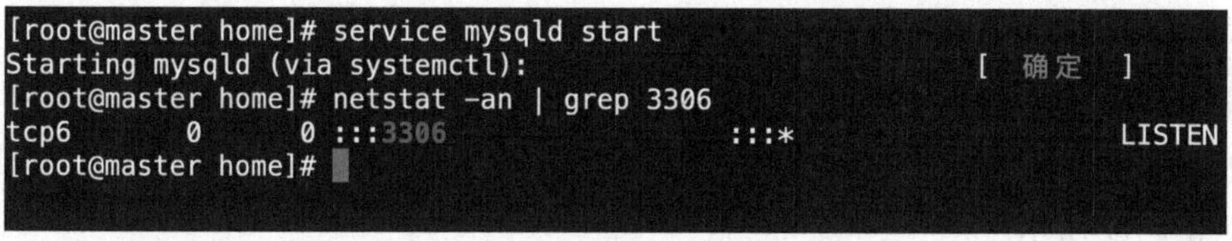

```
[root@master home]# service mysqld start
Starting mysqld (via systemctl):                           [  确定  ]
[root@master home]# netstat -an | grep 3306
tcp6       0      0 :::3306                 :::*                    LISTEN
[root@master home]# 
```

图 7-16　开启服务与查看端口

3）连接数据库并执行脚本新建数据库，名称为 taxi，运行脚本如下。

```
CREATE DATABASE 'taxi';
```

4）在新建的数据库中执行脚本生成 head_map 表，运行脚本如下。

```
DROP TABLE IF EXISTS 'heat_map';
CREATE TABLE 'heat_map' (
    'lng' varchar(255) DEFAULT NULL COMMENT ' 纬度 ',
    'lat' varchar(255) DEFAULT NULL COMMENT ' 经度 ',
    'count' varchar(255) DEFAULT NULL COMMENT ' 相同经纬度数量统计 '
) ENGINE=InnoDB DEFAULT CHARSET=utf8;
```

5）在 Hadoop 服务器终端执行 Sqoop 命令，命令如下，执行成功如图 7-17 所示，数据库结果如图 7-18 所示。

```
sqoop export --connect jdbc:mysql://localhost:3306/taxi --username root --password NewLand@123 --export-dir '/heat_map/part-r-00000' --table heat_map -m 1 --fields-terminated-by ','
```

```
        Total committed heap usage (bytes)=93323264
    File Input Format Counters
        Bytes Read=0
    File Output Format Counters
        Bytes Written=0    sqoop 执行成功，生成 122 条记录
02/28 20:18:11 INFO mapreduce.ExportJobBase: Transferred 3.5605 KB
conds (228.8094 bytes/sec)
02/28 20:18:11 INFO mapreduce.ExportJobBase: Exported 122 records.
```

图 7-17 Sqoop 执行成功

lng	lat	count
41.761577908	-87.572781987	1
[illegible]	[illegible]	[illegible]
41.779582888	-87.76851084!	1
41.785998518	-87.75093428	4
41.79259236	-87.76961545:	5
41.794090253	-87.59231085!	3
41.808916283	-87.59618334	1
41.82371281	-87. 数据库	1
41.836150155	-87.64878795:	3
41.839086906	-87.71400380	1
41.849246754	-87.624135298	6
41.850266366	-87.66756931:	3
[illegible]	[illegible]	1
41.857183858	-87.62033462	1
41.859349715	-87.61735800(	17

图 7-18 数据库结果

Sqoop 命令详解：export 表示导出数据，jdbc:mysql://localhost:3306/taxi 中的 taxi 为数据库的名称，--export-dir 表示导入的 HDFS 数据文件为 heat_map/part-r-00000，--table 表示导入的数据表名为 heat_map，--fields-terminated-by 表示使用什么分隔符切割原始数据文件的数据，如图 7-19 所示。

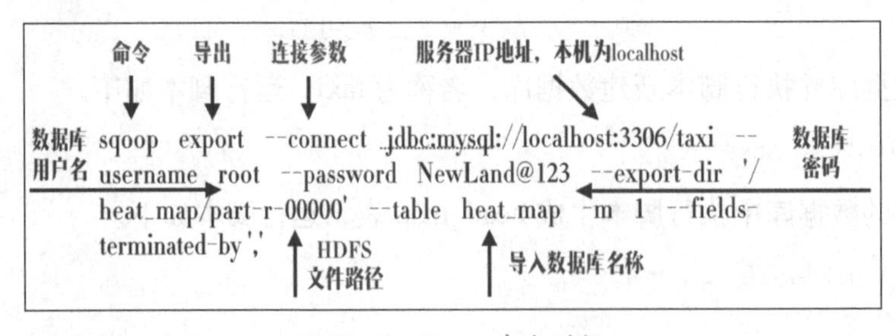

图 7-19 Sqoop 命令详解

7.3 思考练习

1）在 HDFS 目录中添加一个目录名称为“newland”的目录，并在本地新建一个 test 文件填充内容“newland edu”上传至 HDFS 中。

2）分析配套资料中的“/ 数据源 /test/part-r-00000”，使用 Sqoop 软件将数据写入 MySQL 数据库中的名称为“test”的数据库中。

Chapter 8

第8章 数据分析处理

本章简介

本章首先对MapReduce的基本知识、开发环境的配置和简单的单词统计作了详细讲解，然后重点讲解使用Java语言开发MapReduce程序的一些典型案例，其中包括MapRedue统计求和、全排序、二次排序、最值等操作，需要读者重点掌握。

学习目标

1）掌握MapReduce统计求和方法。

2）掌握MapReduce全排序方法。

3）掌握MapReduce二次排序方法。

4）掌握MapReduce求TopN的方法。

5）掌握MapReduce Join方法。

8.1 MapReduce 概述

1. 什么是 MapReduce

“分而治之、迭代汇总”，MapReduce 简单来说可分为两步：任务分解和结果汇总。以分布式编程为架构、数据为中心，更看重吞吐率，Map 把一个任务分解成多个子任务，Reduce 将分解后的多任务分别处理，并将结果汇总为最终的结果，如图 8-1 所示。

它是一个简单易用的软件框架，用于大规模数据集（大于 1TB）的并行运算。Map（映射）和 Reduce（归约）是它们的主要思想，是从函数式编程语言里借来的，另外它还有从矢量编程语言里借来的特性。它极大地方便了编程人员在不会分布式并行编程的情况下将自己的程序运行在分布式系统上。可以用图书汇总的方式类比其过程，如图 8-2 所示。

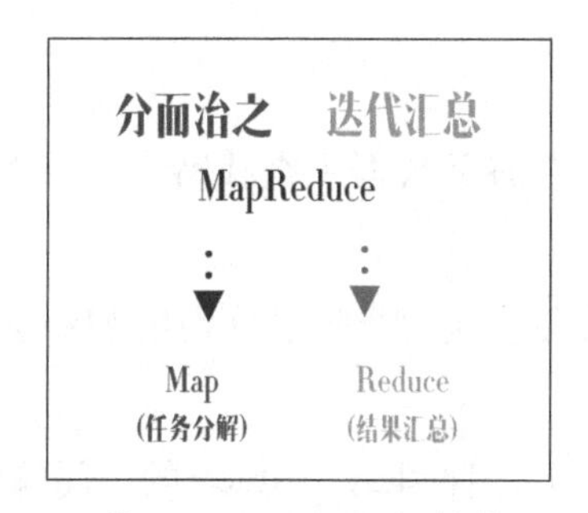

图 8-1　MapReduce 解释

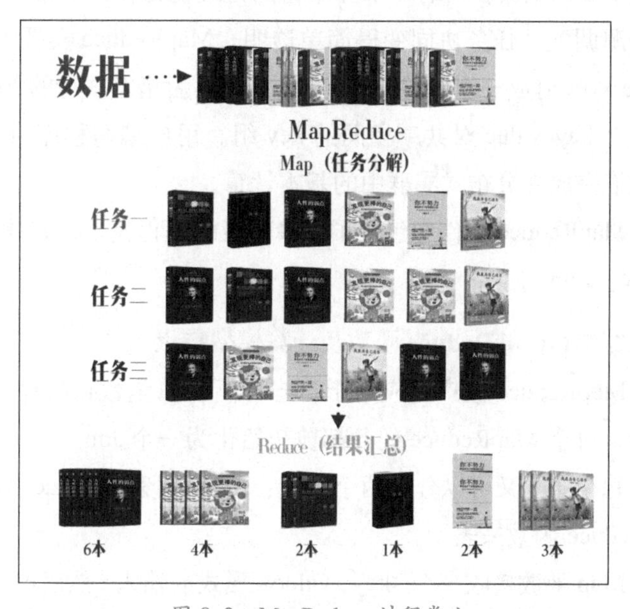

图 8-2　MapReduce 过程类比

MapReduce 是一个简易的软件框架，基于它写出来的应用程序能够运行在由上千个商用机器组成的大型集群上，并以一种可靠容错的方式并行处理上 T 级别的数据集。一个 MapReduce 作业通常会把输入的数据集切分为若干个独立的数据块，由 Map 任务以完全并行的方式处理。框架会对 Map 的输出先进行排序，然后把结果输入给 Reduce 任务。通常作业的输入和输出都会被存储在文件系统中。整个框架负责任务的调度和监控以及重新执行已经失败的任务。

通常，MapReduce 框架和分布式文件系统是运行在一组相同的节点上的，计算节点和存储节点通常在一起。这种配置允许框架在那些已经存好数据的节点上高效地调度任务，可以使整个集群的网络带宽被非常高效地利用。

MapReduce 框架由一个单独的 masterJobTracker 和每个集群节点上的一个 slaveTaskTracker

共同组成。masterJobTracker 负责调度构成一个作业的所有任务，这些任务分布在不同的 slave 上，masterJobTracker 监控它们的执行和重新执行已经失败的任务。而 slaveTaskTracker 仅负责执行由 masterTaskTracker 指派的任务。应用程序至少应该指明输入 / 输出的位置（路径），并通过实现合适的接口或抽象类提供 Map 和 Reduce 函数。再加上其他作业的参数，就构成了作业配置（jobConfiguration）。Hadoop 的 jobClient 提交作业（jar 包 / 可执行程序等）和配置信息给 JobTracker，后者负责分发这些软件和配置信息给调度任务并监控它们的执行，同时提供状态和诊断信息给 jobClient。

当 HDFS 存储的大数据经过 Job 启动后，这个大数据任务被分成若干个小任务，每个小任务由一个 Map 来计算，Map 计算完的结果再由少数 Reduce 任务取走，进行全局的汇总计算，计算出最终结果。MapReduce 程序运行在一个分布式集群中，它合理地利用集群中的资源，发挥出分布式集群中各个节点本身的处理能力，把分布式计算中的网络处理、协调不同节点的资源调配、任务协同变得简单透明。MapReduce 实现了指定一个 Map 函数，把一组 key-Value 对映射成一组新的 key-Value 对，然后指定并行的 Reduce 函数，用来保证所有 Map 的每一个 key-Value 对共享相同的 key 组。用户编写程序时，只需要掌握 Map 与 Reduce 的写法就能完成在分布式集群中的基本计算。

MapReduce 组件中包含了许多高级的编程技术，如计数统计求和、全排序、二次排序、TopN、Join 等。

2．Map 和 Reduce 函数及计算模型特点

MapReduce 被广泛应用于日志分析、海量数据排序、在海量数据中查找特定模式等场景中。每个 MapReduce 任务都被初始化为一个 Job。

每个 Job 又可以分为两个阶段：Map 阶段和 Reduce 阶段。这两个阶段分别用 Map 函数和 Reduce 函数来表示。

Map 函数接收一个 <key, value> 形式的输入，然后产生另一种 <key, value> 的中间输出，Hadoop 负责将所有具有相同中间 key 值的 value 集合到一起传递给 Reduce 函数；Reduce 函数接收一个如 <key，（list of values）> 形式的输入，然后对这个 value 集合进行处理并输出结果，Reduce 的输出也是 <key，value> 形式的。

其计算模型特点如图 8-3 所示。

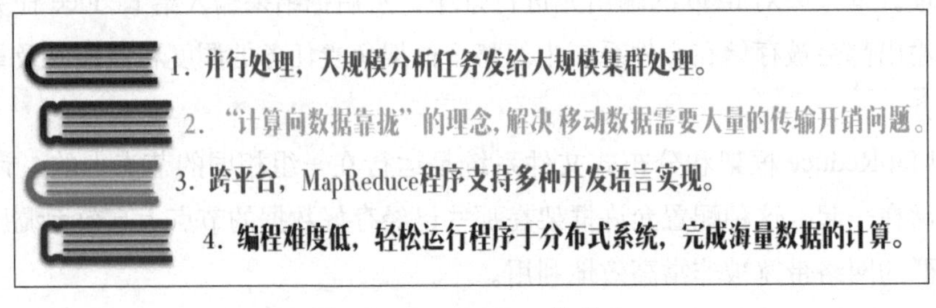

图 8-3　MapReduce 的特点

8.2 MapReduce 体系结构

MapReduce 可分为 4 个部分组成：Client（客户端）、JobTracker（工作节点）、TaskTracker（任务节点）、HDFS（输入、输出数据、配置信息等）。其过程如图 8-4 所示。

Client（客户端）：

1）用户编写的 MapReduce 程序通过 Client 提交到 JobTracker 端。

2）用户可通过 Client 提供的一些接口查看作业运行状态。

JobTracker（工作节点）：

1）JobTracker 负责资源监控和作业调度。

2）JobTracker 监控所有 TaskTracker 与 Job 的健康状态，一旦发现失败，就将相应的任务转移到其他节点。

3）JobTracker 会跟踪任务的执行进度、资源使用量等信息，并将这些信息告诉任务调度器（TaskScheduler），而调度器会在资源出现空闲时选择合适的任务去使用这些资源。

TaskTracker（任务节点）：

1）TaskTracker 会周期性地通过“心跳”将本节点上资源的使用情况和任务的运行进度汇报给 JobTracker，同时接受 JobTracker 发送过来的命令并执行相应的操作（如启动新任务、杀死任务等）。

2）TaskTracker 使用“slot”等量划分节点上的资源量（CPU、内存等）。一个 Task 获取到一个 slot 后才有机会运行，而 Hadoop 调度器的作用就是将各个 TaskTracker 上的空闲 slot 分配给 Task 使用。slot 分为 Mapslot 和 Reduceslot 两种，分别供 MapTask 和 ReduceTask 使用。

HDFS（分布式文件系统）：

在 MapReduce 过程中，MapTaskTracker 会从 HDFS 中获取数据块进行任务分解。ReduceTaskTracker 则将分析出的数据结果写入 HDFS 中得到最后的结果，如图 8-4 所示。

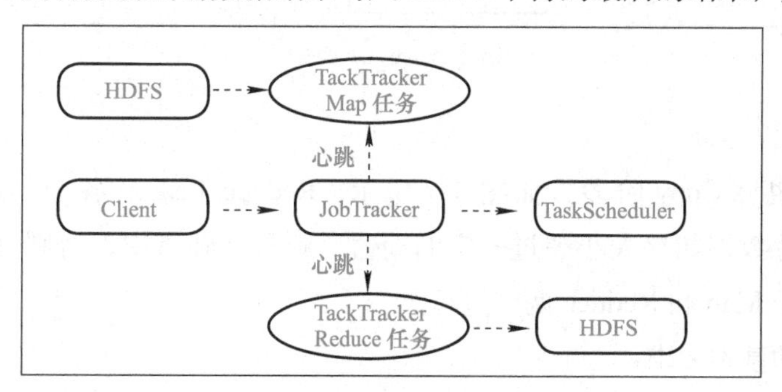

图 8-4　MapReduce 过程

8.3 MapReduce 工作流程

1. MapReduce 工作流程概述

MapReduce 简易工作流程如图 8-5 所示。

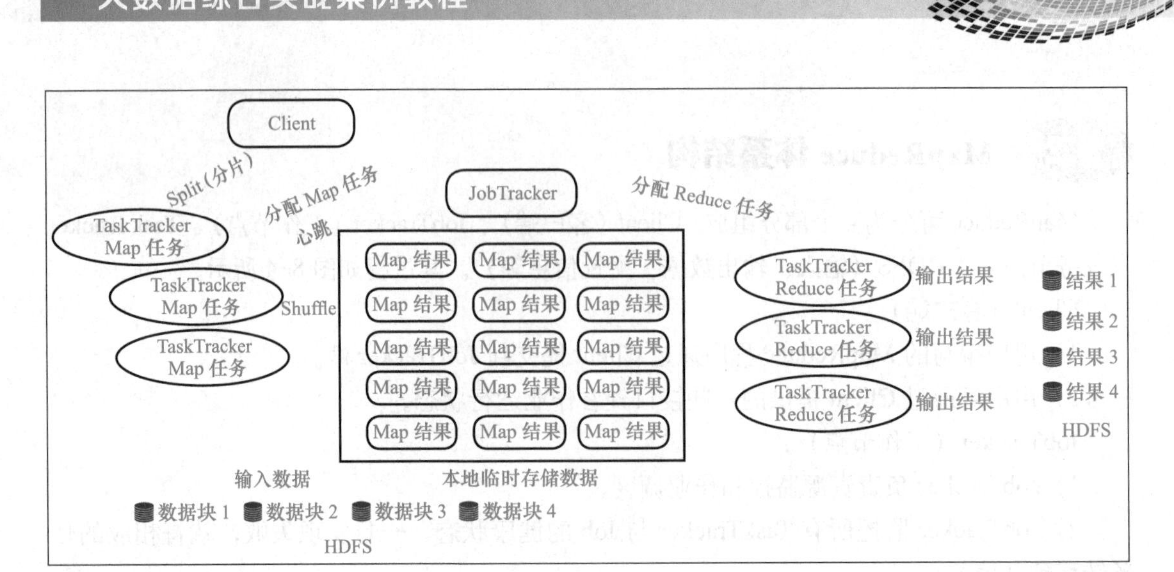

图 8-5　MapReduce 简易工作流程

2．Split（分片）

Hadoop 把 HDFS 数据块进行分片，分成若干个 Map 任务，为每个 Split 创建一个 Map 任务，Split 的多少决定了 Map 任务的数目。大多数情况下，理想的分片大小是一个完整的 block（块），如图 8-6 所示。

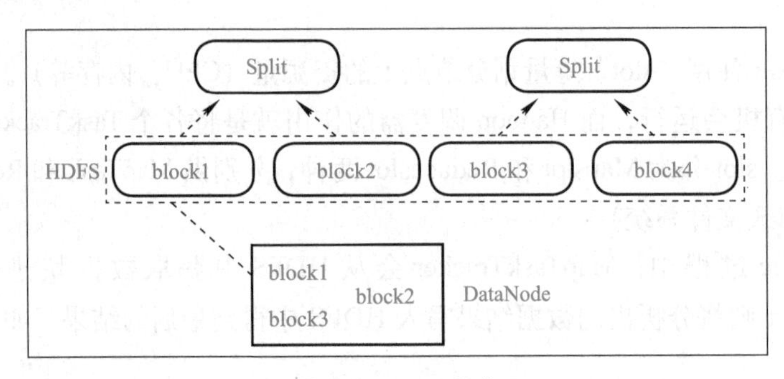

图 8-6　Split 分片

3．Shuffle 过程详解

Shuffle 过程也称 Copy 阶段，如图 8-7 所示。Reduce Task 从各个 Map Task 上远程复制一片数据，这片数据如果大小超过一定的阈值，则写到硬盘中，否则直接放到内存中。Shuffle 过程贯穿于 Map 和 Reduce 两个过程。

Shuffle 过程的基本要求：

1）完整地从 Map Task 获取数据到 Reduce Task 端。

2）在获取数据的过程中，尽可能地减少网络资源的消耗。

3）尽可能地减少硬盘 I/O 对 Task 执行效率的影响。

Shuffle 过程的特点：

1）保证获取数据的完整性。

2）尽可能地减少获取数据的数据量。

3）尽可能地使用节点的内存而不是硬盘。

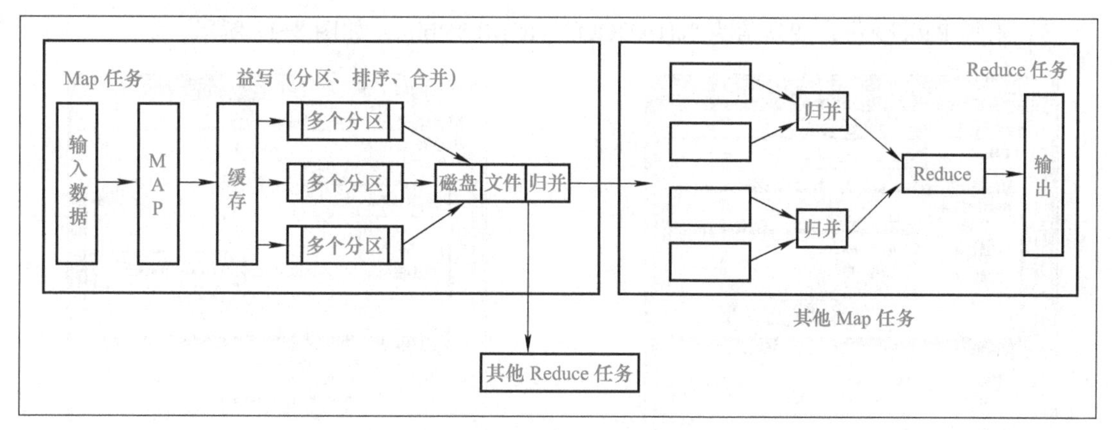

图 8-7　Shuffle 过程

4．Hadoop 组件关系

Hadoop 关键组件包括 HDFS、MapReduce、YARN，可将其理解成一个计算机系统，其中 HDFS 为计算机硬盘（存储介质）、MapReduce 为应用程序（如 QQ）、YARN 为操作系统（如 Windows 10），如图 8-8 所示。

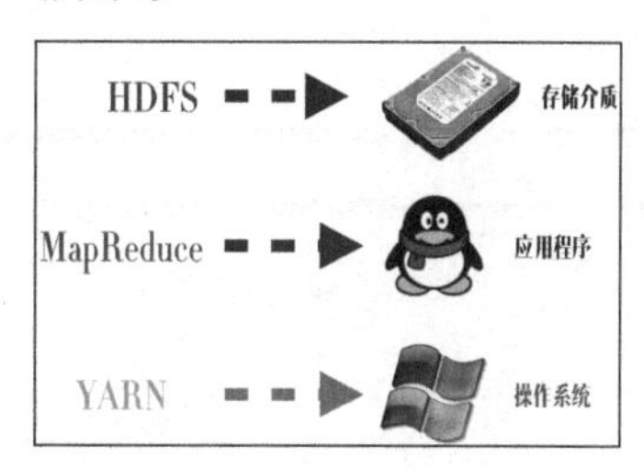

图 8-8　Hadoop 组件关系

8.4　MapReduce 开发环境配置

1．在 Windows 操作系统中安装 Hadoop 开发环境

1）下载 hadoop.zip 并将其解压缩到“C:\hadoop”目录下（注意：要为根目录），如图 8-9 所示。

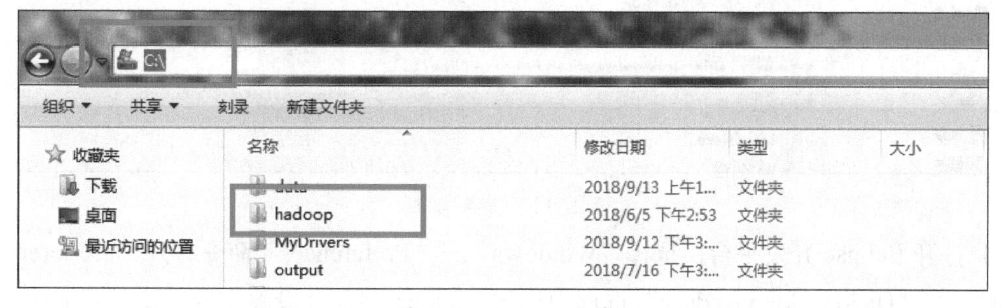

图 8-9　Hadoop 目录

2）新建环境变量（与配置 JAVA 环境变量一致，不再详细说明），变量名为 HADOOP_HOME，变量值为 C:\hadoop，如图 8-10 所示。

3）附加 Path 变量，变量值为 %HADOOP_HOME%\bin;，如图 8-11 所示。

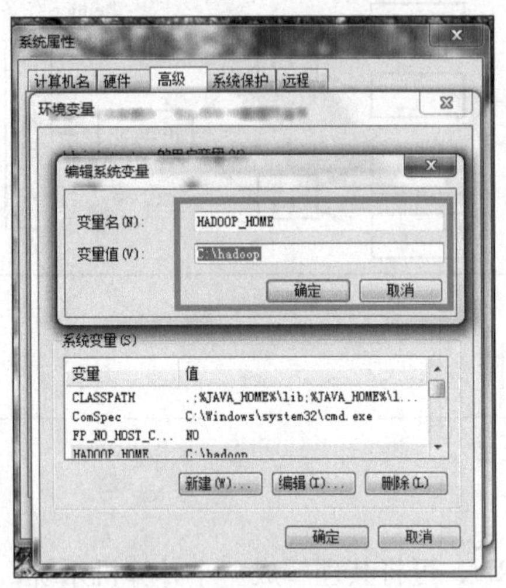
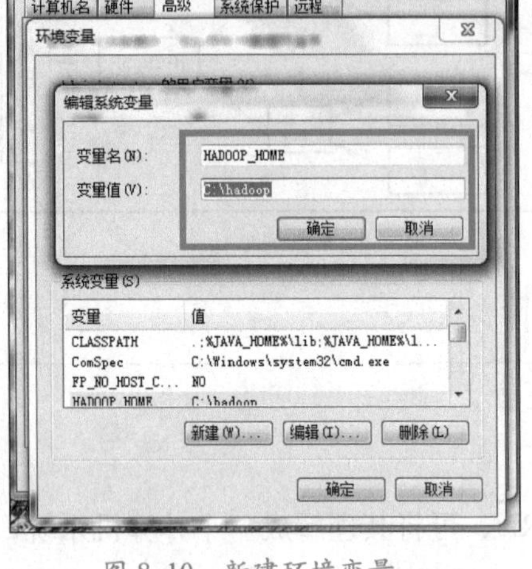

图 8-10　新建环境变量

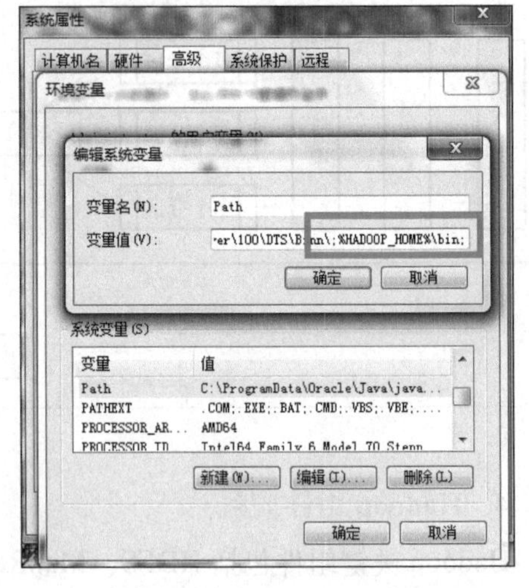

图 8-11　附加 Path 变量

4）复制“C:\hadoop\bin”目录下的“winutils.exe”与“hadoop.dll”文件至“C:\Windows\System32”目录下，如图 8-12 所示。

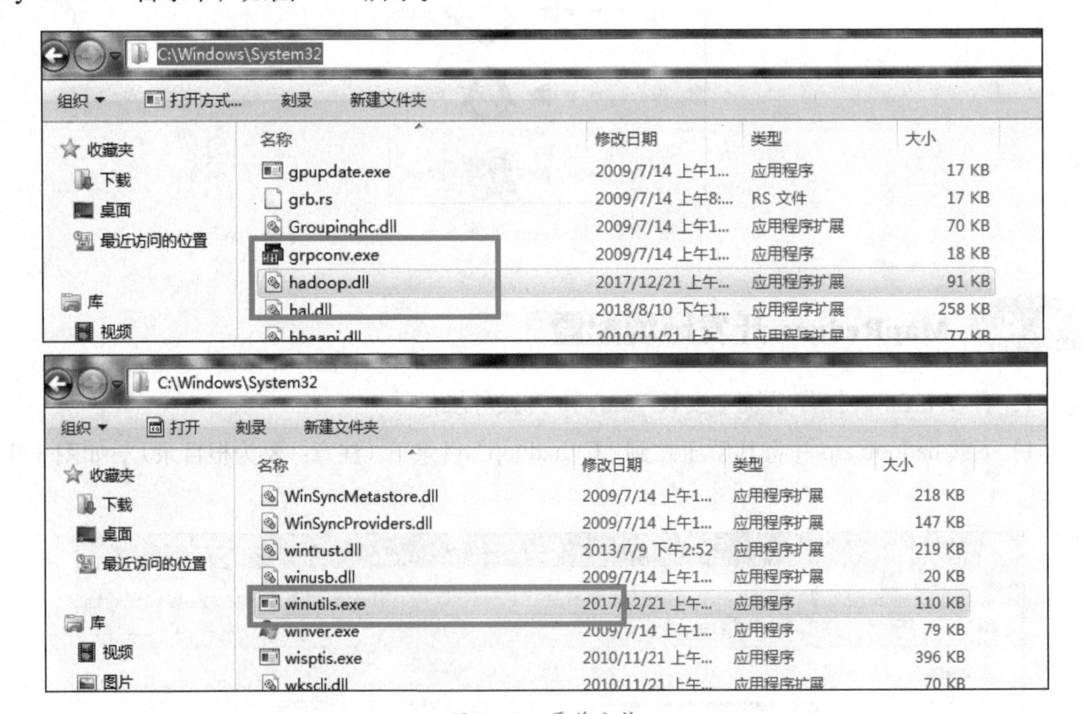

图 8-12　覆盖文件

5）打开 Eclipse 开发平台，选择“Windows”→“Preferences”命令打开“Pre ferences”对话框，在“Hadoop Map/Reduce”选项中设置 Hadoop 路径，设置完成单击“Apply”按钮

完成配置，如图 8-13 所示。

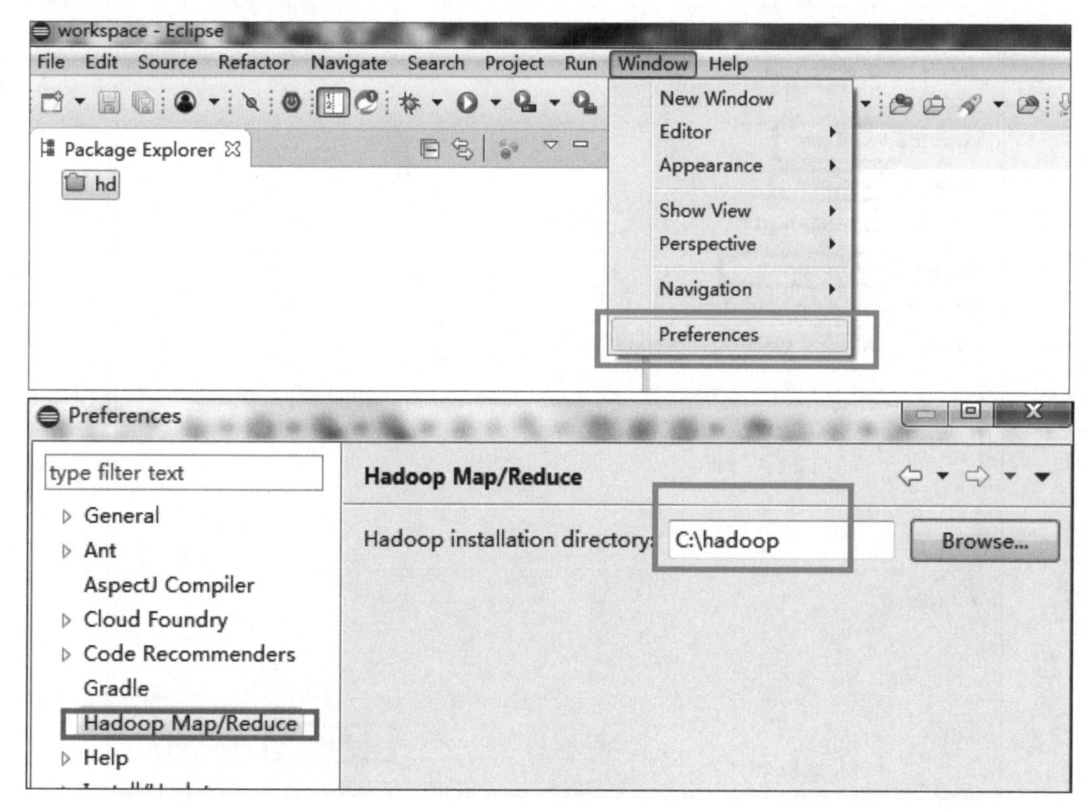

图 8-13　配置 Hadoop 目录

2. 创建工程

1）执行“File”→“New”→“Maven Project”新建 Maven 工程，如图 8-14 所示。

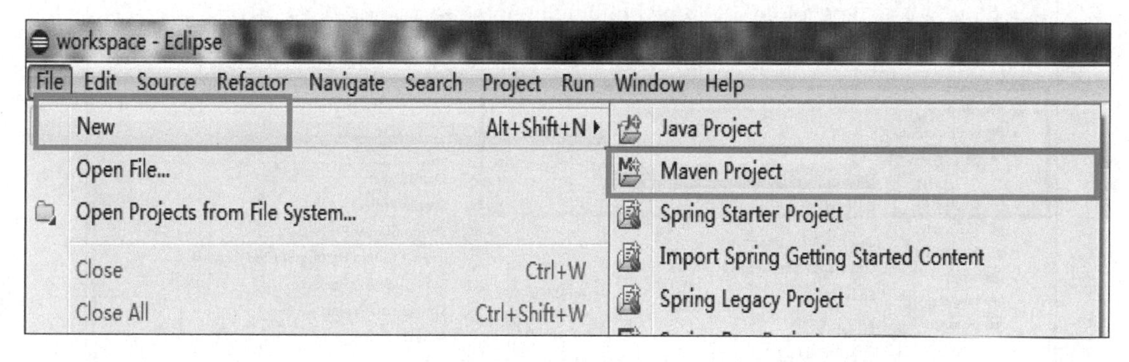

图 8-14　新建工程

2）在“Group Id”（项目组织唯一的标识符，实际对应 Java 的包结构）文本框中输入“WordCount”，在“Artifact Id”（项目唯一标识符，实际对应项目名称）文本框中输入“WordCount”，在“Package”文本框中输入“com.WordCount”，单击“Finish”按钮完成项目的创建，如图 8-15 所示。

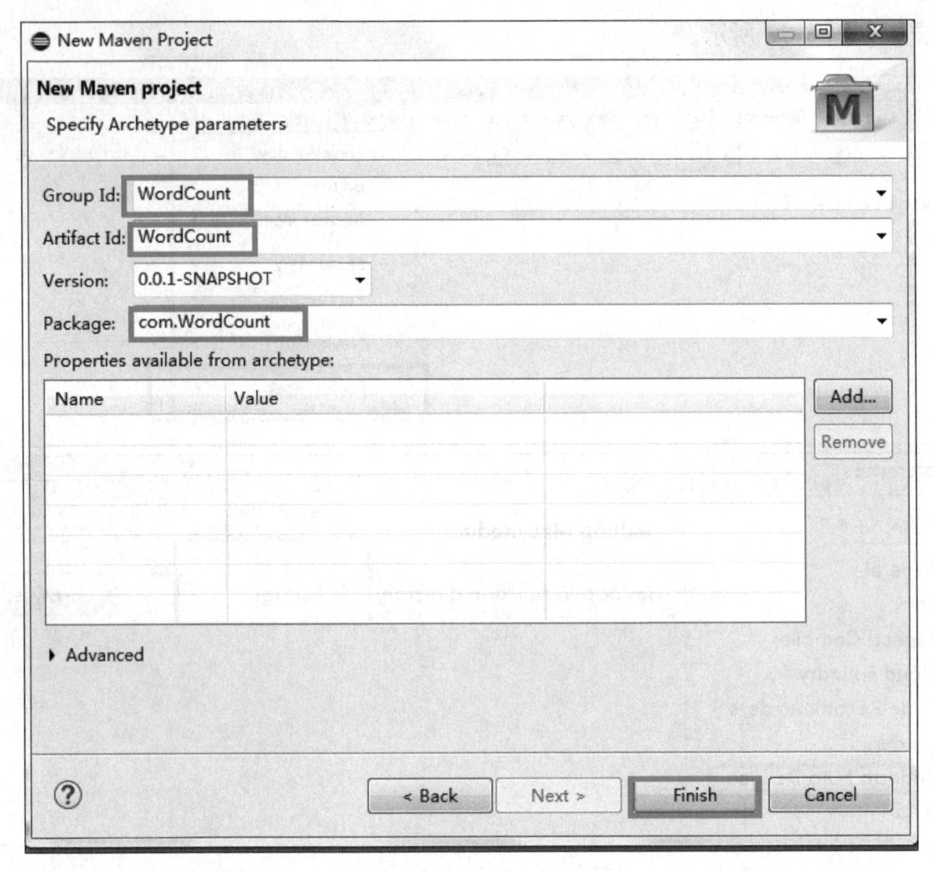

图 8-15　创建项目

3）在“com.WordCount”包新建“WordCount”类，如图 8-16 所示。

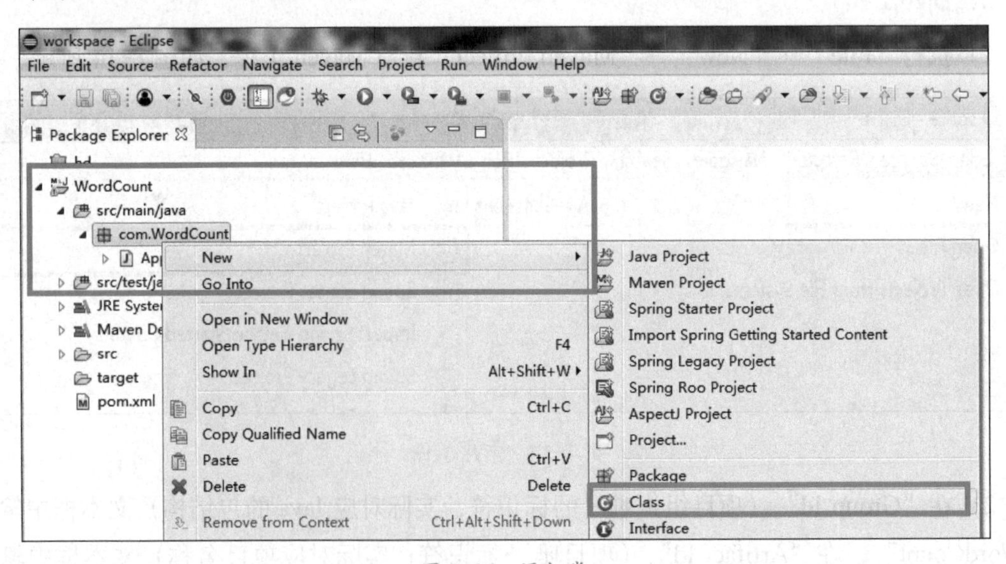

图 8-16　添加类

4）在“Name”文本框中输入“WordCount”，选择“public static void main（string [] args）”复选框，单击“Finish”按钮完成，如图 8-17 所示。

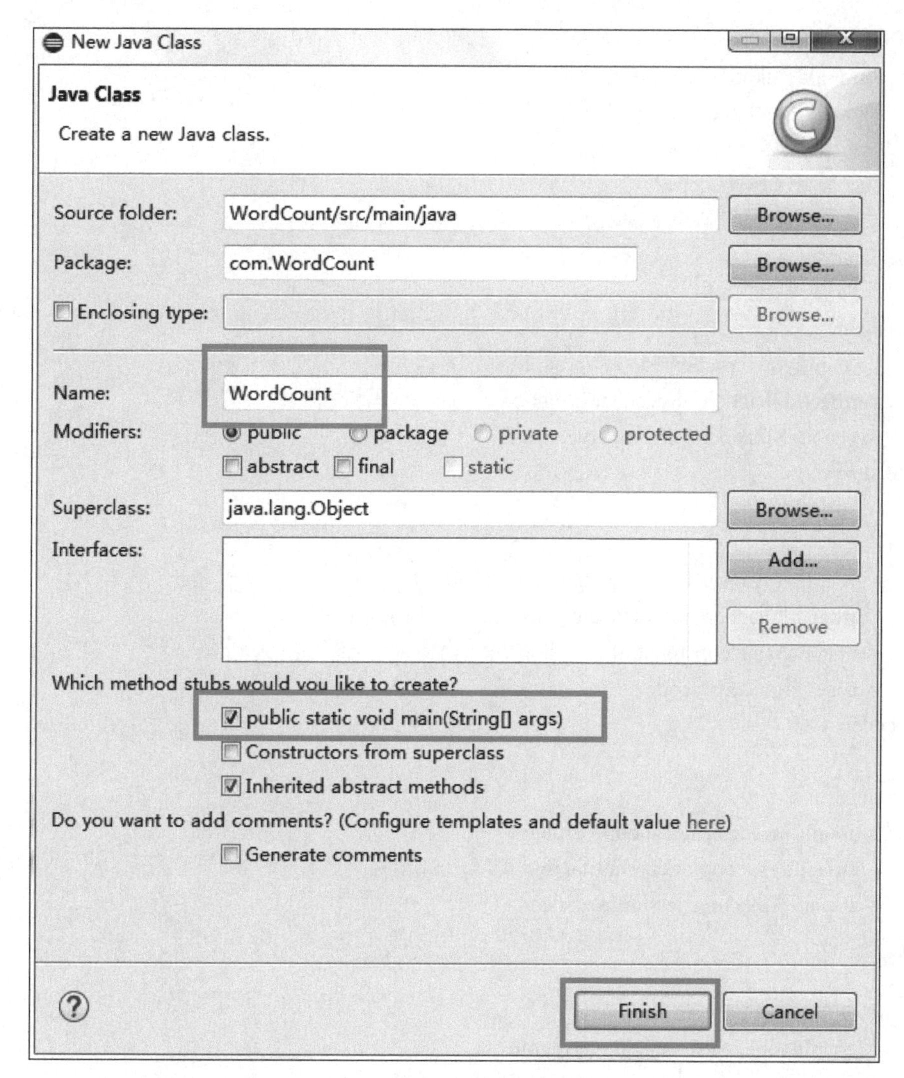

图 8-17　输入名称

3．编写 jar 包的依赖信息

Hadoop 编程依赖于一些 jar 包，故需要先添加 jar 依赖，在 pom.xml 文件中可添加配置代码达到添加必要的 jar 包的目的。

注意：下述步骤代码绝大部分无需输入，可在配套资源“案例”目录下找到 pom.xml 电子文档复制。

1）替换原来的 <properties></properties> 标签内容，代码如下。

```
<properties>
    <project.build.sourceEncoding> UTF-8</project.build.sourceEncoding>
    <hadoop.version>2.7.5</hadoop.version>
    </properties>
```

2）在 <dependencies></dependencies> 中添加内容，逐个添加如下内容，添加一段就按 <Ctrl+s> 组合键保存一次。

```
<dependency>
        <groupId>jdk.tools</groupId>
        <artifactId>jdk.tools</artifactId>
        <version>1.8</version>
        <scope>system</scope>
        <systemPath>${JAVA_HOME}/lib/tools.jar</systemPath>
</dependency>

<dependency>
        <groupId>org.apache.hadoop</groupId>
        <artifactId>hadoop-mapreduce-client-common</artifactId>
        <version>${hadoop.version}</version>
</dependency>

<dependency>
        <groupId>org.apache.hadoop</groupId>
        <artifactId>hadoop-mapreduce-client-jobclient</artifactId>
        <version>${hadoop.version}</version>
        <scope>provided</scope>
</dependency>

<dependency>
        <groupId>org.apache.hadoop</groupId>
        <artifactId>hadoop-client</artifactId>
        <version>${hadoop.version}</version>
</dependency>

<dependency>
        <groupId>org.apache.hadoop</groupId>
        <artifactId>hadoop-yarn-common</artifactId>
        <version>${hadoop.version}</version>
</dependency>

<dependency>
        <groupId>org.apache.hadoop</groupId>
        <artifactId>hadoop-mapreduce-client-core</artifactId>
        <version>${hadoop.version}</version>
</dependency>
<dependency>
        <groupId>org.apache.hadoop</groupId>
        <artifactId>hadoop-hdfs</artifactId>
        <version>${hadoop.version}</version>
</dependency>

<dependency>
```

```
        <groupId>mysql</groupId>
        <artifactId>mysql-connector-java</artifactId>
        <version>5.1.27</version>
        <scope>compile</scope>
            <optional>true</optional>
    </dependency>
```

3）在 <Project> </Project> 标签内输入如下代码，编写完毕后保存。在工程根目录上单击鼠标右键，在弹出的快捷菜单中选择“Maven”→“Update Project”命令，如图 8-18 所示。

```
<build>
    <plugins>
        <plugin>
            <groupId>org.apache.maven.plugins</groupId>
            <artifactId>maven-compiler-plugin</artifactId>
          <configuration>
              <source>1.8</source>
              <target>1.8</target>
          </configuration>
        </plugin>
    <plugin>
          <artifactId>maven-assembly-plugin</artifactId>
        <configuration>
            <descriptorRefs>
                <descriptorRef>jar-with-dependencies</descriptorRef>
            </descriptorRefs>
            <archive>
                <manifest>
                    <mainClass></mainClass>
                </manifest>
            </archive>
        </configuration>
        <executions>
            <execution>
                <id>make-assembly</id>
                <phase>package</phase>
                <goals>
                    <goal>single</goal>
                </goals>
            </execution>
        </executions>
      </plugin>
    </plugin>
</build>
```

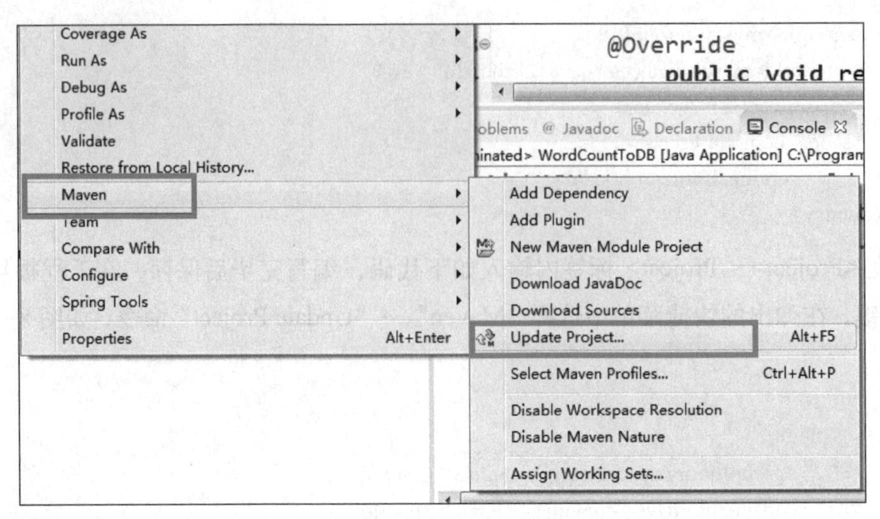

图 8-18　更新工程

4．主程序 WordCount 代码的编写

注意：下述步骤代码绝大部分无需输入，可在配套资源目录下找到 WordCount.docx 电子文档复制，其中 wordcount.txt 可自行编写或使用数据源目录下的 wordcount.txt 文件。

1）在 WordCount 文件下添加 import 引用库文件，代码如下。

```
import java.io.IOException;
import org.apache.hadoop.conf.Configuration;
import org.apache.hadoop.fs.Path;
import org.apache.hadoop.io.IntWritable;
import org.apache.hadoop.io.LongWritable;
import org.apache.hadoop.io.Text;
import org.apache.hadoop.mapreduce.Job;
import org.apache.hadoop.mapreduce.Mapper;
import org.apache.hadoop.mapreduce.Reducer;
import org.apache.hadoop.mapreduce.lib.input.FileInputFormat;
import org.apache.hadoop.mapreduce.lib.output.FileOutputFormat;
```

2）编写 Mapper 处理函数，代码如下。

```
static class Maps extends Mapper<LongWritable, Text, Text, IntWritable>
    {
        private final static IntWritable one = new IntWritable(1);
            @Override
            protected void map(LongWritable key, Text value, Context context) throws IOException,
InterruptedException {
            // 将读入的每行数据按空格切分
            String[] dataArr = value.toString().split("");
                if(dataArr.length>0){
                // 将每个单词作为 map 的 key，value 设置为 1
                for (String word : dataArr) {
                context.write(new Text(word), one);
```

```
            }
        }
    }
}
```

3）编写 Reducer 处理函数，代码如下。

```
static class Reduces extends Reducer<Text, IntWritable, Text, IntWritable> {
    @Override
        public void reduce(Text key, Iterable<IntWritable> values, Context context)
                throws IOException, InterruptedException {
            int sum = 0;
            for (IntWritable value : values) {
                sum += value.get();
            }
            IntWritable result = new IntWritable();
            result.set(sum);
            context.write(key, result);
        }
    }
```

4）编写 main 函数，实现本地化文件的 MapReduce，修改代码如下。

```
String inputPath = "c:/wordcount.txt";
String outPath = "c:/count";
```

inputPath 变量表示输入文本（本地存放数据的路径），outPath 变量表示输出结果目录（注意输出目录必须不存在，无需新建），代码如下。

```
public static void main(String[] args ) throws IllegalArgumentException, IOException, ClassNotFoundException,
InterruptedException {
        // 实例化 Configuration 类
        Configuration conf = new Configuration();
        // 新建一个任务
        Job job = Job.getInstance(conf, "word-count");
        // 设置主类
        job.setJarByClass(App.class);
        // 输入文件地址，可以是本地，或者 HDFS 地址
        String inputPath = "c:/wordcount.txt";
        // 输出文件夹地址，必须为新文件夹，可以是本地文件夹或者 HDFS 文件夹
        String outPath = "c:/count";
        // 如果有传入文件地址，则接收参数为输入文件地址
        if(args != null && args.length > 0){
            inputPath = args[0];
        }
        // 设置输入文件
        FileInputFormat.addInputPath(job, new Path(inputPath));
        // 设置 Mapper 类
        job.setMapperClass(Maps.class);
        // 设置 Map 输出 Key 的类型
```

```
        job.setMapOutputKeyClass(Text.class);
        // 设置 Map 输出 Value 的类型
        job.setMapOutputValueClass(IntWritable.class);
        // 设置 Reducer 类
        job.setReducerClass(Reduces.class);
        // 设置 Reducer 输出时 Key 的类型
        job.setOutputKeyClass(Text.class);
        // 设置 Reducer 输出时 Value 的类型
        job.setOutputValueClass(IntWritable.class);
        // 设置输出路径
        FileOutputFormat.setOutputPath(job, new Path(outPath));
        // 提交任务
    job.waitForCompletion(true);
    System.out.println(" 工作完成！ ");
}
```

5）编写完成后在“WordCount”上单击鼠标右键，在弹出的快捷菜单中选择“Run As”→“Java Application”命令，运行 Java 程序，如图 8-19 所示。

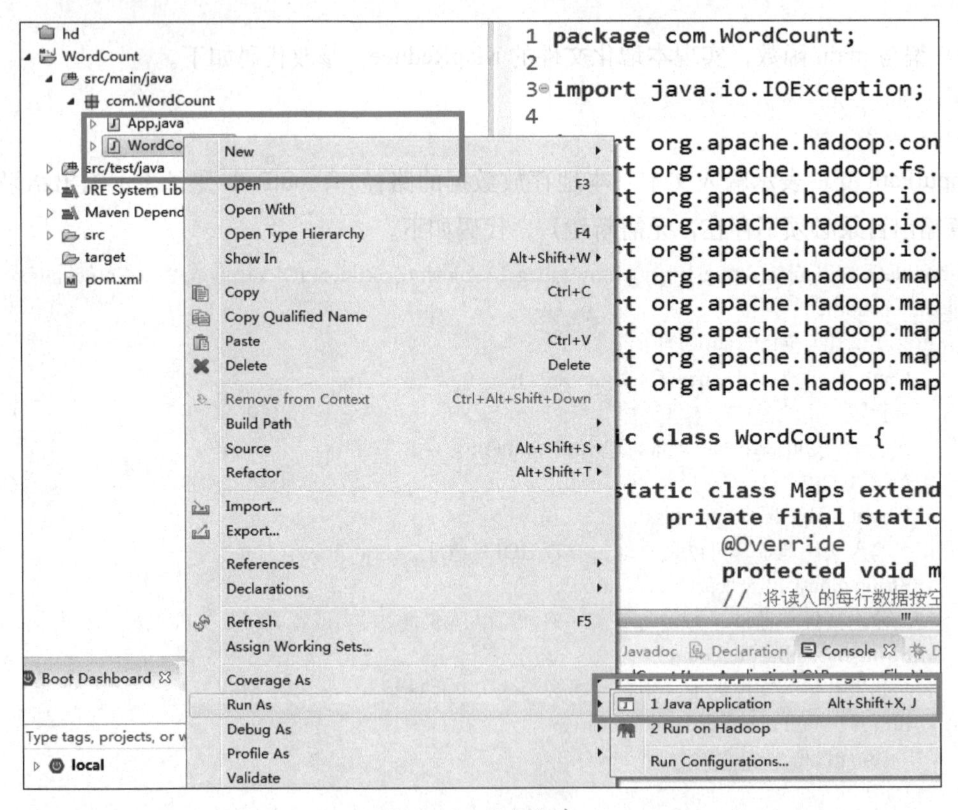

图 8-19　运行程序

6）正常运行程序后，在“C:\Count”目录将出现一些文件，用记事本程序打开文件 part-r-00000，如图 8-20 所示。

7）在本地运行 MapReduce 正常后，启用 CentOS 虚拟机中的 Hadoop 服务，使用 Xshell

上传文件至虚拟机的 /home 目录中，再使用 HDFS 命令上传 wordcount.txt 文件，命令如下。

```
hadoop fs -put /home/wordcount.txt /wordcount.txt
```

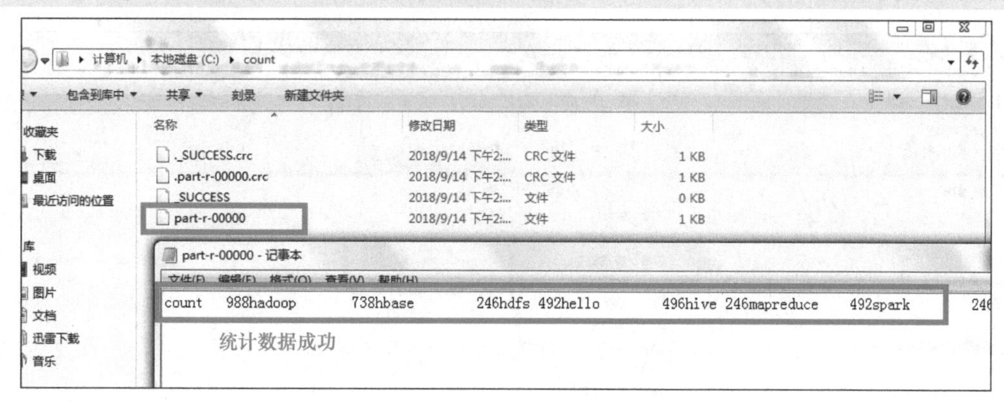

图 8-20 统计成功

8）在 main 函数中将 inputPath 和 outPath 修改如下。

```
String inputPath = "hdfs://192.168.56.100:9000/wordcount.txt";
String outPath = "hdfs://192.168.56.100:9000/output/count";
```

变量 inputPath 中“hdfs://”表示使用远程主机 HDFS，9000 端口为 HDFS 系统默认端口。

9）打包 jar 包，在工程目录上单击鼠标右键，在弹出的快捷菜单中选择“Run As”→“Maven Install”命令，如图 8-21 所示。

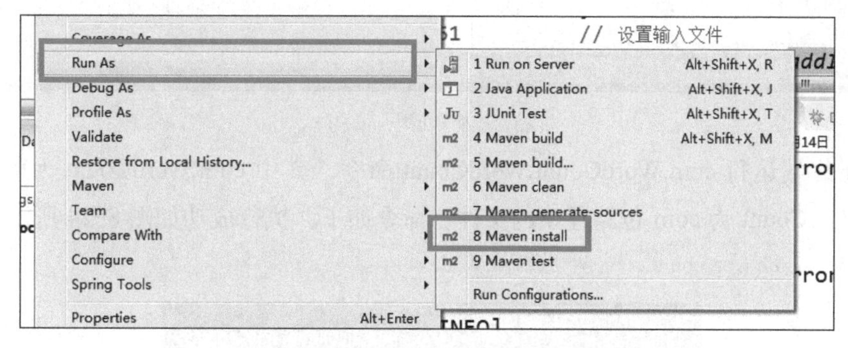

图 8-21 安装 Maven

10）打开 WordCount 工程目录，在工程目录上单击鼠标右键，在弹出的快捷菜单中选择“Properties”→“Resource”命令，单击方框内的图标打开工程文件夹，如图 8-22 所示。

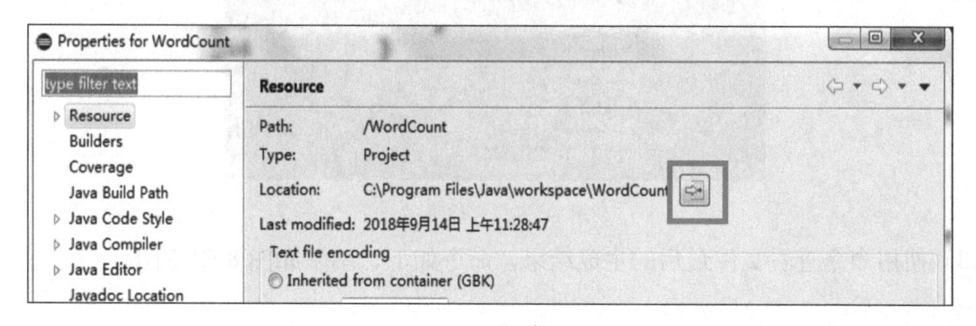

图 8-22 找到工程

11）将“WordCount-0.0.1-SNAPSHOT-jar-with-dependencies”文件上传至CentOS虚拟机/home目录下重命名为WorCount.ja，如图8-23所示。

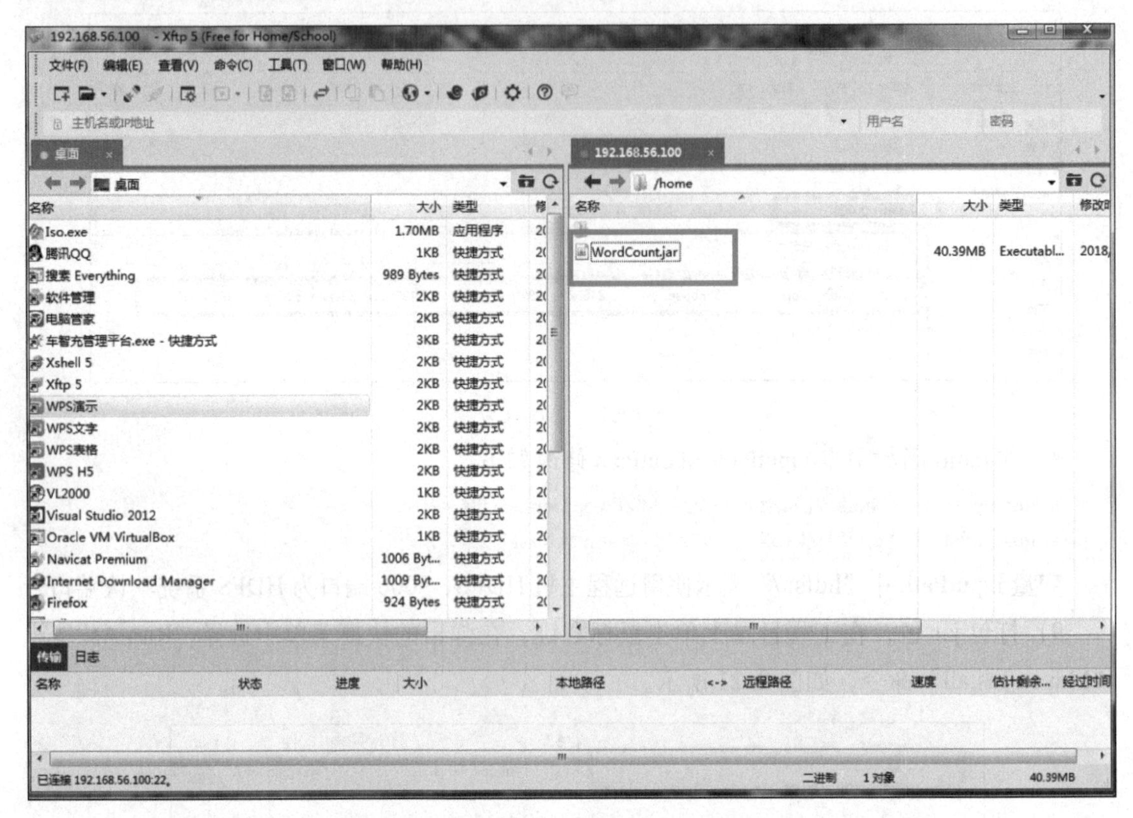

图8-23 上传jar包

12）在终端运行com.WordCount.WordCount命令，其中com.WordCount为程序所在包的路径，WordCount为com包路径下的文件，命令如下，执行成功如图8-24所示。

```
hadoop jar /home/wordcount com.WordCount.WodCount
```

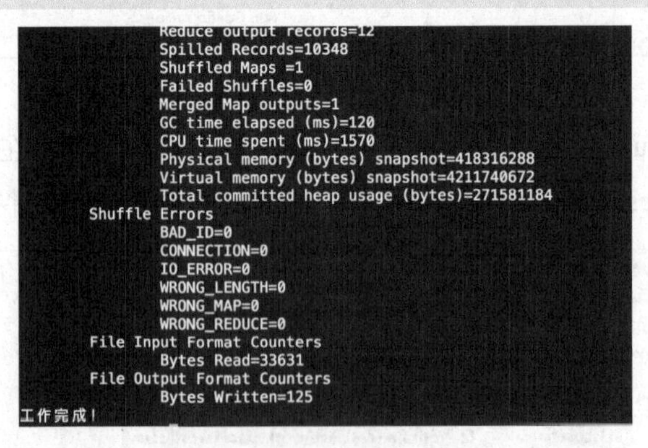

图8-24 执行成功

13）使用命令查看文件最后的生成结果，命令如下，结果如图8-25所示。

```
# 查看文件输出
hadoop fs -cat /output/count/prt-r-00000
```

```
[root@master ~]# hadoop fs -cat /output/count/part-r-00000
count   988
hadoop  738
hbase   246
hdfs    492
hello   496
hive    246
mapreduce       492
spark   246
sql     246
sqoop   246
world   492
zookeeper       246
```

图 8-25　查看文件

8.5 统计求和

统计求和在 MapReduce 中是很常用的。下面通过一个例子对使用自定义变量输出的方式作统计求和输出。

1. 需求分析

现有一个数据文件“tel.log”，数据内容见表 8-1。

表 8-1　数据内容

字段名称	字段注释	数据样例	备　注
reportTime	记录报告时间	1 363 157 985 066	ms
Msiddn	手机号码	13726230503	
apmac	AP mac	00-FD-07-A4-72-B8:CMCC	
acmac	AC mac	120.196.100.82	
host	访问的网址	i02.c.aliimg.com	
siteType	网址种类	4	
upPackNum	上行数据包数	24	个
downPackNum	下行数据包数	27	个
upPayLoad	上行总流量	2 481	
downPayLoad	下行总流量	24 681	
httpStatus	HTTP Response 状态	200	

现需要将用户手机号数据进行汇总，将上行总流量与下行总流量分类进行汇总，再将两个总流量相加得到总流量数据。部分数据及运算结果见表 8-2。

表 8-2　部分数据及运算结果

输　入	输　出
1363157985066 13726230503 00-FD-07-A4-72-B8:CMCC 120.196.100.82 i02.c.aliimg.com 24 27 2481 24681 200 1363157985066 13826544101 5C-0E-8B-C7-F1-E0:CMCC 120.197.40.4 4 0 264 0 200	1363157985066 2745 24681 27426

2．编写代码

1）新建一个包 com.newland.flowsum（本例代码均依赖于 WordCount 工程中的 pom.xml 文件，故代码不重复编写）并新建一个类 TelCount，在该类中添加 import 引用库文件，代码如下。

```
package com.newland.flowsum;

import java.io.DataInput;
import java.io.DataOutput;
import java.io.IOException;
import org.apache.hadoop.conf.Configuration;
import org.apache.hadoop.fs.Path;
import org.apache.hadoop.io.LongWritable;
import org.apache.hadoop.io.Text;
import org.apache.hadoop.io.Writable;
import org.apache.hadoop.mapreduce.Job;
import org.apache.hadoop.mapreduce.Mapper;
import org.apache.hadoop.mapreduce.Reducer;
import org.apache.hadoop.mapreduce.lib.input.FileInputFormat;
import org.apache.hadoop.mapreduce.lib.output.FileOutputFormat;
```

2）在 TelCount 类中添加静态内部类 TelBean，代码如下。

```
// 实现 Writable 接口
public static class TelBean implements Writable {
    // 手机号
    private String tel;
    // 上行流量
    private long upPayLoad;
    // 下行流量
    private long downPayLoad;
    // 总流量
    private long totalPayLoad;
    // 反序列化时，需要反射调用空参构造函数，所以必须有
    public TelBean() {
        super();
    }

    public TelBean(String tel, long upPayLoad, Long downPayLoad, long totalPayLoad) {
        super();
        this.tel = tel;
        this.upPayLoad = upPayLoad;
        this.downPayLoad = downPayLoad;
        this.totalPayLoad = totalPayLoad;
    }

    public TelBean(long upPayLoad, Long downPayLoad, long totalPayLoad) {
```

```
        super();
        this.upPayLoad = upPayLoad;
        this.downPayLoad = downPayLoad;
        this.totalPayLoad = totalPayLoad;
    }

    // 反序列化方法
    // 反序列化方法的读顺序必须和写序列化方法的写顺序一致
    @Override
    public void readFields(DataInput in) throws IOException {
        this.tel = in.readUTF();
        this.upPayLoad = in.readLong();
        this.downPayLoad = in.readLong();
        this.totalPayLoad = in.readLong();
    }

    // 写序列化方法
    @Override
    public void write(DataOutput out) throws IOException {
        out.writeUTF(tel);
        out.writeLong(upPayLoad);
        out.writeLong(downPayLoad);
        out.writeLong(totalPayLoad);
    }

    public String getTel() {
        return tel;
    }

    public void setTel(String tel) {
        this.tel = tel;
    }

    public long getUpPayLoad() {
        return upPayLoad;
    }

    public void setUpPayLoad(long upPayLoad) {
        this.upPayLoad = upPayLoad;
    }

    public Long getDownPayLoad() {
        return downPayLoad;
    }

    public void setDownPayLoad(Long downPayLoad) {
```

```
        this.downPayLoad = downPayLoad;
    }

    public long getTotalPayLoad() {
        return totalPayLoad;
    }

    public void setTotalPayLoad(long totalPayLoad) {
        this.totalPayLoad = totalPayLoad;
    }
    // 编写 toString 方法，方便后续打印到文本
    @Override
    public String toString() {
        return upPayLoad + "\t" + downPayLoad + "\t" + totalPayLoad;
    }
}
```

代码详解

代码：

```
@Override
        public String toString() {
            return upPayLoad + "\t" + downPayLoad + "\t" + totalPayLoad;
        }
```

说明：Reduce 输出时须通过 toStirng 索引变量内容，故须重写 toString 方法。将需要输出的变量名按输出顺序写入，中间以 \t 作为分隔符。

3）在 TelCount 类中添加静态内部类 TelMapper 并编写 Mapper 函数，代码如下。

```
public static class TelMapper extends Mapper<LongWritable, Text, Text, TelBean> {
    @Override
    protected void map(LongWritable key, Text value, Mapper<LongWritable, Text, Text, TelBean>.Context
context)
            throws IOException, InterruptedException {
        // 每次读取一行数据
        String line = value.toString();
        // 切割字符串 "\t" 代表制表符
        String[] fields = line.split("\t");
        // 获取手机号
        String tel = fields[1];
        // 获取上行流量
        long up = Long.valueOf(fields[8]);
        // 获取下行流量
        long down = Long.valueOf(fields[9]);
        // 封装数据
```

```
            TelBean bean = new TelBean(tel, up, down, 0);
            // 发送数据
            context.write(new Text(tel), bean);
        }
    }
```

代码详解

代码：context.write(new Text(tel), bean);

说明：使用手机数据作为关键字段进行统计输出。

4）在 TelCount 类中添加静态内部类 TelReducer 并编写 Reducer 函数，代码如下。

```
public class TelReducer extends Reducer<Text, TelBean, Text, TelBean>{
    @Override
    protected void reduce(Text key, Iterable<TelBean> value, Reducer<Text, TelBean, Text, TelBean>.Context
context)
            throws IOException, InterruptedException {
        // 上行流量
        long upSum=0;
        // 下行流量
        long downSum=0;

        for (TelBean telBean : value) {
            // 统计上行流量
            upSum+=telBean.getUpPayLoad();
            // 统计下行流量
            downSum+=telBean.getDownPayLoad();
        }
        // 封装数据
        TelBean bean=new TelBean(upSum, downSum, upSum+downSum);
        // 发送数据
        context.write(key, bean);
    }
}
```

代码详解

代码：

```
for (TelBean telBean : value) {
    upSum+=telBean.getUpPayLoad();
    downSum+=telBean.getDownPayLoad();
}
```

说明：遍历所有 key 一致的 TelBean 类，并累加上行数据与下行数据进行输出。

5）编写 main 函数，实现分析 HDFS 中数据的 MapReduce。代码如下。

```
public class TelCount {
public static void main(String[] args) {
        try {
            // 1. 获取 job
            Configuration conf = new Configuration();
            Job job = Job.getInstance(conf);
            // 2. 指定 job 使用的类
            job.setJarByClass(TelCount.class);
            // 3. 设置 Mapper 的属性
            job.setMapperClass(TelMapper.class);
            // 3.1 设置 Mapper 输出的 Key 的属性
            job.setMapOutputKeyClass(Text.class);
            // 3.2 设置 Mapper 输出的 Value 的属性
            job.setMapOutputValueClass(TelBean.class);
            // 4. 设置输入文件
            FileInputFormat.setInputPaths(job, new Path("/data/tel.log"));
            // 5. 设置 Reducer 的属性
            job.setReducerClass(TelReducer.class);
            // 5.1 设置 Reducer 输出的 Key 的属性
            job.setOutputKeyClass(Text.class);
            // 5.2 设置 Reducer 输出的 Value 的属性
            job.setOutputValueClass(TelBean.class);
            // 6. 设置输出文件
            FileOutputFormat.setOutputPath(job, new Path("/output1"));
            // 7. 提交 true, 提交的时候打印日志信息
            job.waitForCompletion(true);
        } catch (Exception e) {
            // e.printStackTrace() 会打出详细异常 : 异常名称、出错位置 , 便于调试
            e.printStackTrace();
        }
    }
}
```

代码详解

代码：

FileInputFormat.setInputPaths(job, new Path("/data/tel.log"));

说明：表示在集群文件 /data/tel.log 上运行 tel.log。

6）生成 TelCount.jar 运行文件，在项目上单击鼠标右键，在弹出的快捷菜单中选择“Export”命令，如图 8-26 所示。

7）选择“JarFile”，单击“Next”按钮，选择导出路径，再单击“Next”按钮，如图 8-27 和图 8-28 所示。

8）选择运行的 Main Class 的路径，单击“Finish”按钮完成，如图 8-29 ～图 8-31 所示。

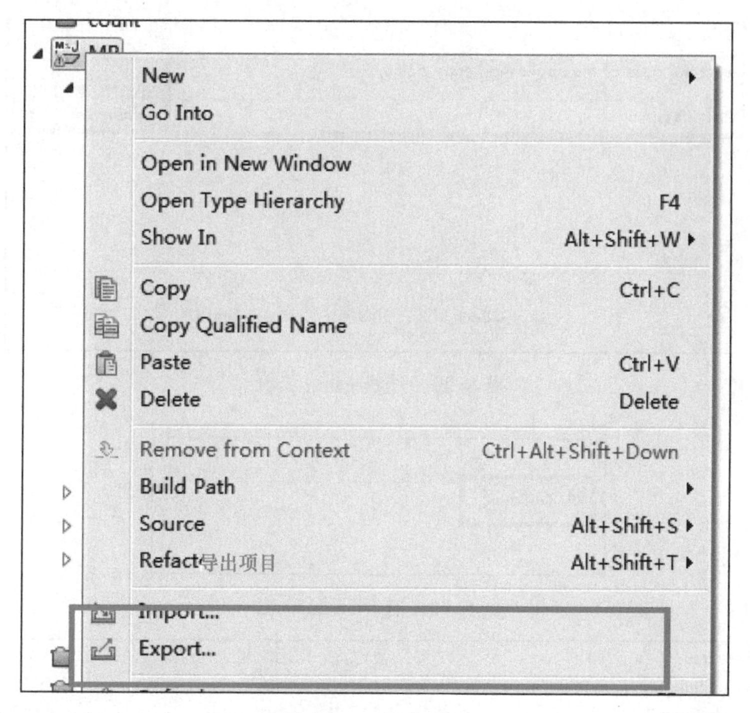

图 8-26 导出项目

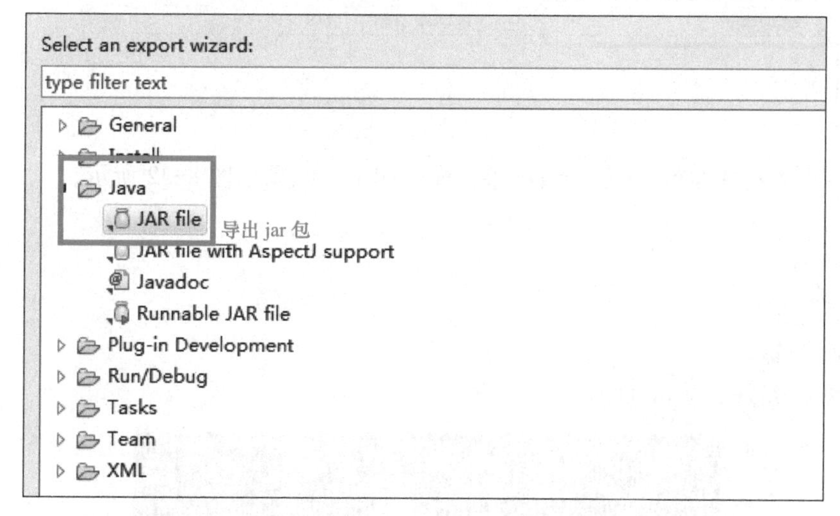

图 8-27 导出 jar 包

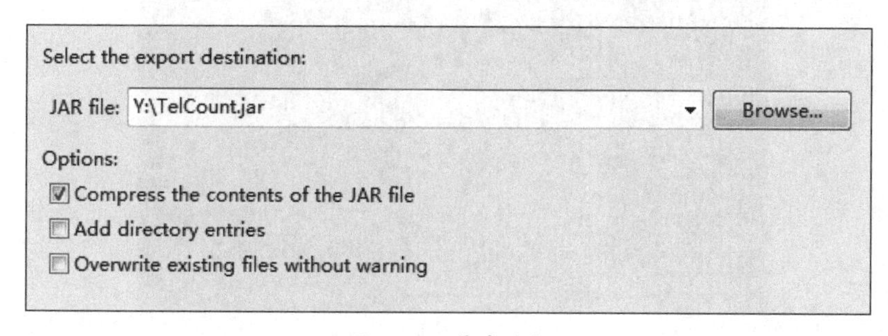

图 8-28 导出路径

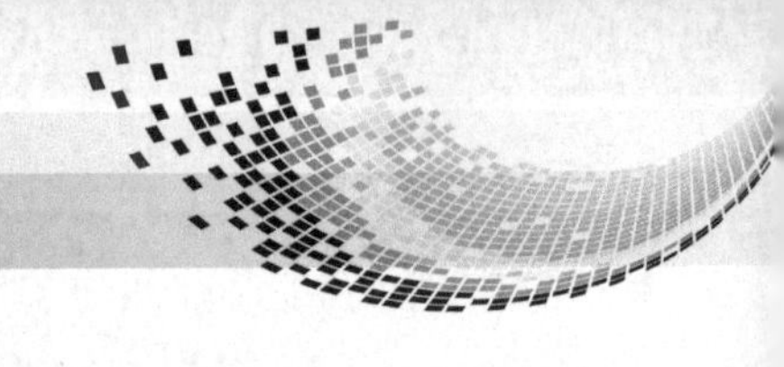

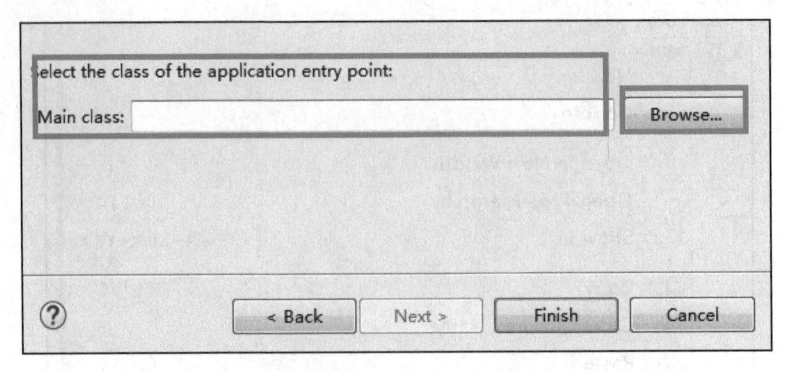

图 8-29　选择 Main 函数

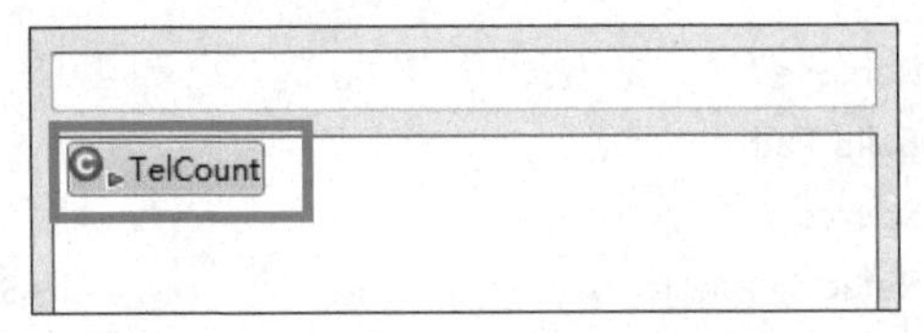

图 8-30　选择 main 函数

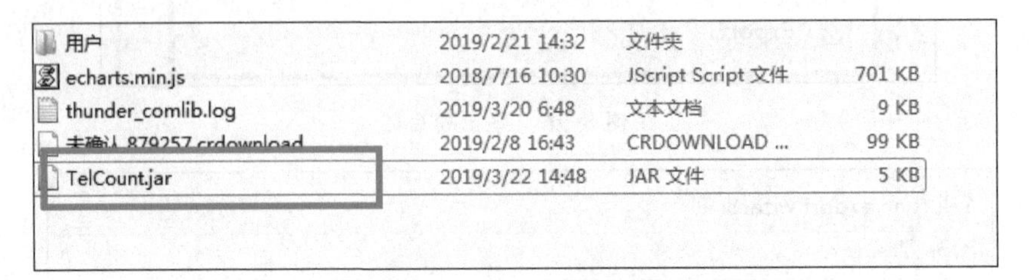

图 8-31　生成 jar 包文件

9）上传服务器并运行 jar 包查看结果，命令如下，结果如图 8-32 所示。

```
# 运行 TelCount jar 包
hadoop jar TelCount.jar
# 查看结果
hadoop fs -ls /
# 列出所有数据
hadoop fs -cat /output1/part-r-00000
```

```
[[A[root@master home]# hadoop fs -cat /output/part-r-00000
13480253104     180     180     360
13502468823     7335    110349  117684
13560436666     2232    1908    4140
13560439658     2034    5892    7926
13602846565     1938    2910    4848
13660577991     6960    690     7650
13719199419     240     0       240
13726230503     2481    24681   27162
13726238888     2481    24681   27162
13760778710     120     120     240
13826544101     264     0       264
13922314466     3008    3720    6728
13925057413     11058   48243   59301
13926251106     240     0       240
13926435656     132     1512    1644
15013685858     3659    3538    7197
15920133257     3156    2936    6092
15989002119     1938    180     2118
18211575961     1527    2106    3633
18320173382     9531    2412    11943
```

图 8-32　MapReduce 成功

8.6 全排序

在 MapReduce 中用户可自定义编写符合业务逻辑的排序算法模型。排序属于 MapReduce 核心技术。全排序是要求把所有数据按业务要求排序，如按字母、数字、日期、地区等业务类型排序，并按照要求输出。下面通过一个例子对全排序进行详细介绍。

1．需求分析

现有一个数据文件“totalsort”，数据内容见表 8-3。

表 8-3 数据内容

字段名称	字段注释	数据样例	备注
data	数据	9	

需将数据进行排序，并将排序结果分区存储，小于 10 存储至 part-r-000000 中、大于等于 10 小于 20 存储至 part-r-000001 中、大于等于 20 存储至 part-r-000002 中，部分数据及运算结果见表 8-4。

表 8-4 部分数据及运算结果

输入	输出文件名称	输出结果
29 30 9	part-r-000000	1 2 9
1 2 10	part-r-000001	10 11 12
11 12 100	part-r-000002	29 30 100

2．编写代码

1）新建一个包 com.newland.totalsort 并新建一个类 TotalSort，在该类中添加 import 引用库文件。本例的代码均依赖于 WordCount 工程中的 pom.xml 文件，故代码不重复编写。代码如下。

```
package com.newland.totalsort;

import org.apache.hadoop.conf.Configuration;
import org.apache.hadoop.fs.Path;
import org.apache.hadoop.io.IntWritable;
import org.apache.hadoop.io.LongWritable;
import org.apache.hadoop.io.NullWritable;
import org.apache.hadoop.io.Text;
import org.apache.hadoop.mapreduce.Job;
```

```
import org.apache.hadoop.mapreduce.Mapper;
import org.apache.hadoop.mapreduce.Partitioner;
import org.apache.hadoop.mapreduce.Reducer;
import org.apache.hadoop.mapreduce.lib.input.FileInputFormat;
import org.apache.hadoop.mapreduce.lib.output.FileOutputFormat;
import java.io.IOException;
```

2）编写 Mapper 方法类，代码如下。

```
public static class TotalSortMapper extends Mapper<LongWritable, Text, IntWritable, IntWritable> {
    @Override
    protected void map(LongWritable key, Text value, Context context) throws IOException,
InterruptedException {
        // 创造一个 IntWritable 类型的对象，并将 Map 每次读取一行的数据转换成 Integer 类型赋值给它
        IntWritable intWritable = new IntWritable(Integer.parseInt(value.toString()));
        // 发送数据：(1,1)
        context.write(intWritable, intWritable);
    }
}
```

3）编写自定义分区排序 TotalSortPartitioner 方法，代码如下。

```
// 自定义分区
public static class TotalSortPartitioner extends Partitioner<IntWritable, IntWritable> {
    @Override
    public int getPartition(IntWritable key, IntWritable value, int numPartitions) {
        // 获取 key，并转换成 int 类型
        int keyInt = Integer.parseInt(key.toString());
        // 判断并进行排序
        if (keyInt < 10) {
          // 所有 key<10 的数据都发送到 Reduce 0
          return 0;
        } else if (keyInt < 20) {
          // 所有 10 ≤ key<20 的数据都发送到 Reduce 1
          return 1;
        } else {
          // 所有 30<key 的数据都发送到 Reduce 2
          return 2;
        }
    }
}
```

代码详解

代码：public static class TotalSortPartitioner extends Partitioner<IntWritable, IntWritable>
{

@Override

public int getPartition(IntWritable key, IntWritable value, int numPartitions) {}

```
}
```

说明：定义分段方法，MapReduce 根据 getPartition 方法返回值，传递 Reduce 任务，程序开始产生 3 个 Reduce 分别对应 0、1、2。

4）编写 Reducer 方法类，代码如下。

```
public static class TotalSortReducer extends Reducer<IntWritable, IntWritable, IntWritable, NullWritable> {
    @Override
    protected void reduce(IntWritable key, Iterable<IntWritable> values, Context context)
            throws IOException, InterruptedException {
        // 迭代获取 context 的数据
        for (IntWritable value : values) {
            // 将计算结果写入 context 并发送数据
            context.write(value, NullWritable.get());
        }
    }
}
```

5）编写 main 函数，代码如下。

```
public static void main(String[] args) throws Exception {
        try {
            // 1. 获取 job
            Configuration conf = new Configuration();
            Job job = Job.getInstance(conf);
            // 2. 指定 job 使用的类
            job.setJarByClass(TotalSort.class);
            // 3. 设置 Mapper 的属性
            job.setMapperClass(TotalSortMapper.class);
            // 3.1 设置 Mapper 输出的 Key 的属性
            job.setMapOutputKeyClass(IntWritable.class);
            // 3.2 设置 Mapper 输出的 Value 的属性
            job.setMapOutputValueClass(IntWritable.class);
            // 4. 设置输入文件
            FileInputFormat.setInputPaths(job, new Path("/data/totalsort"));
            // 5. 设置自定义分区的属性
            job.setPartitionerClass(TotalSortPartitioner.class);
            // 6. 设置 Reducer 的属性
            job.setReducerClass(TotalSortReducer.class);
            // 6.1 设置 Reducer 输出的 Key 的属性
            job.setOutputKeyClass(IntWritable.class);
            // 6.2 设置 Reducer 输出的 Value 的属性
            job.setOutputValueClass(NullWritable.class);
            // 7. 设置输出文件
            FileOutputFormat.setOutputPath(job, new Path("/data/output2"));
```

```
            // 8. 设置 3 个 Reduce 任务
            job.setNumReduceTasks(3);
            // 9. 提交 true, 提交的时候打印日志信息
            job.waitForCompletion(true);
        } catch (Exception e) {
            // e.printStackTrace() 会打出详细异常 : 异常名称、出错位置，便于调试
            e.printStackTrace();
        }
}
```

6）将工程打包，上传至服务器执行 TotalSort 程序，查看结果，如图 8-33 所示。

```
[root@master home]# hadoop fs -cat /output2/part-r-00000
1
2
3
4
5        全排序
6
7
8
9
```

```
[root@master home]# hadoop fs -cat /output2/part-r-00001
10
11
12
13
14
15
16
17
18
19
```

```
[root@master home]# hadoop fs -cat /output2/part-r-00002
20
21
22
23
24
25
26
27
28
29
30
```

图 8-33　查看结果

8.7 二次排序

二次排序不同于全排序，它对传入各个 Reducer 的值进行升序排序或降序排序，即首

先按照第一字段排序，然后对第一字段相同的行按照第二字段排序（注意不能破坏第一次排序的结果）。使用 MapReduce 来实现二次排序的设计模式，MapReduce 会自动对映射器生成的键进行排序，所有中间键和中间值为按 Key 有序排列。二次排序算法流程图如图 8-34 所示。下面通过一个例子对二次排序进行介绍。

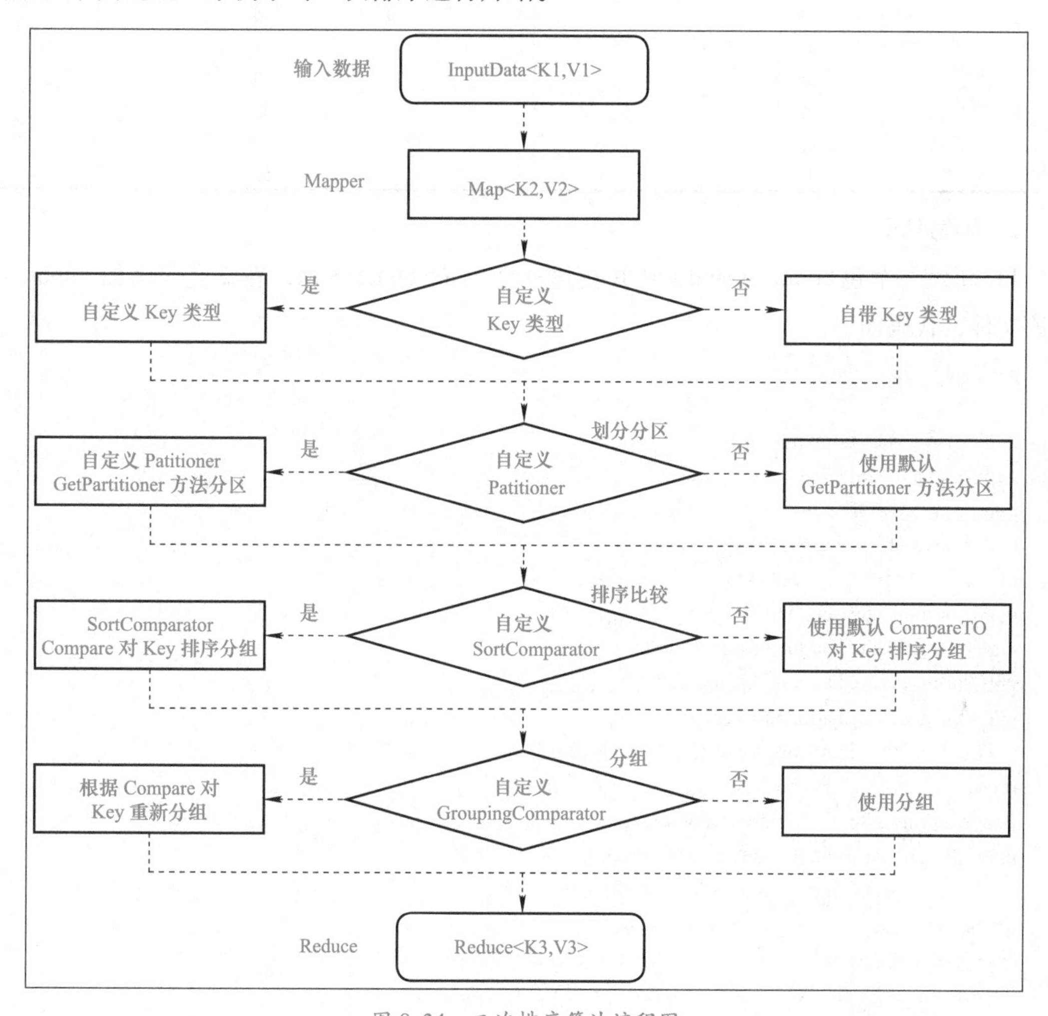

图 8-34　二次排序算法流程图

1．需求分析

现有一个数据文件“SecondrySort”，数据内容见表 8-5。

表 8-5　数据内容

字段名称	字段注释	数据样例	备　注
data1	数据 1	6	
data2	数据 2	63	

现需要将 data1 从小到大进行排列，如 data1 相同则将 data2 从小到大二次排列，部分数据及运算结果见表 8-6。

表 8-6　部分数据及运算结果

输　入	输　出
35	12
22	22
12	31
34	34
43	35
55	43
52	43
43	52
31	55

2．编写代码

1）新建一个包 com.newland.sort 并新建一个类 SecondarySort，在该类中添加 import 引用库文件，代码如下。

```
package com.newland.sort;

import java.io.DataInput;
import java.io.DataOutput;
import java.io.IOException;
import java.util.StringTokenizer;
import org.apache.hadoop.conf.Configuration;
import org.apache.hadoop.fs.Path;
import org.apache.hadoop.io.IntWritable;
import org.apache.hadoop.io.LongWritable;
import org.apache.hadoop.io.Text;
import org.apache.hadoop.io.WritableComparable;
import org.apache.hadoop.io.WritableComparator;
import org.apache.hadoop.mapreduce.Job;
import org.apache.hadoop.mapreduce.Mapper;
import org.apache.hadoop.mapreduce.Partitioner;
import org.apache.hadoop.mapreduce.Reducer;
import org.apache.hadoop.mapreduce.lib.input.FileInputFormat;
import org.apache.hadoop.mapreduce.lib.input.TextInputFormat;
import org.apache.hadoop.mapreduce.lib.output.FileOutputFormat;
import org.apache.hadoop.mapreduce.lib.output.TextOutputFormat;
```

2）新建 SecondarySort 类并编写 IntCombine 内部类，重写 compareTo 方法，代码如下。

```
// 自己定义的 key 类应该实现 WritableComparable 接口
  public static class IntCombine implements WritableComparable<IntCombine> {
      int first;
      int second;

      public void set(int left, int right) {
          first = left;
          second = right;
      }
```

```
        public int getFirst() {
            return first;
        }

        public int getSecond() {
            return second;
        }

        @Override
        // 反序列化，从流中的二进制转换成 IntCombine
        public void readFields(DataInput in) throws IOException {
            first = in.readInt();
            second = in.readInt();
        }

        @Override
        // 序列化，将 IntCombine 转化成使用流传送的二进制
        public void write(DataOutput out) throws IOException {
            out.writeInt(first);
            out.writeInt(second);
        }

        @Override
        // key 的比较
        public int compareTo(IntCombine o) {
            if (first != o.first) {
              // 若第一个字段不相等，如果第一个数小于第二个数，则返回值为 -1，否则返回 1
              return first < o.first ? -1 : 1;
            } else if (second != o.second) {
              // 若第一个字段相等，则比较第二个字段，如果第一个数小于第二个数，则返回值为 -1，
否则返回 1
              return second < o.second ? -1 : 1;
            } else {
              // 若第一个字段相等而且第二个字段也相等，则返回 0
              return 0;
            }
        }
    }
```

3）编写自定义分区类，代码如下。

```
/**
 * 分区函数类。根据 First 确定 Partition。
 */
public static class FirstPartitioner extends Partitioner<IntCombine, IntWritable> {
    @Override
    public int getPartition(IntCombine key, IntWritable value, int numPartitions) {
```

```
        return Math.abs(key.getFirst() * 127) % numPartitions;
    }
}
```

4）编写自定义分组类，代码如下。

```
/**
 * 分组函数类。只要 First 相同就属于同一个组。
 */
public static class GroupingComparator extends WritableComparator {
    // 必须有一个构造函数
    protected GroupingComparator() {
        super(IntCombine.class, true);
    }
    // 重载 compare 方法
    @SuppressWarnings("rawtypes")
    @Override
    public int compare(WritableComparable w1, WritableComparable w2) {
        IntCombine ip1 = (IntCombine) w1;
        IntCombine ip2 = (IntCombine) w2;
        int l = ip1.getFirst();
        int r = ip2.getFirst();
        return l == r ? 0 : (l < r ? -1 : 1);
    }
}
```

5）编写 Mapper 方法，代码如下。

```
public static class Map extends Mapper<LongWritable, Text, IntCombine, IntWritable> {
        private final IntCombine intkey = new IntCombine();
        private final IntWritable intvalue = new IntWritable();

        public void map(LongWritable key, Text value, Context context) throws IOException, Interrupted
Exception {
            // 构造一个用来解析 value.toString() 的 StringTokenizer 对象
            String line = value.toString();
            StringTokenizer tokenizer = new StringTokenizer(line);
            int left = 0;
            int right = 0;
            if (tokenizer.hasMoreTokens()) {
                // 将获取到的第一列的数据赋值给 left
                left = Integer.parseInt(tokenizer.nextToken());
                if (tokenizer.hasMoreTokens()) {
                    // 将获取到的第二列的数据赋值给 right
                    right = Integer.parseInt(tokenizer.nextToken());
                }
                // 将 left 和 right 的数据进行封装
                intkey.set(left, right);
                intvalue.set(right);
```

```
                context.write(intkey, intvalue);
            }
        }
}
```

6）编写 Reducer 方法，代码如下。

```
public static class Reduce extends Reducer<IntCombine, IntWritable, Text, IntWritable> {
    private final Text left = new Text();
    private static final Text SEPARATOR = new Text("------------------------");

    public void reduce(IntCombine key, Iterable<IntWritable> values, Context context)
            throws IOException, InterruptedException {
        // 输出 "------------------------" 分割线
        context.write(SEPARATOR, null);
        // 将 key 的第一个数据赋给 left
        left.set(Integer.toString(key.getFirst()));
        // 遍历输出数据
        for (IntWritable val : values) {
            context.write(left, val);
        }
    }
}
```

7）编写 main 函数，代码如下。

```
public static void main(String[] args) throws IOException, InterruptedException, ClassNotFoundException {
        try {
            // 1. 获取 job
            Configuration conf = new Configuration();
            Job job = Job.getInstance(conf);
            // 2. 指定 job 使用的类
            job.setJarByClass(SecondarySort.class);
            // 3. 设置 Mapper 的属性
            job.setMapperClass(Map.class);
            // 3.1 设置 Mapper 输出的 Key 的属性
            job.setMapOutputKeyClass(IntCombine.class);
            // 3.2 设置 Mapper 输出的 Value 的属性
            job.setMapOutputValueClass(IntWritable.class);
            // 4. 设置输入文件，输入 HDFS 路径
            FileInputFormat.setInputPaths(job, new Path("/data/SecondrySort"));
            // 5. 设置分区函数
            job.setPartitionerClass(FirstPartitioner.class);
            // 6. 设置分组函数
            job.setGroupingComparatorClass(GroupingComparator.class);
            // 7. 设置 Reducer 的属性
            job.setReducerClass(Reduce.class);
            // 7.1 设置 Reducer 输出的 Key 的属性
            job.setOutputKeyClass(Text.class);
```

```
        // 7.2 设置 Reducer 输出的 Value 的属性
        job.setOutputValueClass(IntWritable.class);

        // 8. 将输入的数据集分割成小数据块 splites，同时提供一个 RecordReader 的实现
        job.setInputFormatClass(TextInputFormat.class);
        // 9. 提供一个 RecordWriter 的实现，负责数据输出
        job.setOutputFormatClass(TextOutputFormat.class);

        // 10. 设置输出文件，输出 HDFS 路径
        FileOutputFormat.setOutputPath(job, new Path("/output3"));
        // 11. 提交 true, 提交的时候打印日志信息
        job.waitForCompletion(true);
        } catch (Exception e) {
        // e.printStackTrace() 会打出详细异常：异常名称、出错位置，便于调试
        e.printStackTrace();
    }
}
```

8）将工程打包，上传至服务器运行 SecondarySort 程序，查看结果，如图 8-35 所示。

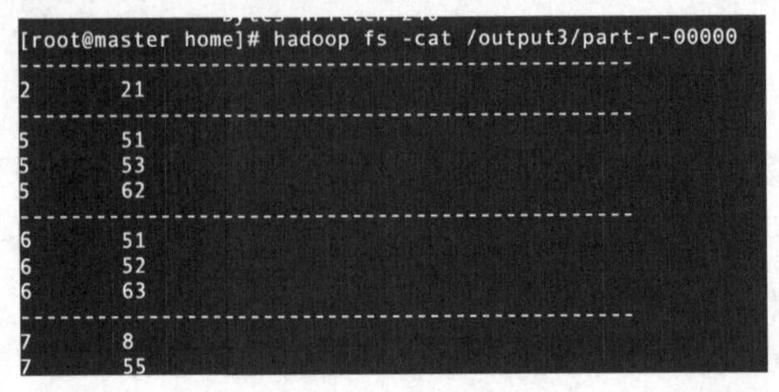

图 8-35　二次排序结果

8.8 最值

最大值、最小值、平均值、均方差、众数、中位数等是统计学中经典的数值计数统计，也是项目中常用的统计属性字段。除此之外，人们有时想知道最大的 10 个数值、最小的 10 个数值，这就涉及 Top/Bottom N 问题。下面通过一个例子对如何求最大的前 3 个数值进行详细介绍。

1．需求分析

现有一个数据文件“topn”，数据内容见表 8-7。

表 8-7　数据内容

字段名称	字段注释	数据样例	备注
UserName	用户名	jim	
State	当前状态	Login	
IPAddr	IP 地址	93.241.237.121	

需求为计算登入次数最多的前 3 名的 IP 与次数，部分数据及运算结果见表 8-8。

表 8-8　部分数据及运算结果

输　入	输　出
jim login 93.241.237.121	
bob login 198.184.237.49	
jim login 93.241.237.121	93.241.237.121 3
jim login 93.241.237.121	198.184.237.49 1
mike new_tweet 198.184.237.49	87.124.79.252 1
mike login 87.124.79.252	
jim view_user 55.237.104.36	

2．编写代码

1）附加 import 引用，本例代码均依赖于 WordCount 工程中的 pom.xml 文件，故代码不重复编写，代码如下。

```
package com.newland.topn;

import java.io.IOException;
import java.util.TreeMap;
import org.apache.hadoop.conf.Configuration;
import org.apache.hadoop.fs.FileSystem;
import org.apache.hadoop.fs.Path;
import org.apache.hadoop.io.IntWritable;
import org.apache.hadoop.io.LongWritable;
import org.apache.hadoop.io.Text;
import org.apache.hadoop.mapreduce.Job;
import org.apache.hadoop.mapreduce.Mapper;
import org.apache.hadoop.mapreduce.Reducer;
import org.apache.hadoop.mapreduce.lib.input.FileInputFormat;
import org.apache.hadoop.mapreduce.lib.output.FileOutputFormat;
```

2）编写 Mapper 方法，代码如下。

```
public static class TopNMapper extends Mapper<LongWritable, Text, Text, IntWritable> {
        private String[] val;
        private Text keyText = new Text();
        private IntWritable one = new IntWritable(1);

        @Override
        protected void map(LongWritable key, Text value, Mapper<LongWritable, Text, Text, IntWritable>.
Context context)
                throws IOException, InterruptedException {
            try {
                // 每次读取一行数据，切割字符串 "\t" 代表制表符
                val = value.toString().split(",");
                // 获取状态为 "login" 的数据
                if (val[1].equals("login")) {
```

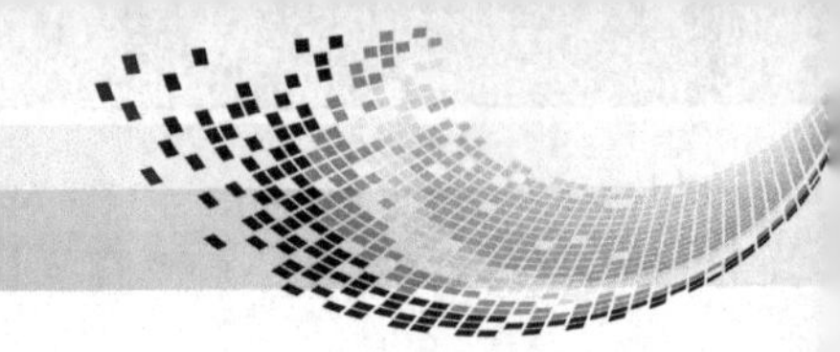

```
                // 获取相应的 IP
                keyText.set(val[2]);
                // 发送数据
                context.write(keyText, one);
            }
        } catch (Exception e) {

        }
    }
}
```

3）编写 Reducer 方法，代码如下。

```
public static class TopNReduce extends Reducer<Text, IntWritable, Text, IntWritable> {
    private int sum = 0;
    private Text keyText = new Text();
    private IntWritable val = new IntWritable();
    // 创造 topTree 对象
    private TreeMap<Integer, String> topTree = new TreeMap<>();

    @Override
    protected void reduce(Text key, Iterable<IntWritable> values, Context context)
            throws IOException, InterruptedException {
        // 定义 sum 为 0
        sum = 0;
        for (IntWritable intWritable : values) {
            // 对 IP 相同的进行累计求和
            sum += intWritable.get();
        }

        // 根据 sum 作为 key 寻找 topTree 中是否存在对应的 value
        // 如果已经存在将 sum 作为 key，将已存在的 IP 和相对应的 IP 拼接作为 value 进行存储
        if (topTree.get(sum) != null) {
            topTree.put(sum, topTree.get(sum) + "," + key.toString());

        } else {
            // 如果不存在则将 sum 作为 key，将对应的 IP 作为 value 进行存储
            topTree.put(sum, key.toString());
        }
        // TreeMap 默认升序排列，如果 topTree 的长度大于 3, 则将第一个元素移除
        if (topTree.size() > 3) {
            topTree.remove(topTree.firstKey());
        }
    }

    // 在任务结尾调用一次进行扫尾的工作
    @Override
    protected void cleanup(Reducer<Text, IntWritable, Text, IntWritable>.Context context)
```

```
        throws IOException, InterruptedException {
    // 遍历 topTree 中的 key( 此处为 IP)
    for (Integer key : topTree.descendingKeySet()) {
        // 根据 key 找到 topTree 中的 value，并将 value 赋值给 keyText
        keyText.set(topTree.get(key));
        // 将 key( 此处为 IP) 赋值给 val
        val.set(key);
        // 发送数据
        context.write(keyText, val);
    }
  }
}
```

4）编写 main 函数，代码如下。

```
public static void main(String[] args) throws Exception {
    try {
        // 1. 获取 job
        Configuration conf = new Configuration();
        Job job = Job.getInstance(conf);
        // 2. 指定 job 使用的类
        job.setJarByClass(TOPNDemo.class);
        // 3. 设置 Mapper 的属性
        job.setMapperClass(TopNMapper.class);
        // 3.1 设置 Mapper 输出的 Key 的属性
        job.setMapOutputKeyClass(Text.class);
        // 3.2 设置 Mapper 输出的 Value 的属性
        job.setMapOutputValueClass(IntWritable.class);
        // 4. 设置输入文件
        FileInputFormat.setInputPaths(job, new Path("/data/topn"));
        // 5. 设置 Reducer 的属性
        job.setReducerClass(TopNReduce.class);
        // 5.1 设置 Reducer 输出的 Key 的属性
        job.setOutputKeyClass(Text.class);
        // 5.2 设置 Reducer 输出的 Value 的属性
        job.setOutputValueClass(IntWritable.class);
        // 6. 设置输出文件
        Path destPath = new Path("/data/output4");
        FileSystem.get(conf).delete(destPath, true);
        FileOutputFormat.setOutputPath(job, destPath);
        // 7. 提交 true, 提交的时候打印日志信息
        job.waitForCompletion(true);
    } catch (Exception e) {
        // e.printStackTrace() 会打出详细异常 : 异常名称、出错位置 , 便于调试
        e.printStackTrace();
    }
}
```

5）将工程打包，上传至服务器运行 TopNDemo 代码，查看结果，如图 8-36 所示。

```
[root@master home]# hadoop fs -cat /data/output4/part-r-00000
198.184.237.49   4
93.241.237.121   3
58.133.120.100   2
```

数据结果

图 8-36　TopN 结果

8.9 连接

连接操作是由 Mapper 执行的操作，称为 Map 端连接。下面通过一个例子讲解 Map 端连接的操作。

1. 需求分析

现有两个数据文件“pdts”“ orders”，数据内容见表 8-9 和表 8-10。

表 8-9　pdts 数据

字段名称	字段注释	数据样例	备注
ProductNum	产品编号	pd001	
Model	产品型号	Banana	

表 8-10　orders 数据

字段名称	字段注释	数据样例	备注
OrderNum	订单号	Order_0000001	
ProductNum	产品编号	pd001	
Price	价格	222.8	

需求为将两个数据文件进行合并，补充订单号 orders 数据中的产品型号字段，见表 8-11。

表 8-11　合并两个数据文件

输入	输出
pdts 输入数据： pd001,apple pd002,banana pd003,orange pd004,xiaomi pd005,meizu orders 输入数据： Order_0000001,pd001,222.8 Order_0000002,pd005,250.8 Order_0000003,pd005,250.8 Order_0000004,pd003,522.8 Order_0000005,pd004,122.4 Order_0000006,pd001,222.8 Order_0000007,pd001,222.8	Order_0000001,apple,pd001,222.8 Order_0000002,meizu,pd005,250.8 Order_0000003,meizu,pd005,250.8 Order_0000004,orange,pd003,522.8 Order_0000005,xiaomi,pd004,122.4 Order_0000006,apple,pd001,222.8 Order_0000007,apple,pd001,222.8

2．编写代码

1）附加 import 引用，本例代码均依赖于 WordCount 工程中的 pom.xml 文件，故代码不重复编写，代码如下。

```
package com.newland.join;

import org.apache.hadoop.conf.Configuration;
import org.apache.hadoop.fs.FSDataInputStream;
import org.apache.hadoop.fs.FileSystem;
import org.apache.hadoop.fs.Path;
import org.apache.hadoop.io.IOUtils;
import org.apache.hadoop.io.LongWritable;
import org.apache.hadoop.io.NullWritable;
import org.apache.hadoop.io.Text;
import org.apache.hadoop.mapreduce.Job;
import org.apache.hadoop.mapreduce.Mapper;
import org.apache.hadoop.mapreduce.lib.input.FileInputFormat;
import org.apache.hadoop.mapreduce.lib.output.FileOutputFormat;
import java.io.BufferedReader;
import java.io.FileReader;
import java.io.IOException;
import java.io.InputStreamReader;
import java.net.URI;
import java.util.HashMap;
```

2）编写 Mapper 方法，改写 setup 方法，代码如下。

```
public static class MapJoinMapper extends Mapper<LongWritable, Text, Text, NullWritable> {
    FileReader in = null;
    BufferedReader reader = null;
    HashMap<String, String[]> b_tab = new HashMap<String, String[]>();

    // 在调用 Mapper 方法前执行一次，将产品表文件内容读入缓存
    @Override
    protected void setup(Context context) throws IOException, InterruptedException {
        URI[] cacheFiles = context.getCacheFiles();
        FileSystem fileSystem = FileSystem.get(context.getConfiguration());
        // 获取分布式文件路径
        for (URI uri : cacheFiles) {
            // 读到这个文件放到 HashMap
            if (uri.toString().contains("pdts")) {
                // HDFS 里面放
                FSDataInputStream inputStream = fileSystem.open(new Path(uri));
                // 转换流
                InputStreamReader inputStreamReader = new InputStreamReader(inputStream, "UTF-8");
                // 缓冲流
                BufferedReader bufferedReader = new BufferedReader(inputStreamReader);
```

```
                String line = bufferedReader.readLine();
                while (line != null) {
                    // 用 "," 切割一行
                    String[] split = line.split( “,” );
                    // 将第一个数据作为第一个元素，将第二个数据作为第二个元素放入数组中
                    String[] products = { split[0], split[1] };
                    // 将第一个元素作为 key，produts 作为 value 放入集合中
                    b_tab.put(split[0], products);

                    line = bufferedReader.readLine();
                }
                // 关闭 I/O 流
                IOUtils.closeStream(reader);
                IOUtils.closeStream(in);
            }
        }
    }

    @Override
    protected void map(LongWritable key, Text value, Context context) throws IOException, Interrupted
Exception {
        // 每次读取一行数据
        String line = value.toString();
        // 用 "," 切割字符串
        String[] orderFields = line.split(",");
        // 获取产品编号
        String pdt_id = orderFields[1];
        // b_tab 通过产品编号找到对应的产品名称
        String[] pdtFields = b_tab.get(pdt_id);
// 将订单编号、产品名称、产品编号和产品价格拼接成字符串
        String ll = orderFields[0] + "," + pdtFields[1] + "," + pdtFields[0] + "," + orderFields[2];
        // 发送数据
        context.write(new Text(ll), NullWritable.get());
    }
}
```

3）编写 main 函数代码，代码如下。

```
public static void main(String[] args) throws Exception {
        try {
            // 1. 获取 job
            Configuration conf = new Configuration();
            Job job = Job.getInstance(conf);
            // 2. 指定 job 使用的类
            job.setJarByClass(MapJoinMR.class);
            // 3. 设置 Mapper 的属性
            job.setMapperClass(MapJoinMapper.class);
```

```
            // 3.1 设置 Mapper 输出的 Key 的属性
            job.setMapOutputKeyClass(Text.class);
            // 3.2 设置 Mapper 输出的 Value 的属性
            job.setMapOutputValueClass(NullWritable.class);
            // 4. 如果不要 Reducer，必须把 Reducer 的数量设置为 0
            job.setNumReduceTasks(0);
            // 5. 把小表的路径设置为分布式缓存文件
            Path littleFilePath = new Path("/pdts");
            URI littleFileURI = littleFilePath.toUri();
            job.setCacheFiles(new URI[] { littleFileURI });
            // 6. 设置输入文件
            FileInputFormat.addInputPath(job, new Path("/data/orders"));
            // 7. 设置输出文件
            Path outputDir = new Path("/output4");
            outputDir.getFileSystem(conf).delete(outputDir, true);
            FileOutputFormat.setOutputPath(job, outputDir);
            // 8. 提交 true, 提交的时候打印日志信息
            job.waitForCompletion(true);
        } catch (Exception e) {
            // e.printStackTrace() 会打出详细异常 : 异常名称、出错位置 , 便于调试
            e.printStackTrace();
        }
    }
```

4）将工程打包上传至服务器。执行结果如图 8-37 所示。

```
[root@master ~]# hadoop fs -cat /output1q1/part-m-00000
Order_0000001,apple,pd001,222.8
Order_0000002,meizu,pd005,250.8
Order_0000003,meizu,pd005,250.8
Order_0000004,orange,pd003,522.8
Order_0000005,xiaomi,pd004,122.4
Order_0000006,apple,pd001,222.8
Order_0000007,apple,pd001,222.8
```

图 8-37 运行结果

8.10 思考练习

1. 出租车公司单月小费统计

查看并分析数据源，统计出租车公司每月小费，数据输入输出结果见表 8-12。

表 8-12 数据输入输出结果

输 入	输 出
2,3880,05/24/2014 06:30:00 PM,600,1.7,7,6,7.85,0.00,0.00,2.50,10.35,Ilie Malec,41.921778188,-87.651061884,41.94258518,-87.656644092	C&D Cab Co IncD Cab Company 2013-03 4.13

（续）

输　入	输　出
3,3881,03/16/2013 07:00:00 PM,1740,7.8,,,19.64,4.13,0.00,1.00,24.77,C&D Cab Co IncD Cab Company,,,, 4,3880,05/24/2014 06:30:00 PM,600,1.7,7,6,7.85,0.00,0.00,2.50,10.35,Ilie Malec,41.921778188,-87.651061884,41.94258518,-87.656644092 5,3883,02/27/2014 07:15:00 PM,540,2.3,,,7.85,0.00,0.00,0.00,7.85,Jordan Taxi Inc,,,, 6,3880,05/24/2014 06:30:00 PM,600,1.7,7,6,7.85,0.00,0.00,2.50,10.35,Ilie Malec,41.921778188,-87.651061884,41.94258518,-87.656644092	Ilie Malec　2014-05　0.0 Jordan Taxi Inc　2014-02　0.0

2．最值 TopK

查看并分析数据源 TopK，将最大的 5 个数字进行降序排列，数据输入输出结果见表 8-13。

表 8-13　数据输入输出结果

输　入	输　出
1 2 3 4 104 101 105 102 103 5	105 104 103 102 101

Chapter 9

第9章 ECharts的应用

本章简介

本章围绕ECharts控件介绍ECharts的基本概念与其特性，简单地使用ECharts进行数据可视化呈现，介绍了Spring工程三层结构关系、建立JSP工程目录、在工程中引入ECharts控件，使用ECharts进行图标展示，如柱形图、折线图等。

学习目标

1）掌握ECharts控件的基本概念。

2）了解ECharts控件的特性。

3）掌握如何获取ECharts控件。

4）掌握Web三层结构逻辑图。

5）掌握新建Spring工程引用ECharts的方法。

6）熟练使用ECharts制作各种图形。

9.1 ECharts 的基本概念

1．了解 ECharts

ECharts 是百度公司出品的用于制作各类图表图片的控件，如图 9-1 所示。如果要掌握 ECharts 的使用，需要掌握一些前端开发的知识，如 HTML、CSS、JavaScript。不过即使是初学者，也能发现它是非常有用的，掌握了它就入门了数据可视化。读者可在其网站下载最新的 ECharts 资源应用软件，并了解其特性。

图 9-1　百度 ECharts 控件

2．ECharts 的特性

ECharts 是一个使用 JavaScript 实现的开源可视化库，可以流畅运行在 PC 和移动设备上，兼容当前绝大部分浏览器（IE 8/9/10/11、Chrome、Firefox、Safari 等），底层依赖轻量级的矢量图形库 ZRender，提供直观、交互丰富、可高度个性化定制的数据可视化图表。

（1）丰富的可视化类型

ECharts 提供了常规的折线图、柱状图、散点图、饼图、K 线图，用于统计的盒形图，用于地理数据可视化的地图、热力图、线图，用于关系数据可视化的关系图、TreeMap、旭日图，多维数据可视化的平行坐标，还有用于 BI 的漏斗图、仪表盘，并且支持图与图之间的混搭。

除了已经内置的包含了丰富功能的图表，ECharts 还提供了自定义系列，只需要传入一个 renderItem 函数就可以从数据映射到任何想要的图形，而且这些都还能和已有的交互组件结合使用而不需要操心其他事情。

用户可以在下载界面下载包含所有图表的构建文件，如果只需要其中一两个图表，也可以在在线构建中选择需要的图表类型后自定义构建。

（2）多种数据格式无需转换直接使用

ECharts 内置的 dataset 属性（4.0+）支持直接传入包括二维表、key-value 等多种格式的数据源，通过简单设置 encode 属性就可以完成从数据到图形的映射，这种方式更符合可视化的直觉，省去了大部分场景下数据转换的步骤，而且多个组件能够共享一份数据而不用克隆。

为了配合大数据量的展现，ECharts 还支持输入 TypedArray 格式的数据，它在大数据量的存储中可以占用更少的内存，对 GC 友好等特性也可以大幅度提升可视化应用的性能。

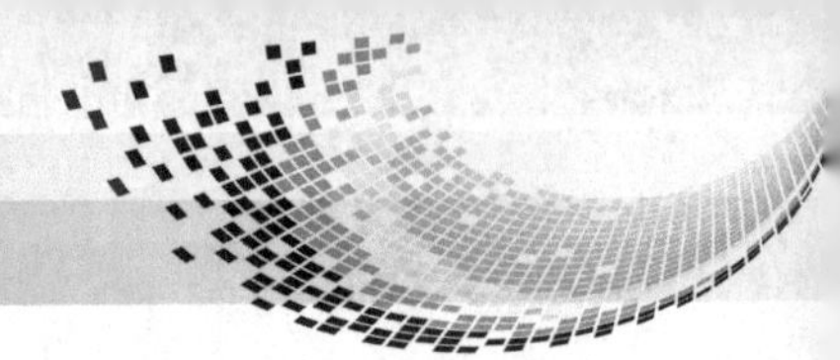

（3）千万数据的前端展现（见图 9-2）

通过增量渲染技术（4.0+），配合各种细致的优化，ECharts 能够展现千万级的数据量，并且在这个数据量级依然能够进行流畅的缩放平移等交互。

几千万的地理坐标数据就算使用二进制存储也要占上百 MB 的空间。因此 ECharts 同时提供了对流加载（4.0+）的支持，可以使用 WebSocket 或者对数据分块后加载，加载多少渲染多少，不需要等待所有数据加载完再进行绘制。

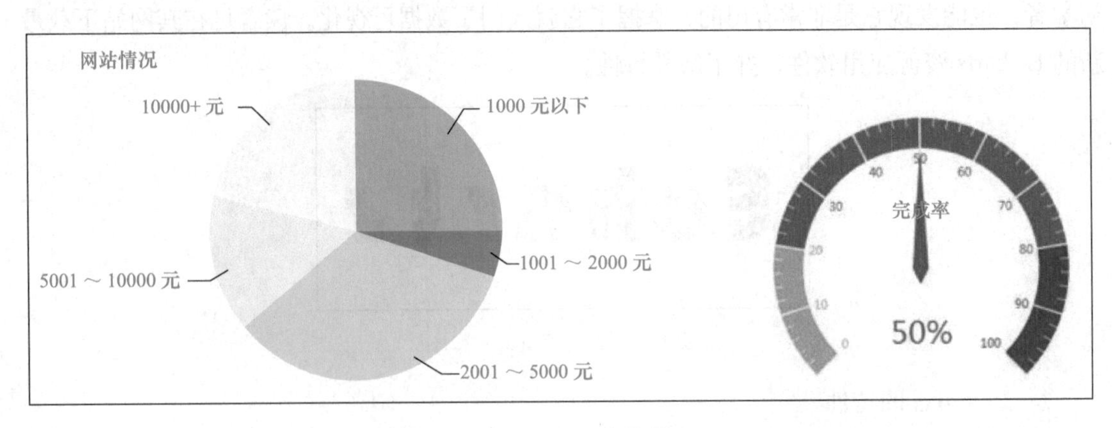

图 9-2　ECharts 前端展示

（4）移动端优化

ECharts 针对移动端交互做了细致的优化，例如，移动端小屏上适于用手指在坐标系中进行缩放、平移。PC 端也可以用鼠标在图中进行缩放（用鼠标滚轮）、平移等。细粒度的模块化和打包机制可以让 ECharts 在移动端也拥有很小的体积，可选的 SVG 渲染模块让移动端的内存占用不再捉襟见肘。大数据量面积图如图 9-3 所示。

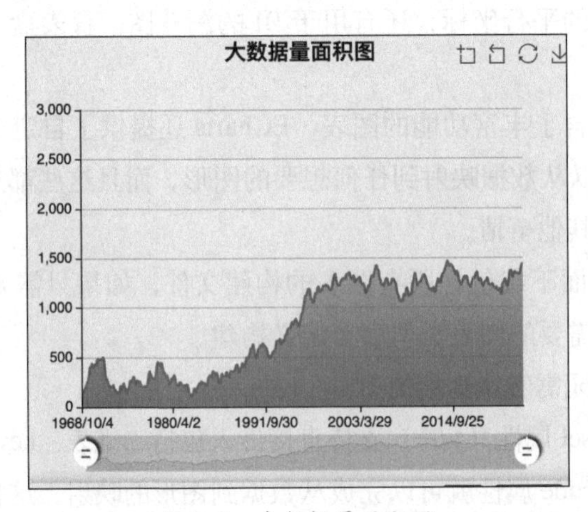

图 9-3　大数据量面积图

（5）多渲染方案，可跨多平台

ECharts 支持以 Canvas、SVG（4.0+）、VML 的形式渲染图表。VML 可以兼容低版本

的 IE，SVG 使得移动端不再为内存担忧，Canvas 可以轻松应对大数据量和特效的展现。不同的渲染方式提供了更多选择，使得 ECharts 在各种场景下都有更好的表现。

除了 PC 和移动端的浏览器，ECharts 还能在 node 上配合 node-canvas 进行高效的服务端渲染（SSR）。从 4.0 开始百度还和微信小程序的团队合作，提供了 ECharts 对小程序的适配。

（6）深度的交互式数据探索

交互是从数据中发掘信息的重要手段。“总览为先，缩放过滤按需查看细节”是数据可视化交互的基本需求。

ECharts 一直在交互的路上前进，提供了图例、视觉映射、数据区域缩放、tooltip、数据刷选等开箱即用的交互组件，可以对数据进行多维度数据筛取、视图缩放、展示细节等交互操作。

（7）多维数据的支持以及丰富的视觉编码手段

ECharts 3 开始加强了对多维数据的支持。除了加入了平行坐标等常见的多维数据可视化工具外，对于传统的散点图等，传入的数据也可以是多个维度的。配合视觉映射组件 visualMap 提供的丰富的视觉编码，能够将不同维度的数据映射到颜色、大小、透明度、明暗度等不同的视觉通道。

（8）动态数据

ECharts 由数据驱动，数据的改变驱动图表展现的改变。因此动态数据的实现也变得异常简单，只需要获取数据，填入数据，ECharts 会找到两组数据之间的差异然后通过合适的动画去表现数据的变化。配合 timeline 组件能够在更高的时间维度上去表现数据的信息。动态数据图如图 9-4 所示。

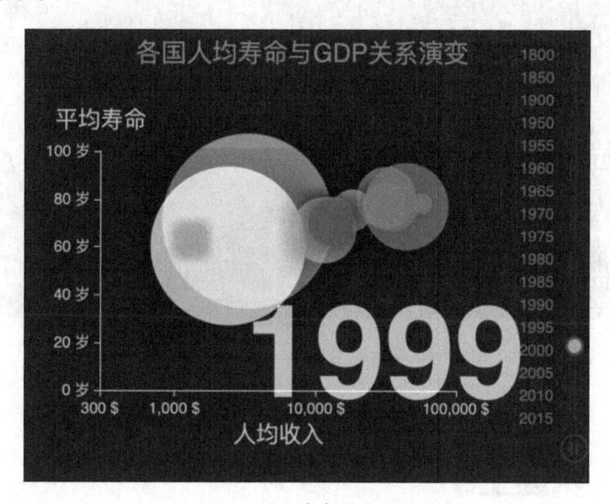

图 9-4 动态数据图

（9）绚丽的特效

ECharts 针对线数据、点数据等地理数据的可视化提供了吸引眼球的特效。绚丽的特效

如图 9-5 所示。

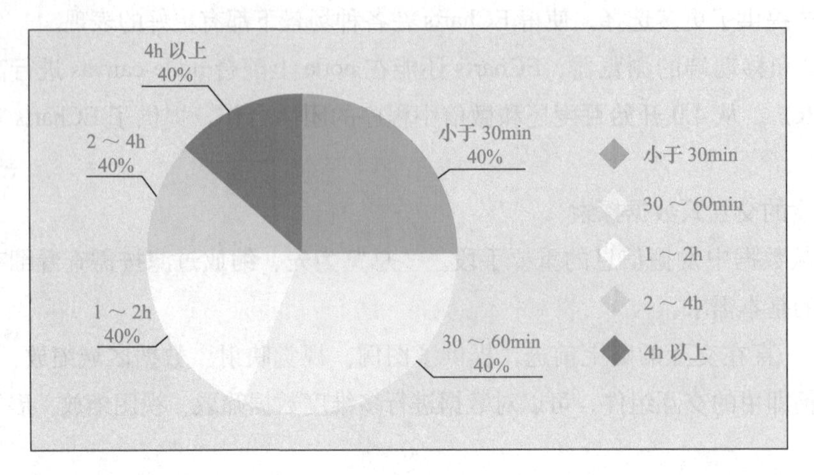

图 9-5　绚丽的特效

（10）通过 GL 实现更多更强大绚丽的三维可视化

想要在 VR、大屏场景里实现三维的可视化效果，百度提供了基于 WebGL 的 ECharts GL，用户可以与使用 ECharts 普通组件一样轻松使用 ECharts GL 绘制出三维的地球、建筑群、人口分布的柱状图，在这基础之上百度还提供了不同层级的画面配置项，几行配置就能得到艺术化的画面。三维可视化效果如图 9-6 所示。

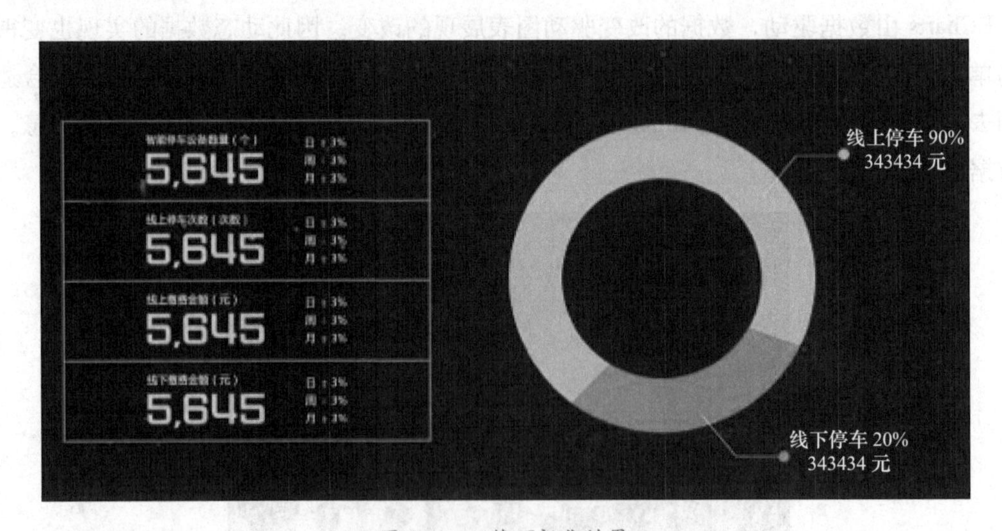

图 9-6　三维可视化效果

9.2 ECharts 快速上手

1．获取 ECharts

从官网选择需要的版本下载，根据开发者功能和体积上的需求，网站提供了不同的下载版本，如果用户在体积上没有要求，则可以直接下载完整版本。开发环境建议下载源代码版本，包含了常见的错误提示和警告。

常用版本包含了常用的图表组件、折、柱、饼、散点、图例等，已足够日常使用。下载页面如图 9-7 所示。

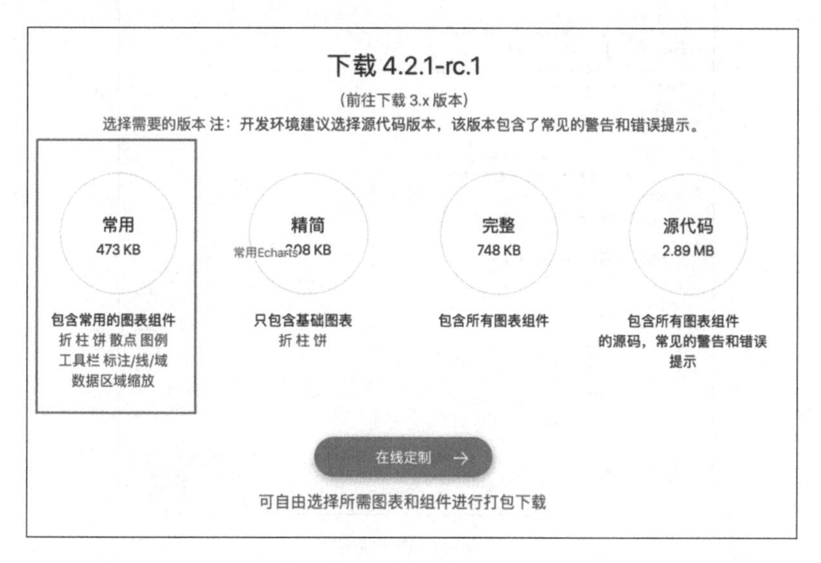

图 9-7　常用版本

2．新建 Spring Starter 工程

运行 Spring Starter 在新建过程时需要开发机连接外网下载对应的服务。

1）打开“Eclipse”，执行“File”→“New”→“Spring Starter Project”命令新建 Spring Starter 工程，如图 9-8 所示。

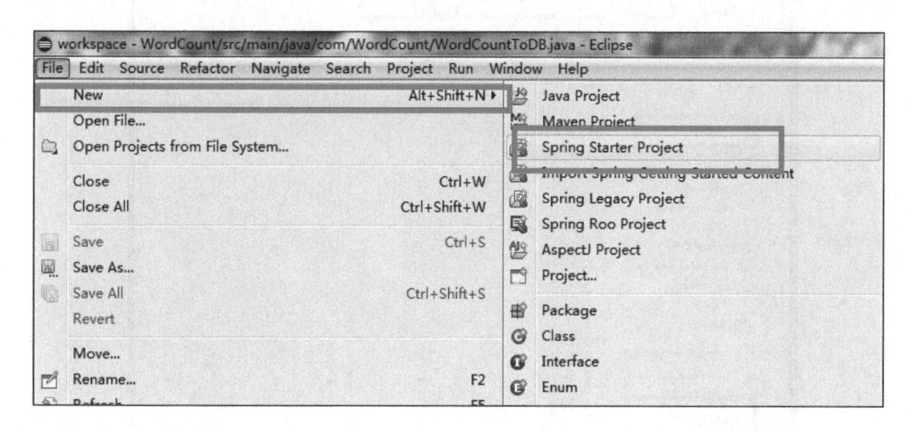

图 9-8　新建 Spring Starter 工程

2）输入工程名称：WebDemo，组名称：com.newland，包名称：com.newland，单击“Next”按钮，如图 9-9 所示。

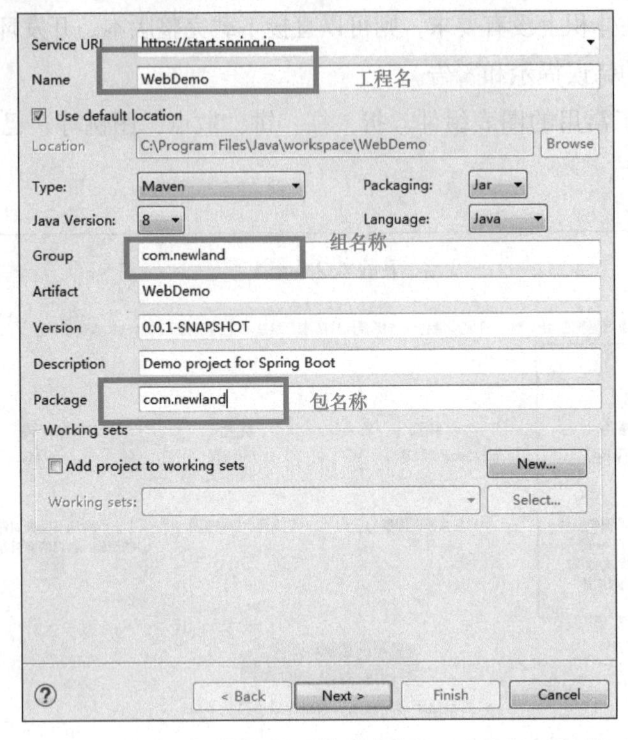

图 9-9　输入名称

3）选择版本号“Spring Boot Version”为“2.1.0”，选择“MySQL”和“Web”复选框，完成后单击“Finish”按钮，如图 9-10 所示。

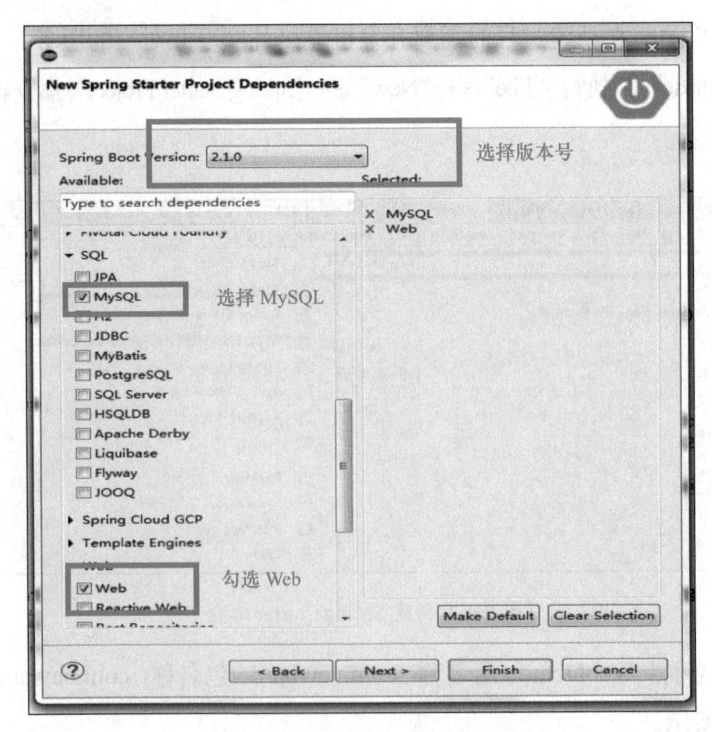

图 9-10　选择 MySQL 版本号

4）工程新建完成后，在 pom.xml 文件 <dependency> 标签内添加如下内容。

```
<dependency>
        <groupId>org.springframework.boot</groupId>
          <artifactId>spring-boot-starter-jdbc</artifactId>
</dependency>
<dependency>
            <groupId>org.apache.tomcat.embed</groupId>
            <artifactId>tomcat-embed-jasper</artifactId>
            <scope>provided</scope>
</dependency>
<dependency>
            <groupId>javax.servlet</groupId>
            <artifactId>jstl</artifactId>
</dependency>
```

3．建立简单的 Web 三层结构

在 Spring 开发中的 ECharts 页面中，需要养成好的 Web 应用编程习惯，一般需要建立简单的 Web 三层结构，即数据访问层、业务逻辑层、视图层。三层的逻辑关系如图 9-11 所示。

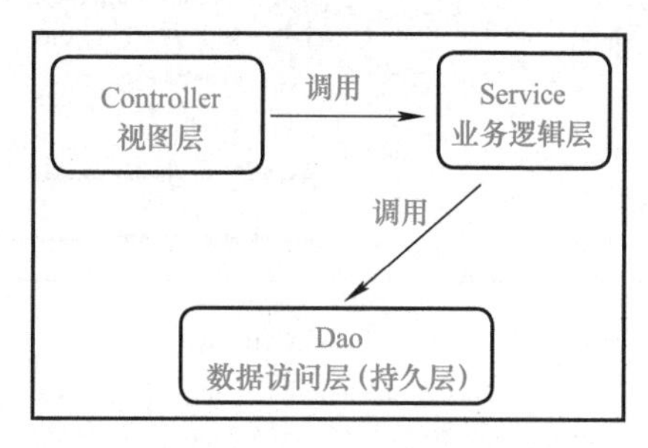

图 9-11　Web 三层逻辑关系图

本工程目录的目录结构，如图 9-12 所示，读者需根据该目录结构构造网站目录。

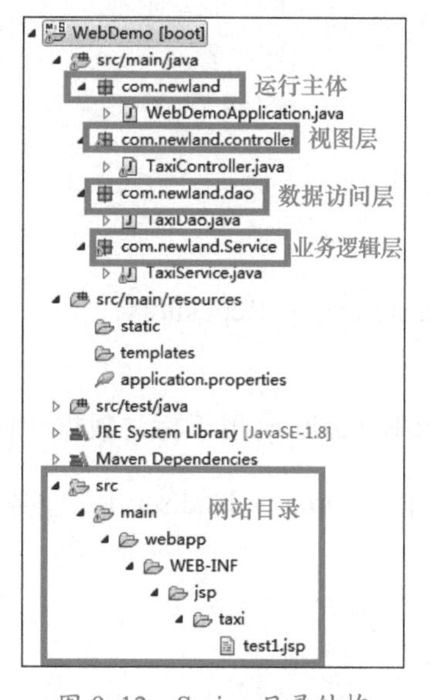

图 9-12　Spring 目录结构

1）在 src/main/java 目录下建立 com.newland.dao 数据访问层（持久层），同时新建 TaxiDao.java 文件，并编写代码，如图 9-13 和图 9-14 所示。代码如下。

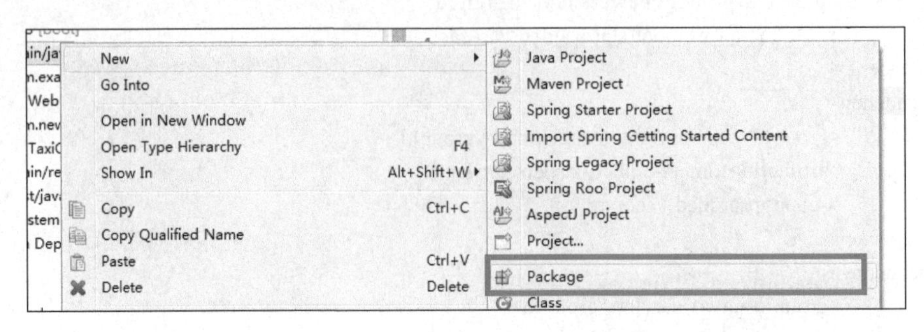

图 9-13　新建 Package 包

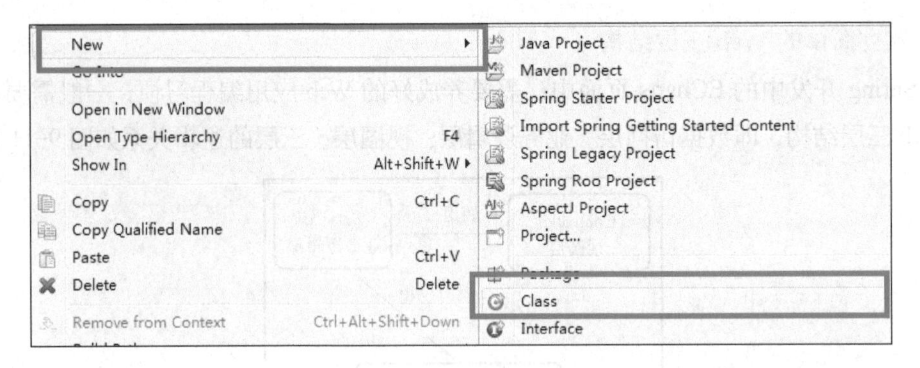

图 9-14　新建 Controller

```
package com.newland.dao;
import org.springframework.stereotype.Repository;
@Repository
public class TaxiDao {

}
```

代码详解

代码：

import org.springframework.stereotype.Repository;

@Repository

说明：Spring 中的注解，@Repository 用于标注数据访问组件，即 DAO 组件。

2）在 src/main/java 目录下建立 com.newland.service 业务逻辑层，同时新建 TaxiService.java 文件。编写代码，如下。

```
package com.newland.Service;

import org.springframework.beans.factory.annotation.Autowired;
```

```
import org.springframework.stereotype.Service;
import com.newland.dao.TaxiDao;
@Service
public class TaxiService {
    private TaxiDao taxiDao;
    @Autowired
    public void setpoliceDao(TaxiDao taxiDao) {
        this.taxiDao = taxiDao;
    }
}
```

代码详解

代码：@Service

说明：Spring 中的注解，@Service 用于标注业务逻辑组件，即 Service 组件。

代码：@Autowired

说明：@Autowired 是一种函数，可以对成员变量、方法和构造函数进行标注，来完成自动装配的工作。

3）在 src/main/java 目录下建立 com.newland.controller 视图层，同时新建 TaxiController.java 文件。编写代码，如下。

```
package com.newland.controller;
import org.springframework.beans.factory.annotation.Autowired;
import org.springframework.web.bind.annotation.RequestMapping;
import org.springframework.web.bind.annotation.RestController;
import org.springframework.web.servlet.ModelAndView;

import com.newland.Service.TaxiService;
@RestController
public class TaxiController {
    private TaxiService taxiService;
    @Autowired
    public void setIndexService(TaxiService taxiService) {
        this.taxiService = taxiService;
    }
    @RequestMapping(value = {"/"})
    public ModelAndView Taxi(){
        ModelAndView mv = new ModelAndView();
        mv.setViewName("/taxi/test1");
        return mv;
    }
}
```

代码详解

代码：@RestController

说明：Spring 中的注解，@RestController 用于标注视图组件，即 Controller 组件。

代码：@Autowired

说明：@Autowired 是一种函数，可以对成员变量、方法和构造函数进行标注，来完成自动装配的工作。

代码：

```
@RequestMapping(value = {"/"})
public ModelAndView Taxi(){
    ModelAndView mv = new ModelAndView();
    mv.setViewName("/taxi/test1");
    return mv;
}
```

说明：RequestMapping 是一个用来处理请求地址映射的注解，可用于类或方法上。RequestMapping 注解属性：value 用于指定请求的实际地址，指定的地址可以是 URI Template 模式；method 用于指定请求的 method 类型，GET、POST、PUT、DELETE 等。即当输入 URL:"http://localhost:8080/" 时将返回视图页面 /taxi/test1.jsp。

ModelAndView 表示创造一个模型视图对象 mv，setViewName 表示向 mv 中放入 JSP 路径，返回 ModelAndView 的对象 mv，加载页面时，$.getJSON 会根据 URL 路径访问此方法。

4）在 src/main/resourece/application.properties 文件下补充如下代码，暂时开启或使用数据库也需要添加该代码。

```
spring.datasource.name=master

spring.datasource.url=jdbc:mysql://localhost:3306/taxi?useSSL=false
spring.datasource.username=root
spring.datasource.password=123456
spring.datasource.driver-class-name=com.mysql.jdbc.Driver

spring.mvc.view.prefix=/WEB-INF/jsp/
spring.mvc.view.suffix=.jsp
```

代码详解

代码：spring.datasource.name

说明：连接数据库标识。

代码：spring.datasource.url

说明：连接数据库 URL 地址。

代码：spring.datasource.username

说明：连接数据库用户名。

代码：spring.datasource.password

说明：连接数据库密码。

代码：spring.datasource.driver-class-name

说明：连接数据库方式。

代码：spring.mvc.view.prefix

说明：Spring MVC 视图解析器的一个属性，是指访问页面的前缀，指定页面存放的文件夹。

代码：spring.mvc.view.suffix

说明：Spring MVC 视图解析器的一个属性，文件的扩展名。

4．建立网站编写 JSP

1）在 src 的子目录 main 目录下新建“webapp”，在“webapp”目录下新建“WEB-INF”，在其目录下新建“jsp”目录，在“选择 jsp”目录下新建“taxi”文件夹，如图 9-15 和图 9-16 所示。

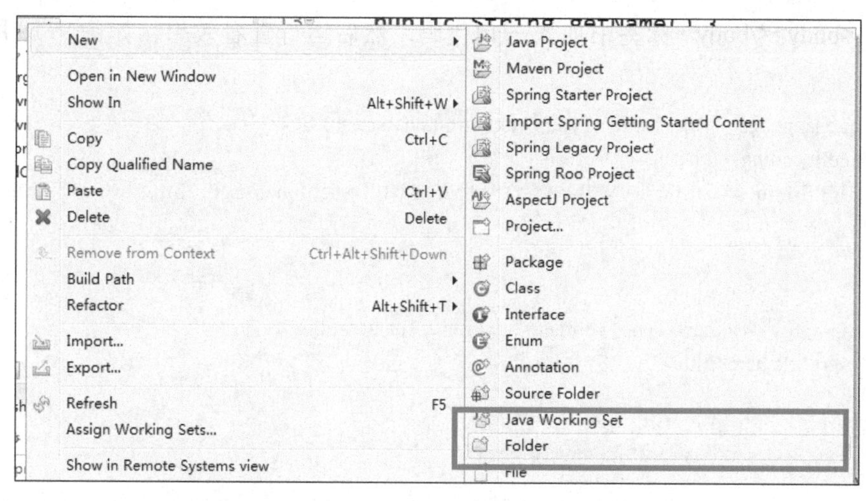

图 9-15　新建目录

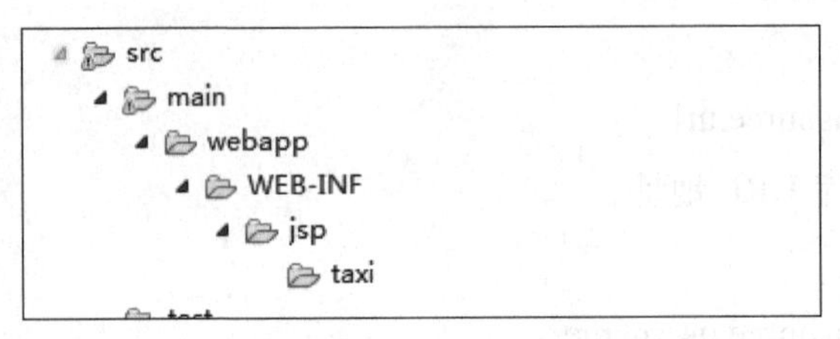

图 9-16 网站目录结构

2）在 jsp 文件夹中新建 index.jsp 文件，执行“New”→“Other”→“Web”→“JSP file”命令，输入名称“test1.jsp”，单击“Finish”按钮，如图 9-17 所示。

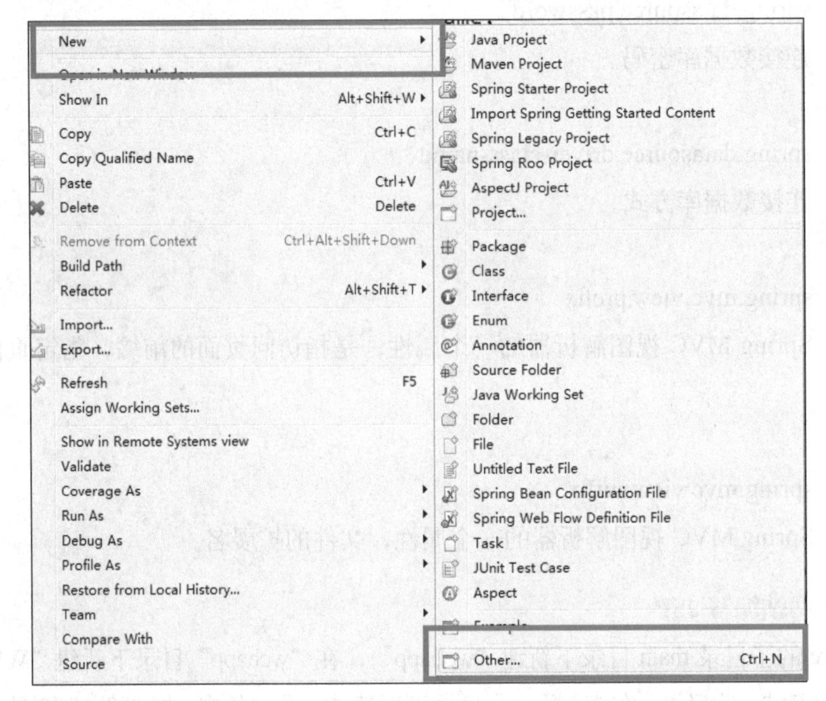

图 9-17 新建文件

3）在 <body></body> 标签中加入一句代码，然后运行查看效果，如图 9-18 所示，代码如下。

```
<%@ page language="java" contentType="text/html; charset=utf-8"
        pageEncoding="utf-8"%>
<!DOCTYPE html PUBLIC "-//W3C//DTD HTML 4.01 Transitional//EN" "http://www.w3.org/TR/html4/
loose.dtd">
<html>
<head>
<meta http-equiv="Content-Type" content="text/html; charset=utf-8">
<title>Insert title here</title>
</head>
<body>
    test1
</body>
</html>
```

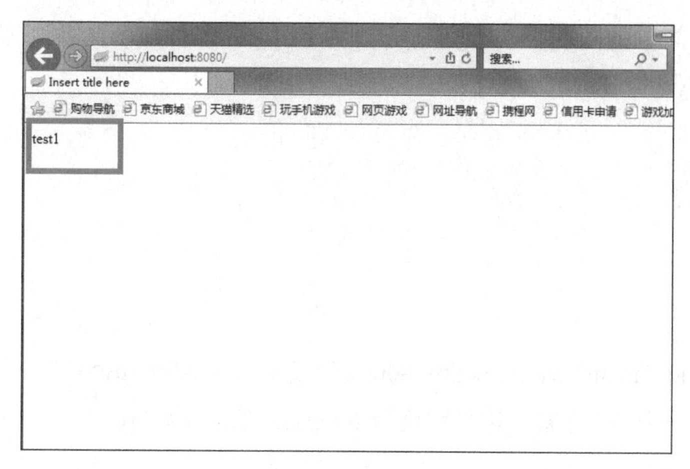

图 9-18　运行结果

4）引入 ECharts，引入时只需要像普通的 JavaScript 库一样用 script 标签引入。删除原来的代码，附加如下代码。

```
<%@ page language="java" contentType="text/html; charset=utf-8"
    pageEncoding="utf-8"%>
<!DOCTYPE html PUBLIC "-//W3C//DTD HTML 4.01 Transitional//EN" "http://www.w3.org/TR/html4/loose.dtd">
<html>
<head>
<meta http-equiv="Content-Type" content="text/html; charset=utf-8">
<!-- 引入 ECharts 文件 -->
    <script src="echarts.common.min.js"></script>
<title>Insert title here</title>
</head>
<body>
    test1
</body>
</html>
```

代码详解

代码：<script src="echarts.common.min.js"></script>

说明：引入 ECharts 文件。

5）将 echarts.common.min.js 控件拖入 Eclicse 工程的 webapp 目录下，如图 9-19 所示。

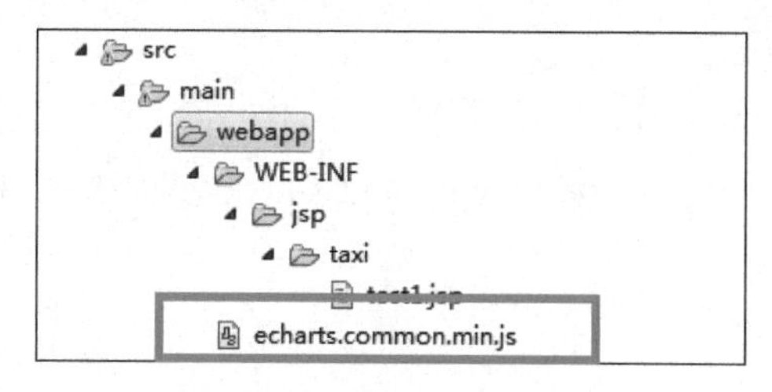

图 9-19　拖入 ECharts 控件

6）绘制一个简单的图表，在绘图前需要为 ECharts 准备一个具备高宽的 DOM 容器。修改 <body></body> 标签内容如下。

```
<body>
    <!-- 为 ECharts 准备一个具备大小（宽高）的 DOM -->
    <div id="main" style="width: 600px;height:400px;"></div>
</body>
```

代码详解

代码：<div id="main" style="width: 600px;height:400px;"></div>

说明：准备一个 div 标签，定义宽度为 600px、高度为 400px。

7）通过 echarts.init 方法初始化一个 ECharts 实例并通过 setOption 方法生成一个简单的柱状图，完整代码如下。柱状图如图 9-20 所示。

```
<%@ page language="java" contentType="text/html; charset=utf-8"
    pageEncoding="utf-8"%>
<!DOCTYPE html PUBLIC "-//W3C//DTD HTML 4.01 Transitional//EN" "http://www.w3.org/TR/html4/
loose.dtd">
<html>
<head>
<meta http-equiv="Content-Type" content="text/html; charset=utf-8">
<script src="echarts.common.min.js"></script>
<title>Insert title here</title>
</head>
<body>
    <!-- 为 ECharts 准备一个具备大小（宽高）的 Dom -->
    <div id="main" style="width: 600px;height:400px;"></div>
    <script type="text/javascript">
        // 基于准备好的 Dom 初始化 ECharts 实例
        var myChart = echarts.init(document.getElementById('main'));
        // 指定图表的配置项和数据
        var option = {
            title: {
                text: 'ECharts 入门示例'
            },
            tooltip: {},
            legend: {
                data:['销量']
            },
            xAxis: {
                data: ["衬衫","羊毛衫","雪纺衫","裤子","高跟鞋","袜子"]
            },
            yAxis: {},
            series: [{
                name: '销量',
```

```
                type: 'bar',
                data: [5, 20, 36, 10, 10, 20]
            }]
        };
        // 使用刚指定的配置项和数据显示图表
        myChart.setOption(option);
    </script>
</body>
</html>
```

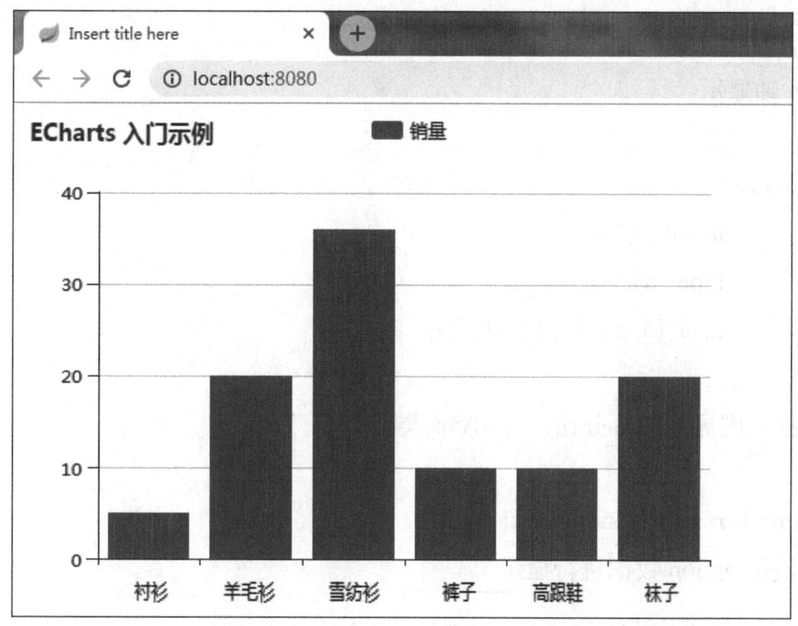

图 9-20　柱状图

代码详解

代码：<script type="text/javascript"> 代码 </script>

说明：“javascript”是说明让浏览器里面的文本是属于 JavaScript 脚本。

代码：var myChart = echarts.init(document.getElementById('main'));

说明：初始化 ECharts 控件，填充 <div></div> 标签 id 为 main 的内容，所以 <div> 标签的 id 必须一致。

代码：var option ｛代码｝

说明：声明图形内容数据 option，其中包含图形标题、行内容等数据。

代码：title

说明：柱状图标题。

代码：legend
说明：数据名称。

代码：xAxis
说明：x 轴显示。

代码：yAxis
说明：y 轴显示。

代码：series: [{
name: ' 销量 ',
type: 'bar',
data: [5, 20, 36, 10, 10, 20]
}]
说明：柱状图显示的百分比，与 xAxis 类型对应。

代码：myChart.setOption(option);
说明：使用 option 数据进行显示。

5．制作 Taxi 公司收益图

1）在 scr/main/webapp/WEB-INF/jsp/taxi/ 目录下新建一个 test2.jsp 文件，修改代码编码方式为 utf-8，引入“echarts”与“jquery”控件并将其拖进目录下，代码如下，文件目录如图 9-21 所示。

```
<%@ page language="java" contentType="text/html; charset=utf-8"
    pageEncoding="utf-8"%>
<!DOCTYPE html PUBLIC "-//W3C//DTD HTML 4.01 Transitional//EN" "http://www.w3.org/TR/html4/loose.dtd">
<html>
<head>
<meta http-equiv="Content-Type" content="text/html; charset=utf-8">
<script src="echarts.common.min.js"></script>
<script src="jquery-2.2.3.min.js"></script>
<title>Insert title here</title>
</head>
<body>

</body>
</html>
```

2）引入相应的 CSS 文件，使界面更加美观，这里使用 style.css 与 style4.css 两个文件，将 style.css 文件拖入 Eclicse 中（CSS 文件无须自行编写直接引用即可），如图 9-22 所示。

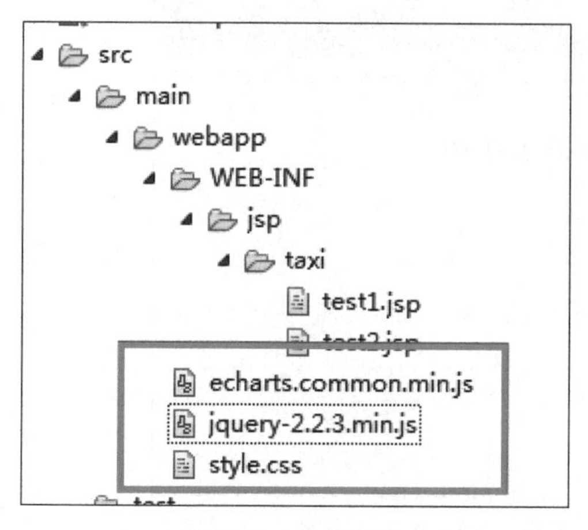

图 9-21　文件目录

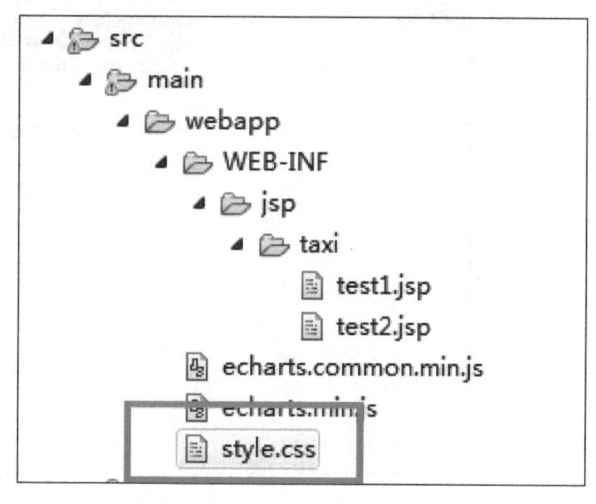

图 9-22　将 CSS 文件拖入工程

3）在 <head></head> 标签中加入引用 CSS 文件的代码，如下。

```
<link href="style.css" rel="stylesheet" type="text/css" media="all" />
```

4）在创建文件完成后开始创造一个收益图容器，代码如下。

```
<div id="content">
   <!-- 创造一个容器，放入 ECharts 图表 -->
       <div class="outer-w3-agile mt-3">
       <h4 class="tittle-w3-agileits mb-4"> 公司收益折线图 </h4>
        <div style="height: 300px;margin: -.5em auto;" id="container">
        </div>
   </div>
</div>
```

代码详解

代码：<div class="outer-w3-agile mt-3">

说明：容器 div 标签使用 style.css 中的 outer-w3ggile 与 mt-3 的 style。

代码：<h4 class="tittle-w3-agileits mb-4"> 公司收益折线图 </h4>

说明：创建一行，显示“公司收益折线图”并使用 tittle-w3-agileits 与 mb-4 的 style。

5）在 TaxiController 层添加代码，使页面可以正常访问，代码如下。

```
@RequestMapping(value = {"/test2"})
    public ModelAndView test2(){
        ModelAndView mv = new ModelAndView();
        mv.setViewName("/taxi/test2");
        return mv;
    }
```

6）查看当前页面的效果，是否正常显示“公司收益折线图”，如图 9-23 所示。

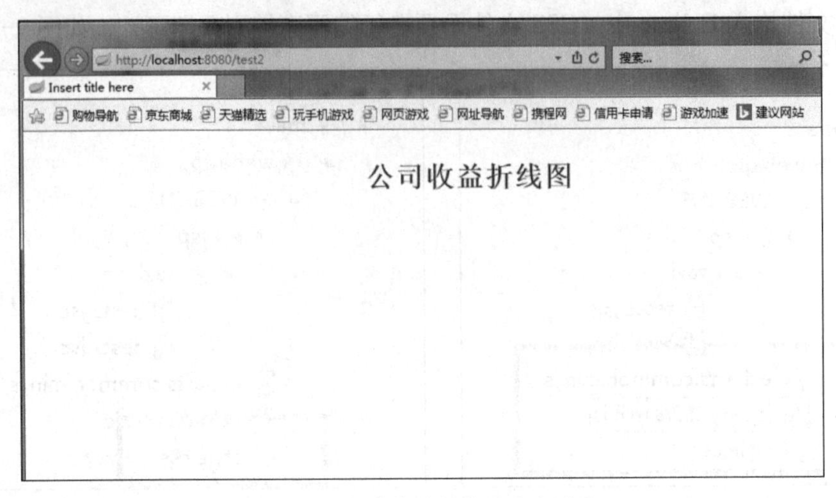

图 9-23　公司收益折线图文字效果

7）编写 ECharts 代码，如下。

```
// 基于准备好的 DOM，初始化 ECharts 实例
  var myChart = echarts.init(document.getElementById('container'));
     var option = {
          title: {
               text: ''
          },
          tooltip: {
               trigger: 'axis'
          },
          xAxis: {
              name:' 时间 ',
               type: 'category',
               data: [' 周一 ',' 周二 ',' 周三 ','周四 ',' 周五 ',' 周六 ',' 周日 '],
               splitLine: { // 设置 X 轴的网格
                    show: false,
               },
               splitArea:{
                    show: false ,
                    areaStyle:{
                         color: ['black']
                    }

               },
               axisLine: { // 设置 X 轴的颜色
                    lineStyle: {
                         color: 'black'
                    }
               }
```

```
        },
        yAxis: {
            name:' 收益 / 美元 ',
              type: 'value',
              splitLine: { // 设置 X 轴的网格
                     show: true,
                     lineStyle:{
                            color: 'black'
                     }

              },
              axisLine: { // 设置 Y 轴的颜色
                     lineStyle: {
                            color: "black"
                     }
              }
        },
        series: [{
              name: ' 总收益 ',
              type: 'line',
              stack: ' 总量 ',
              smooth: true, // 点与点之间的幅度 , false 为直线
              data: [120, 132, 101, 134, 90, 230, 210],
              itemStyle: {
                     normal: {
                            areaStyle: {
                                   color : '#47BBF6'
                            },
                            lineStyle:{
                                   color : "#47BBF6",
                            },
                            borderColor:{
                                   color: '#47BBF6'
                            }
                     },
                     emphasis:{
                            color: '#47BBF6',
                            borderColor:{
                                   color: '#47BBF6'
                            }
                     },
              }
        }]
};
myChart.setOption(option);
</script>
```

代码详解

代码：series: {…type: 'line'…}

说明：type 表示图表类型，line 表示折线图。

ECharts 控件属性比较多，如果要深入了解，可以在官网中进行了解。

8）代码编写完成后，访问 http://localhost:8080/test2 查看效果，如图 9-24 所示。

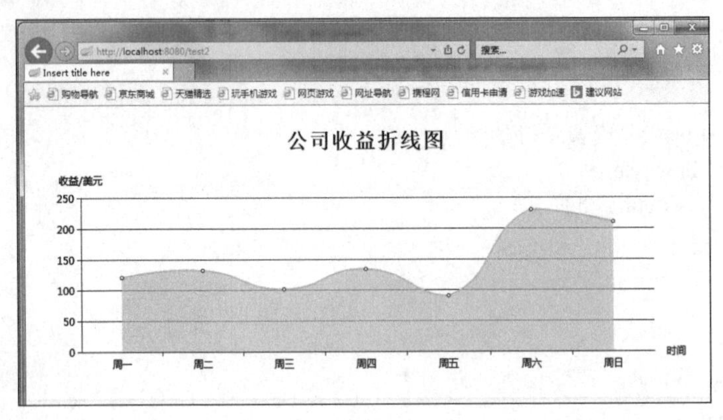

图 9-24　ECharts 折线图

6. 收益图在后端访问数据

1）在 MySQL 数据库中新建一个数据库名称为 taxi 的数据库，执行 time_revenue.sql 生成对应的数据，如图 9-25 所示。

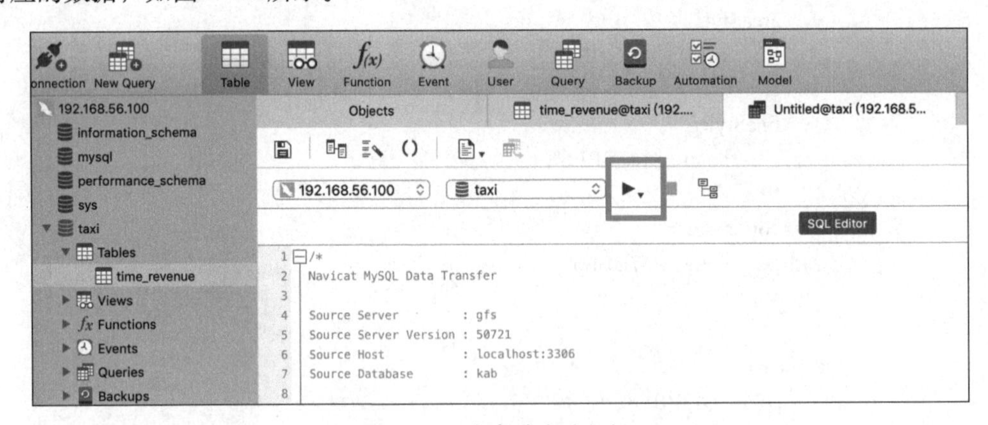

图 9-25　生成对应的数据

2）编写 Dao 层代码，添加数据库查询代码，代码如下。

```
package com.newland.dao;
import java.util.List;
import java.util.Map;
import org.springframework.beans.factory.annotation.Autowired;
import org.springframework.jdbc.core.JdbcTemplate;
import org.springframework.stereotype.Repository;
@Repository
```

```
public class TaxiDao {

    private JdbcTemplate jdbcTemplate;

    @Autowired
    public void setJdbcTemplate(JdbcTemplate jdbcTemplate) {
        this.jdbcTemplate = jdbcTemplate;
    }
    private  static String queryIncome_sql="select * from time_revenue";

    public List<Map<String, Object>> queryIncome() {
                List<Map<String, Object>> list=jdbcTemplate.queryForList(queryIncome_sql);
        return list;
    }
}
```

3）编写 Service 代码，调用 Dao 层查询代码，代码如下。

```
package com.newland.Service;
import java.util.List;
import java.util.Map;
import org.springframework.beans.factory.annotation.Autowired;
import org.springframework.stereotype.Service;
import com.newland.dao.TaxiDao;
@Service
public class TaxiService {
    private TaxiDao taxiDao;
    @Autowired
    public void setpoliceDao(TaxiDao taxiDao) {
        this.taxiDao = taxiDao;
    }
    public List<Map<String, Object>> queryIncome() {
        return taxiDao.queryIncome();
    }

}
```

4）编写 Controller 层代码，调用 Service 层代码，代码如下。

```
package com.newland.controller;

import java.util.List;
import java.util.Map;
import org.springframework.beans.factory.annotation.Autowired;
import org.springframework.web.bind.annotation.RequestMapping;
import org.springframework.web.bind.annotation.RestController;
import org.springframework.web.servlet.ModelAndView;
import com.newland.Service.TaxiService;

@RestController
```

```
public class TaxiController {
    private TaxiService taxiService;
    @Autowired
    public void setIndexService(TaxiService taxiService) {
        this.taxiService = taxiService;
    }
    @RequestMapping(value = {"/"})
    public ModelAndView Taxi(){
        ModelAndView mv = new ModelAndView();
        mv.setViewName("/taxi/test1");
        return mv;
    }
    @RequestMapping(value = {"/test2"})
    public ModelAndView test2(){
        ModelAndView mv = new ModelAndView();
        mv.setViewName("/taxi/test2");
        return mv;
    }
    @RequestMapping(value = {"/taxi/queryIncome"})
    public List<Map<String, Object>> queryIncome(){
            return this.taxiService.queryIncome();
    }
}
```

代码详解

代码：@RequestMapping(value = {"/test2"})

说明：表示浏览器中输入的地址，如 http://localhost:8080/test2。

代码：mv.setViewName("/taxi/test2");

说明：表示返回的具体页面地址。

5）修改 application.propertites 文件，使 MySQL 可以正常连接，如图 9-26 所示。

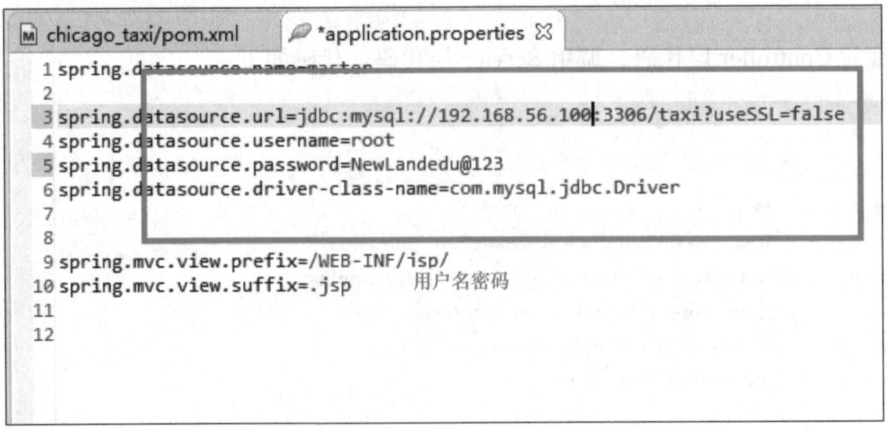

```
chicago_taxi/pom.xml    *application.properties
1 spring.datasource.name=master
2
3 spring.datasource.url=jdbc:mysql://192.168.56.100:3306/taxi?useSSL=false
4 spring.datasource.username=root
5 spring.datasource.password=NewLandedu@123
6 spring.datasource.driver-class-name=com.mysql.jdbc.Driver
7
8
9 spring.mvc.view.prefix=/WEB-INF/jsp/
10 spring.mvc.view.suffix=.jsp
11
12
```

用户名密码

图 9-26　修改数据库

6）设置好后端之后，开始修改前端代码使之正常获取后端数据，在 test2.jsp 文件 <script></script> 标签中加入如下代码，删除之前的 myChart.setOption(option)；代码。

```
function loadData(){
$.getJSON("<%=basePath%>/taxi/queryIncome",function(data){

                myChart.setOption(option);
            });
        }
    $(function(){
        loadData();
    });
```

代码详解

代码：loadData();

说明：当加载 test2.jsp 页面时，会先调用 loadData() 方法，此时 $.getJSON() 根据 URL 路径前往后台访问数据库。

7）由于 basePath 未被定义，程序报错，在 test2.jsp 文件开头中添加 basePath 变量的定义，代码如下。

```
<%String basePath = request.getContextPath();%>
```

8）再次修改代码，获取数据并填充数据。

```
$.getJSON("<%=basePath%>/taxi/queryIncome", function(data){
            var xAxisData=[];
        for(var i = 0; i < data.length; i++){
                // 填充 X 轴数据
          xAxisData.push(data[i].time);
        };
          option.xAxis.data=xAxisData;
          var seriesData=[];
          for(var i = 0; i < data.length; i++){
          // 填充折线上的数据
           seriesData.push(data[i].revenue);
                };
            option.series[0].data=seriesData;
        // 使用指定的配置项和数据显示图表
        myChart.setOption(option);
    });
```

9）执行程序，查看效果，如图 9-27 所示。

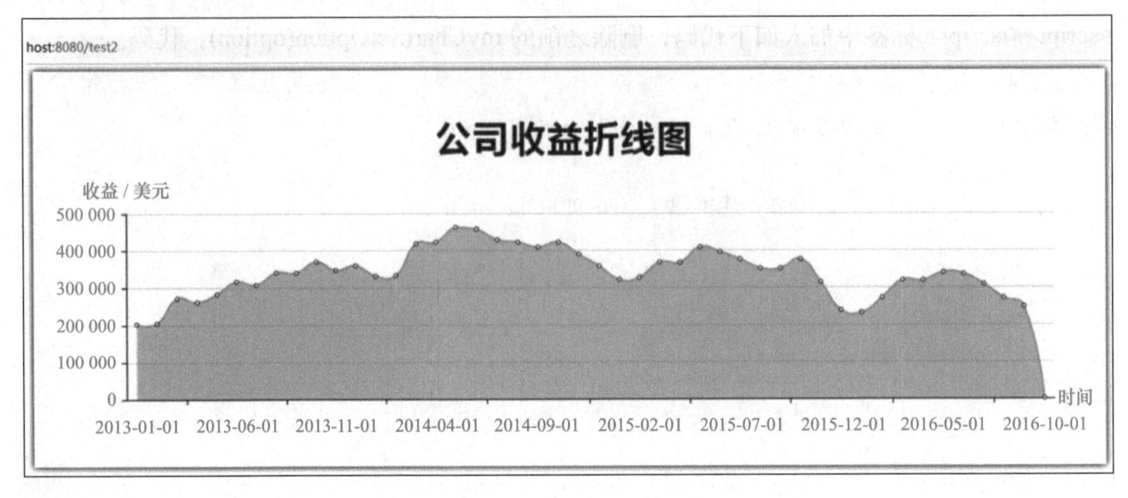

图 9-27　公司收益折线图

9.3 思考练习

1）使用 ECharts 编写代码作出如图 9-28 所示的饼图。

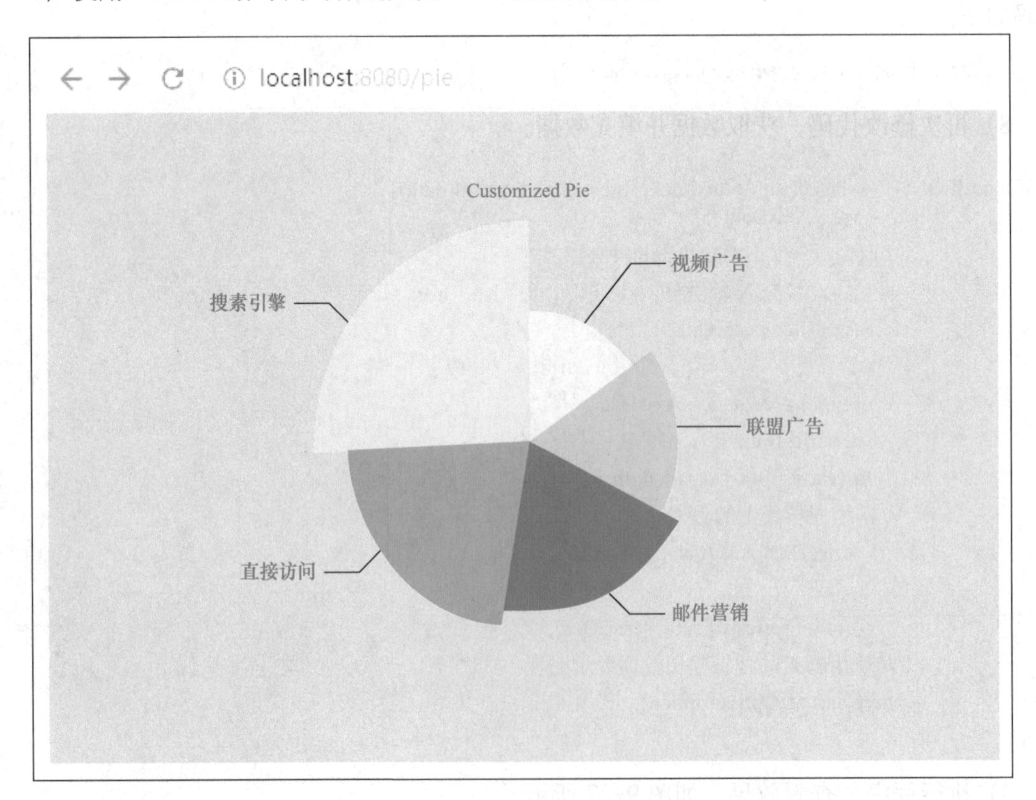

图 9-28　饼图

2）使用 ECharts 编写代码作出如图 9-29 所示的仪表盘。

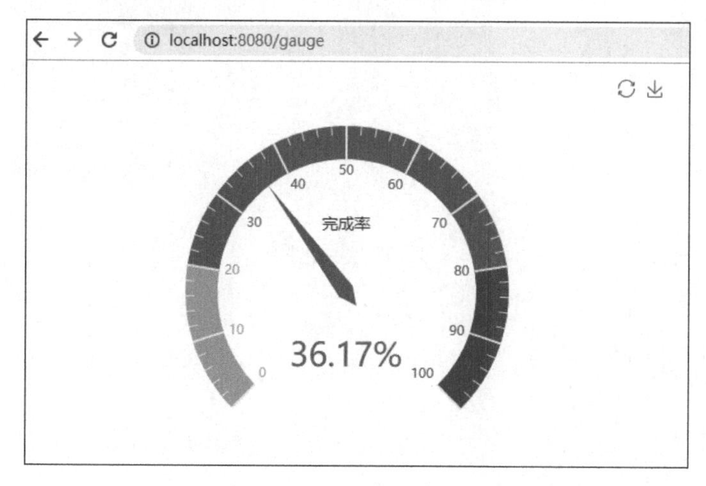

图 9-29　仪表盘

Chapter 10

第10章 某市出租车项目综合编程实践

本章简介

本章将从设计一个整体项目出发，从项目整体需求分析到项目整体架构设计及技术选型、生产环境规划、数据ETL、前端开发、后端开发、发布部署一步步展示，实现一个完整项目的开发工作。部分代码无须自行编写，可直接在配套资源中找到即可使用。

学习目标

1）掌握项目分析技巧。

2）掌握使用Python语言进行数据提取转换的方法。

3）掌握使用Python语言进行数据过滤的方法。

4）掌握使用Python语言进行数据填充的方法。

5）掌握使用Java语言进行MapReduce数据分析的方法。

6）掌握使用Spring Boot进行数据可视化的方法。

10.1 项目整体需求分析

1. 项目背景

从出租车公司与乘客的利益出发，出租车管理部门非常重视乘客等候时间，在我国部分地区每年都要针对出租车市场的乘客等待时间进行大数据采集和分析工作，并用于指导城市出租车政策的制定。这些工作包括为出租车营运公司提供本公司出租车总体指标（投放量、客运量、营运额、收益等）作为公司决策支持，为交管部门提供出租车行业总体指标和拥堵分析，为乘客打车提供各类数据参考。通过可视化图表输出可以对市域范围内出租车供应、需求、乘客等候时间等指标进行全局观察，将分析的结果数据通过网页可视化的方式进行呈现，以提高出租车司机的营运效率和服务质量。

项目有 4 个用户看板，通过 4 个不同类型的用户登入而产生不同的用户看板，其中包括交管部门看板、出租车公司看板、司机看板、乘客看板。由于项目较大，代码较多，4 个看板使用到的技术重复率高，其中出租车交管部门最具有综合性，用到的技术比较全面，故本项目主要以出租车交管部门一个子看板作为开发重点进行介绍讲解，如图 10-1 所示。

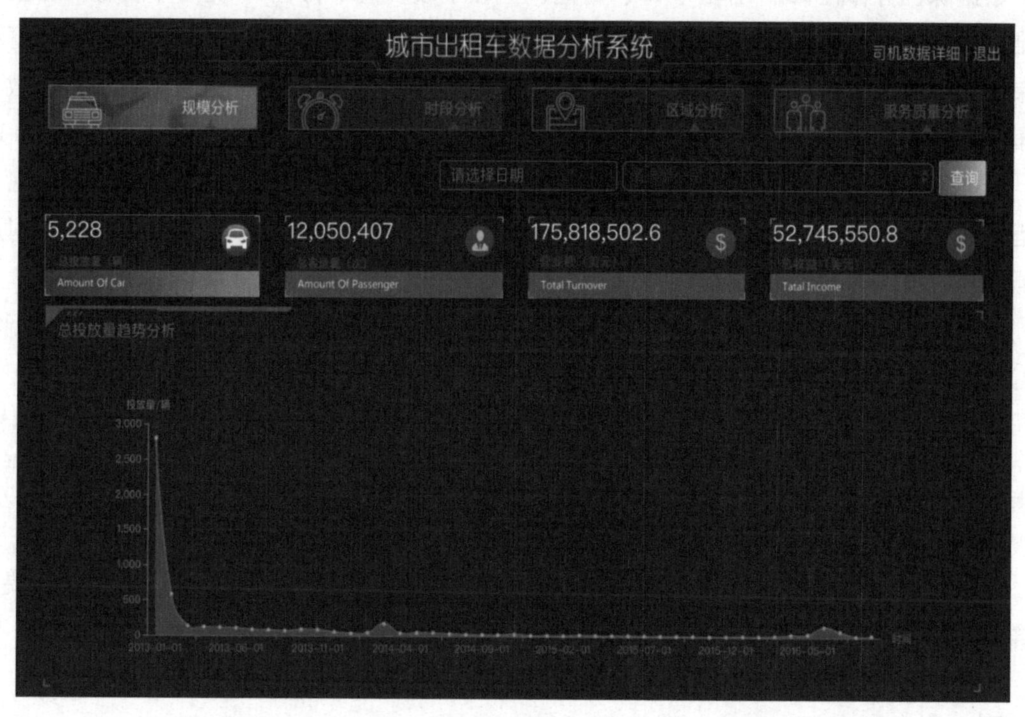

图 10-1 交管看板

2. 项目需求

交管看板方便交管人员实时方便查看当前出租车的运营情况。交管看板的设计包括 3 个 MapReduce 数据分析处理，2 个数据可视化页面。

MapReduce 数据分析处理：

1）公司 24h 时段统计：统计订单量、营业额、行程里长和行程时长，并保留小数点后一位或两位有效数字。

2）热力图数据统计：统计相同区域、公司的进度与区域的数量。

3）公司每月车辆投放量统计：统计出租车公司每月的车辆投放量。

数据可视化：

1）时段分析：通过 ECharts 图形控件输出拥堵时段分析、打车高峰期时段分析（客运量）、打车高峰期时段分析（营业额）。

2）热力图：将热力图数据统计的经度与纬度信息，使用 Heatmap_min 热力图控件进行显示。

3．数据源介绍

项目所使用的数据为某市 2013 年 1 月至 2016 年 10 月的出租车行驶记录数据，共 13 572 640 条出租车出行记录，文件类型为 CSV 文件。数据文件较大，从中提取了前 10 000 行作为数据源，文件名称为 taxi_top10000.csv，可以在配套资源目录中查找该数据源。

数据源包含行程 ID、出租车 ID、时间、里程字段，其中行程 ID 为每个行程均会生成的唯一标识符，出租车 ID 为该出租车的唯一标识符，行程开始时间为乘客上车时间，行程结束时间为乘客下车时间，里程时间为乘客在车内总时间，里程数为出租车行驶里程数。上车普查区、下车普查区、上车地区、下车地区的数据，其中普查区为普查区所对应的 ID 号，记录行程对应的金额，计费金额、通行费、附加费、总金额、支付方式和租车公司信息。行程经纬度信息，根据该信息可准确定位出上车、下车所在的区域，可使用该数据生成对应区域的热力图。

需要使用数据 ETL 方法将原始数据进行处理得到需要的数据。原始数据的其中一行如下，其中包含许多错误的数据需要清除。

```
3c83c2af43696c784efd0304579b0fdf13674e50,307368a486aa72cf3b0c02ca491d624bee8bb0bd38ea7c939f9914856ca88d7204777999119769d594fa377b436333a070d29212bb02d8d8b9288b14788b3faf,10/02/2014 10:15:00 AM,840,0.3,32,3,15.65,0.00,0.00,1.00,16.65,Blue Ribbon Taxi Association Inc.,41.884987192,-87.620992913,41.962178629,-87.645378762
```

本项目所需要的数据与第 2 章的数据一样，所以不做更加详细的说明，如读者需要更加详细的数据源介绍可以参考第 2 章的内容。

10.2 项目架构

1．系统模块设计图

通过对出租车行驶记录数据的分析，总体项目架构可概括为 3 层：ETL 层、数据层和展示层。基于这 3 个层，使用 MapReduce、Sqoop、HDFS、MySQL 和 Spring Boot 等技术实现整个项目系统，如图 10-2 所示。

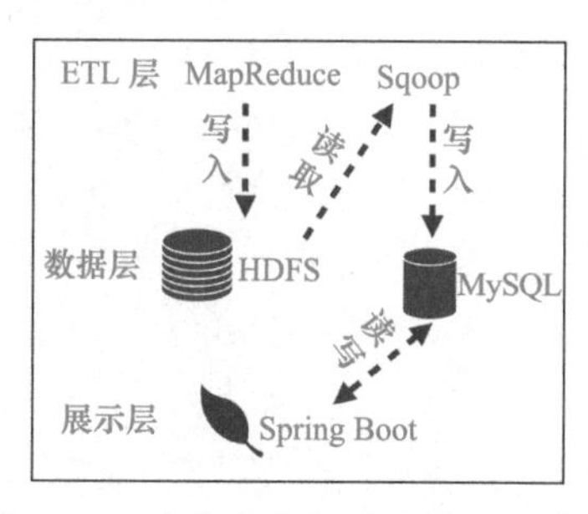

图 10-2　出租车分析系统模块设计图

2．所需软件

本项目考虑到平台软件的代表性与稳定性，推荐使用以下软件版本组合，具体集群系统的详细软件版本名称，见表 10-1。

表 10-1　所需软件版本集合

软件分类	软件名称及版本
集群操作系统	CentOS Linux 4
虚拟集群	VirtualBox 5.2
编程语言	Java、Python 2.7
编程工具	Eclipse 4.7.3a、PyCharm、Maven 3.5、Sping Boot
Hadoop 集群相关软件	hadoop-2.7.5、Jdk1.8、sqoop-1.4、hbase-1.2.6、zookeeper-3.4.11、hive-1.2.2、spark-2.3
数据库	MySQL 5.7

10.3 数据 Extract——提取格式转换

由于原始数据比较大，本次只抽取 10 000 行数据作为数据源进行分析。读者也可将本章的数据源替换成原始数据自行学习。

在提取数据前，可以看到最原始的数据是 CSV 文件格式，在之前学习的数据提取中，曾经用过 Python 对 CSV 文件进行处理，现在需要将 CSV 格式的文件获取回来，并输出成普通的文本文件。

使用 Python 中自带的 CSV 模块，先获取每行的数据，然后将数据输出成普通文件，代码如下。

```
import csv

# 输入文档地址，输出文档地址
input_path = 'c:/taxi_top10000.csv'
output_path = 'c:/output_taxi'
# 打开 CSV 文档
input_file = csv.reader(open(input_path,'r'))
```

```
output_path = open(output_path,mode='w')
count = 0
# 循环遍历数据
for f in input_file:
    result = ''
    for i in f:
        result = result + i + ','
    result = result[:result.__len__()-1]
    result = result + '\n'
    output_path.write(result)

output_path.close()
```

代码详解

代码：

```
for f in input_file:
    result = ''
    for i in f:
        result = result + i + ','
    result = result[:result.__len__()-1]
    result = result + '\n'
    output_path.write(result)
```

说明：嵌套循环遍历内容，首先获取 CSV 一行的数据，但输出的数据为 list 列表数据，所以需要再次遍历 list 列表，获取每个字段的内容，并以逗号（','）进行隔开，一行结束后加入“\n”换行符表示换行，最后将数据写入文本中。

10.4 数据 Transform——数据过滤

在数据提取完成后，看到原始数据的第一个字段行程 ID、与出租车 ID 数据十分复杂冗长，需要将该数据进行简化得到一个简单又可以表示 ID 的数据。

初始数据：

```
3c83c2af43696c784efd0304579b0fdf13674e50,307368a486aa72cf3b0c02ca491d624bee8bb0bd38ea7c939f9914856ca88d7204777999119769d594fa377b436333a070d29212bb02d8d8b9288b14788b3faf,10/02/2014 10:15:00 AM,840,0.3,32,3,15.65,0.00,0.00,1.00,16.65,Blue Ribbon Taxi Association Inc.,41.884987192,-87.620992913,41.962178629,-87.645378762
```

清洗后的数据：

```
2,0,05/24/2014 06:30:00 PM,600,1.7,7,6,7.85,0.00,0.00,2.50,10.35,,41.921778188,-87.651061884,41.94258518,-87.656644092
```

对比初始数据与清洗后的数据，可见数据得到了很大的简化，并与原来的数据含义保持一致。代码使用了三次循环分别对第一个字段、第二个字段进行过滤，其中第二个字段为用户 ID，属于重复字段，故需要将重复字段进行累加。使用字典的方式临时记录下来，每次都进行一次遍历判断是否存在一样的 ID，如果一样则直接将 ID 所在的列表序列作为 ID 号赋值，如果不一样则添加至临时列表中存储，完整代码如下。

```
#coding=utf-8

input_path = '/Users/LostXiu/Desktop/output_taxi'
output_path = '/Users/LostXiu/Desktop/output_taxi2'

id_list = []

num_count = 1
input_file  = open(input_path,mode='r')
output_file = open(output_path,mode='w')
# 获取所有行数据
lines = input_file.readlines()

for line in lines:
    # 过滤第一行
    if (num_count > 1):
        flag = True
        count = 0
        list = line.split(',')
        # 遍历查看是否存在一样的 ID
        for id in id_list:
            # 一样则退出循环并赋值
            if list[1] == id:
                flag = False
                break
            count = count+1

        if flag:
            id_list.append(list[1])

        list[1] = str(count)
        list[0] = str(num_count)
        # 重新生成数据
        result = ''
        for i in list:
            result = result + i + ','
        # 去除尾部符号
        result = result[:result.__len__()-1]
        output_file.write(result)
    num_count  = num_count + 1
input_file.close()
output_file.close()
```

代码详解

代码：

```
if (num_count > 1):
    ……………
    ……………
```

说明：表示遍历将跳过第一行，原始数据的第一行不是有用的数据，所以需要跳过。

代码：

```
flag = True
```

说明：flag 为一个标志变量，为下面判断是否有重复的 ID 提供一个标志，如未重复则 flag 为 True，重复则为 False。

代码：

```
if flag:
    id_list.append(list[1])
```

说明：如果未重复，flag 为 True，将未重复的 ID 加入 ID 列表中存储。

代码：

```
for i in list:
    result = result + i + ','
```

说明：最后将清洗后的数据重新组合在一起进行输出。

知识补充

Python break 语句

Python break 语句类似于 C 语言中打破了 for 循环或 while 循环的语句，用来终止循环语句，即使循环条件没有 False 条件或者序列还没被完全递归完，也会停止执行循环语句。

代码：

```
#coding=utf-8
for letter in 'Python':
    if letter == 'h':
        break
    print '当前字母 :', letter
```

结果：

```
/Users/LostXiu/PycharmProjects
当前字母:
P
当前字母:
y
当前字母:
t
```

说明：当 letter 遍历到 h 时，break 表示退出循环，所以当遍历到字母 h 时退出循环，不再打印字母。

Python continue 语句

Python continue 语句用于跳出本次循环，告诉 Python 跳过当前循环的剩余语句，继续进行下一轮循环。

代码：

```
#coding=utf-8
for letter in 'Python':
    if letter == 'h':
      continue
    print ' 当前字母 :', letter
```

结果：

```
/Users/LostXiu/PycharmProjects/re
当前字母:
P
当前字母:
y
当前字母:
t
当前字母:
o
当前字母:
n
```

说明：当 letter 遍历到 h 时，continue 表示跳过本次循环不退出，所以跳过了输出当前字母的代码。

10.5 数据 Transform——补充空数据

数据过滤之后，发现原有数据中有的公司字段为空，为了让数据充分发挥最大价值，可以使用 Python 代码在空的公司字段中补充随机数进行存储，代码如下。

```
#coding=utf-8
import random
input_path = '/Users/LostXiu/Desktop/output_taxi2'
output_path = '/Users/LostXiu/Desktop/output_taxi3'

input_file = open(input_path,mode='r')
output_file = open(output_path,mode='w')

list = input_file.readlines()

# 遍历获取所有公司名称
company_list = []
for l in list:
    r_list = l.split(',')
    if r_list[12] not in company_list and r_list[12] != '':
        company_list.append(r_list[12])
# 遍历替换名称为空的公司，采用随机替换
for l in list:
    result = ''
    r_list = l.split(',')
    if r_list[12] == '':
        # 生成随机数
        r_list[12] = company_list[random.randint(0,company_list.__len__())-1]
    for i in r_list:
        result = result + i + ','
    result = result[:result.__len__() - 1]
    output_file.write(result)

input_file.close()
output_file.close()
```

方法详解

方法：random.randint(1,20)

作用：生成整型随机数，从 1 ～ 20。

参数 1：开始的数字。

参数 2：结束的数字。

代码详解

代码：

```
if r_list[12] not in company_list and r_list[12] != '':
    company_list.append(r_list[12])
```

说明：如果 r_list[12] 不存在 company_list 列表中，并且 r_list[12] 不为空，则保存在

company_list 列表中。

代码：

```
if r_list[12] == '':
    # 生成随机数
    r_list[12] = company_list[random.randint(0,company_list.__len__())-1]
```

说明：如果 r_list[12] 为空，则在 company_list 列表中随机选择一个进行填充，范围为 0 ～ company_list。

10.6 数据 Load——文件 HDFS 存储

在得到清洗的数据后，需要将文件上传至集群中的 HDFS 进行存储，为接下来的 MapReduce 提供文件，上传步骤如下。

1）开启 Hadoop 集群环境，命令如下。

```
# 开启集群环境
start-all.sh
```

2）退出 HDFS 安全模式，目录如下。

```
# 退出安全模式
hadoop dfsadmin -safemode leave
```

3）测试 HDFS 是否正常运行，命令如下，结果如图 10-3 所示。

```
# 创建一个 test 文件夹
hadoop fs -mkdir /test
# 查看文件列表
hadoop fs -ls /
```

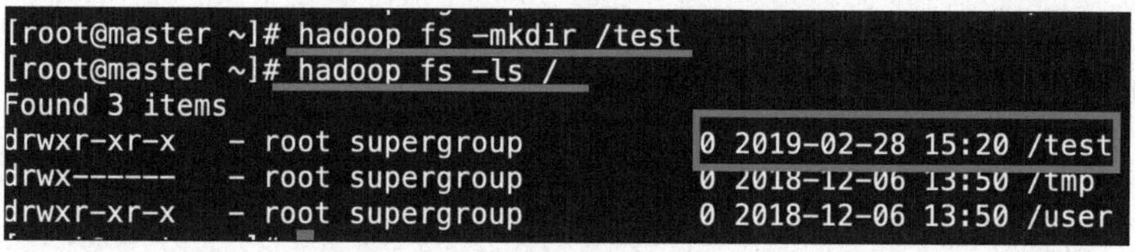

```
[root@master ~]# hadoop fs -mkdir /test
[root@master ~]# hadoop fs -ls /
Found 3 items
drwxr-xr-x   - root supergroup          0 2019-02-28 15:20 /test
drwx------   - root supergroup          0 2018-12-06 13:50 /tmp
drwxr-xr-x   - root supergroup          0 2018-12-06 13:50 /user
```

图 10-3　创建成功

4）使用 xftp 将文件传输至服务器，再利用 put 命令上传过滤后的文件 output_taxi2，命令如下，结果如图 10-4 所示。

```
# 上传文件
hadoop fs -put /
# 查看文件列表
hadoop fs -ls /
```

```
[root@master home]# hadoop fs -put output_taxi2 /
[root@master home]# hadoop fs -ls /
Found 4 items
-rw-r--r--   1 root supergroup    1338495 2019-02-28 15:27 /output_taxi
drwxr-xr-x   - root supergroup          0 2019-02-28 15:20 /test
drwx------   - root supergroup          0 2018-12-06 13:50 /tmp
drwxr-xr-x   - root supergroup          0 2018-12-06 13:50 /user
```

图 10-4　上传成功

10.7 数据 Transform——MapReduce

在得到清洗的数据后，就可以进行 MapReduce 得到最后的数据。本项目可分为 3 个模块进行，包括热力图数据 MapReduce、公司 24h 时段分析 MapReduce、公司每月车辆投放量 MapReduce。下面开始逐一编写。

1．热力图数据统计

1）新建一个包 com.newland.heat_map，并新建一个类 HeatMapMR，在该类中添加 import 引用库文件，代码如下。

```
package com.newland.heat_map;

import java.io.IOException;
import org.apache.hadoop.conf.Configuration;
import org.apache.hadoop.fs.Path;
import org.apache.hadoop.io.LongWritable;
import org.apache.hadoop.io.NullWritable;
import org.apache.hadoop.io.Text;
import org.apache.hadoop.mapreduce.Job;
import org.apache.hadoop.mapreduce.Mapper;
import org.apache.hadoop.mapreduce.Reducer;
import org.apache.hadoop.mapreduce.lib.input.FileInputFormat;
import org.apache.hadoop.mapreduce.lib.output.FileOutputFormat;
```

2）编写 HeatMapMapper 实体类，代码如下。

```
    public static class HeatMapMapper extends Mapper<LongWritable, Text, Text, LongWritable> {
        // 重写 Map 方法
        @Override
        protected void map(LongWritable key, Text value, Mapper<LongWritable, Text, Text, LongWritable>.
Context context)
                throws IOException, InterruptedException {

            // 每次读取一行数据
            String line = value.toString();
            // 切割字符串 "," 代表制表符
            String[] fields = line.split(",");
            // 经分析，fields 的长度大于 14 的有所要分析的数据
```

```
            if (fields.length >= 14) {
                // 对区域不为空的行进行分析
                if (!("").equals(fields[5])) {
                    // 获取公司字段
                    String company = fields[12];
                    // 获取区域字段
                    String region = fields[5];
                    // 获取经度字段
                    String lng = fields[14];
                    // 获取纬度字段
                    String lat = fields[13];
                    // 发送数据到 reduce
                    context.write(new Text(company + "," + "B" + region + "," + lng + "," + lat), new LongWritable(1));
                }
            }

        }
    }
```

3）编写 HeatMapReducer 实体类，代码如下。

```
    public static class HeatMapReducer extends Reducer<Text, LongWritable, Text, NullWritable> {
        @Override
        protected void reduce(Text key, Iterable<LongWritable> values, Reducer<Text, LongWritable, Text,
NullWritable>.Context context)
                throws IOException, InterruptedException {
            // 定义初始变量为 0
            long counter = 0;
            // 对 key 相同的小费进行统计
            for (LongWritable v : values) {
                // v.get(); 把 LongWritable 转换成 long 类型
                counter += v.get();
            }
            // 输出 （company time counter）
            context.write(new Text(key + "," + counter), null);
        }
    }
```

4）编写 HeatMapCount 实体类，代码如下。

```
public static void main(String[] args){
    try {
        // 1. 获取 job
        Configuration conf = new Configuration();
        Job job = Job.getInstance(conf);
        // 2. 指定 job 使用的类
        job.setJarByClass(HeatMapMR.class);
        // 3. 设置 Mapper 的属性
        job.setMapperClass(HeatMapMapper.class);
```

```
            // 3.1 设置 Mapper 输出的 Key 的属性
            job.setMapOutputKeyClass(Text.class);
            // 3.2 设置 Mapper 输出的 Value 的属性
            job.setMapOutputValueClass(LongWritable.class);
            // 4. 设置输入文件
            FileInputFormat.setInputPaths(job, new Path("/output_taxi3"));
            // 5. 设置 Reducer 的属性
            job.setReducerClass(HeatMapReducer.class);
            // 5.1 设置 Reducer 输出的 Key 的属性
            job.setOutputKeyClass(Text.class);
            // 5.2 设置 Reducer 输出的 Value 的属性
            job.setOutputValueClass(NullWritable.class);
            // 6. 设置输出文件夹
            FileOutputFormat.setOutputPath(job, new Path("/heat_map"));
            // 7. 提交 true, 提交的时候打印日志信息
            job.waitForCompletion(true);
        } catch (Exception e) {
            //e.printStackTrace() 会打出详细异常 : 异常名称、出错位置 , 便于调试
            e.printStackTrace();
        }
    }
```

5）生成 jar 文件，运行查看结果是否正确，如图 10-5 所示。

```
[root@master home]# hadoop fs -cat /heat_map/part-r-00000
,B10,-87.804532006,41.985015101,3
,B11,-87.771166703,41.978829526,4
,B13,-87.723583185,41.983636307,1
,B14,-87.721559063,41.968069,8
,B15,-87.747154322,41.942488155,1
,B15,-87.763399032,41.954027649,3
,B16,-87.72345239,41.953582125,11
,B16,-87.730684255,41.949974454,1
,B19,-87.765501609,41.927260956,1
,B2,-87.695012589,42.001571027,16
,B21,-87.711210593,41.938666196,10
,B22,-87.671445766,41.91922505,2
```


图 10-5　输出结果

2．公司 24h 时段统计

1）新建一个包 com.newland.time_analysis_all，新建一个类 TimeAnalysisAllCount，在该类中添加 import 引用库文件，代码如下。

```
package com.newland.time_analysis_all;

import java.io.DataInput;
import java.io.DataOutput;
import java.io.IOException;
```

```
import org.apache.hadoop.conf.Configuration;
import org.apache.hadoop.fs.Path;
import org.apache.hadoop.io.LongWritable;
import org.apache.hadoop.io.Text;
import org.apache.hadoop.io.WritableComparable;
import org.apache.hadoop.mapreduce.Job;
import org.apache.hadoop.mapreduce.Mapper;
import org.apache.hadoop.mapreduce.Reducer;
import org.apache.hadoop.mapreduce.lib.input.FileInputFormat;
import org.apache.hadoop.mapreduce.lib.output.FileOutputFormat;
```

2）自定义 TimeAnalysisAllBean 实体类，代码如下。

```
public static class TimeAnalysisAllBean implements WritableComparable<TimeAnalysisAllBean> {
        // 小时
        public String hour;
        // 订单量
        public int tripQuantity;
        // 营业额
        public double company_earn;
        // 行程里长
        public double mailTotal;
        // 行程时间
        public double timeTotal;

        public TimeAnalysisAllBean() {
            super();
        }

        public TimeAnalysisAllBean(String hour, int tripQuantity, double company_earn, double mailTotal,
                double timeTotal) {
            super();
            this.hour = hour;
            this.tripQuantity = tripQuantity;
            this.company_earn = company_earn;
            this.mailTotal = mailTotal;
            this.timeTotal = timeTotal;
        }

        // 反序列化
        @Override
        public void readFields(DataInput in) throws IOException {
            this.hour = in.readUTF();
            this.tripQuantity = in.readInt();
            this.company_earn = in.readDouble();
            this.mailTotal = in.readDouble();
            this.timeTotal = in.readDouble();
        }
```

```
//序列化
@Override
public void write(DataOutput out) throws IOException {
    out.writeUTF(hour);
    out.writeInt(tripQuantity);
    out.writeDouble(company_earn);
    out.writeDouble(mailTotal);
    out.writeDouble(timeTotal);

}

public String getHour() {
    return hour;
}

public void setHour(String hour) {
    this.hour = hour;
}

public int getTripQuantity() {
    return tripQuantity;
}

public void setTripQuantity(int tripQuantity) {
    this.tripQuantity = tripQuantity;
}

public double getCompany_earn() {
    return company_earn;
}

public void setCompany_earn(double company_earn) {
    this.company_earn = company_earn;
}

public double getMailTotal() {
    return mailTotal;
}

public void setMailTotal(double mailTotal) {
    this.mailTotal = mailTotal;
}

public double getTimeTotal() {
    return timeTotal;
}

public void setTimeTotal(double timeTotal) {
```

```
        this.timeTotal = timeTotal;
    }

    @Override
    public String toString() {
        return hour + "\t" + tripQuantity + "\t" + company_earn + "\t" + mailTotal + "\t" + timeTotal + "\t";
    }

    // 按照营业额排序
    @Override
    public int compareTo(TimeAnalysisAllBean bean) {
        if (this.getCompany_earn() > bean.getCompany_earn()) {
            return 1;
        } else {
            return -1;
        }
    }
}
```

3）自定义 TimeAnalysisAllMapper 实体类，代码如下。

```
public static class TimeAnalysisAllMapper extends Mapper<LongWritable, Text, Text, TimeAnalysisAllBean> {

    @Override
    protected void map(LongWritable key, Text value,
            Mapper<LongWritable, Text, Text, TimeAnalysisAllBean>.Context context)
            throws IOException, InterruptedException {

        // 每次读取一行数据
        String line = value.toString();
        // 用 "," 切割字符串
        String[] fields = line.split(",");
        // 获取时间字段
        String Timestamp = fields[2];
        // 获取 " " 索引
        int a1 = Timestamp.indexOf(" ");
        int a2 = Timestamp.indexOf(" ", a1 + 1);
        // 获取小时
        String hour = Timestamp.substring(a1 + 1, a1 + 3);
        // 转换为 int 类型
        int hour2 = Integer.valueOf(hour).intValue();
        // 获取 "AM" 或者 "PM"
        String s1 = Timestamp.substring(a2 + 1);
        // 将 12h 制改为 24h 制
        if (s1.equals("PM")) {
          hour2 += 12;
        }
```

```
            if (hour2 == 24) {
              hour2 = 0;
            }
            // 定义一行为一个订单
            int tripQuantity = 1;
            // 判断行程里数、行程时长和营业额是否为空，若为空则赋值为 0，否则获取相应数据
            if (("").equals(fields[3]) || ("").equals(fields[4]) || ("").equals(fields[11])) {
              // 行程里数赋值为 0
              double mailTotal = Double.valueOf(0);
              // 行程时长赋值为 0
              double timeTotal = Double.valueOf(0);
              // 营业额赋值为 0
              double company_earn = Double.valueOf(0);
              // 发送数据
              TimeAnalysisAllBean bean = new TimeAnalysisAllBean(String.valueOf(hour2), tripQuantity,
company_earn,
                      mailTotal, timeTotal);
              context.write(new Text(bean.getHour()), bean);
            } else {
              // 获取行程里数数据
              double mailTotal = Double.valueOf(fields[4]);
              // 获取行程时长数据
              double timeTotal = Double.valueOf(fields[3]);
              // 获取营业额数据
              double company_earn = Double.valueOf(fields[11]);
              // 发送数据
              TimeAnalysisAllBean bean = new TimeAnalysisAllBean(String.valueOf(hour2), tripQuantity,
company_earn,
                      mailTotal, timeTotal);
              context.write(new Text(bean.getHour()), bean);
            }

        }
    }
```

4）自定义 TimeAnalysisAllReducer 实体类，代码如下。

```
public static class TimeAnalysisAllReducer extends Reducer<Text, TimeAnalysisAllBean, Text, Text> {
    @Override
    protected void reduce(Text key, Iterable<TimeAnalysisAllBean> value,
            Reducer<Text, TimeAnalysisAllBean, Text, Text>.Context context)
            throws IOException, InterruptedException {
        // 定义订单量初始值为 0
        int tripQuantity = 0;
        // 定义营业额初始值为 0
        double company_earn = 0;
        // 定义行程里长初始值为 0
        double mailTotal = 0;
```

```
        // 定义行程时间初始值为 0
        double timeTotal = 0;
        // 统计订单量和营业额
        for (TimeAnalysisAllBean telBean : value) {
            // 订单量统计
            tripQuantity += telBean.getTripQuantity();
            // 营业额统计
            company_earn += telBean.getCompany_earn();
            // 行程里长统计
            mailTotal += telBean.getMailTotal();
            // 行程时长统计
            timeTotal += telBean.getTimeTotal();
            // 保留一位或者两位小数
            company_earn = (double) Math.round(company_earn * 10) / 10;
            mailTotal = (double) Math.round(mailTotal * 10) / 10;
            timeTotal = (double) Math.round(timeTotal * 100) / 100;
        }
        // 乘以 1.609，1mile=1609.344m
        double s = mailTotal / (timeTotal / 3600);
        s = (double) Math.round(s * 100 * 1.609) / 100;
        TimeAnalysisAllBean bean = new TimeAnalysisAllBean(key.toString(), tripQuantity, company_earn,
mailTotal,
                timeTotal);
        // 输出 （company,time,tripMiles,tripTotal）
        context.write(new Text(key + "," + bean.tripQuantity + "," + bean.company_earn + "," + s), null);
    }
}
```

5）编写 main 方法，代码如下。

```
public static void main(String[] args) {
        try {
            // 1. 获取 job
            Configuration conf = new Configuration();
            Job job = Job.getInstance(conf);
            // 2. 指定 job 使用的类
            job.setJarByClass(TimeAnalysisAllCount.class);
            // 3. 设置 Mapper 的属性
        job.setMapperClass(TimeAnalysisAllMapper.class);
            // 3.1 设置 Mapper 输出的 Key 的属性
            job.setMapOutputKeyClass(Text.class);
            // 3.2 设置 Mapper 输出的 Value 的属性
        job.setMapOutputValueClass(TimeAnalysisAllBean.class);
            // 4. 设置输入文件
            FileInputFormat.setInputPaths(job, new Path("/output_taxi3"));
            // 5. 设置 Reducer 的属性
        job.setReducerClass(TimeAnalysisAllReducer.class);
            // 5.1 设置 Reducer 输出的 Key 的属性
```

```
            job.setOutputKeyClass(Text.class);
            // 5.2 设置 Reducer 输出的 Value 的属性
            job.setOutputValueClass(Text.class);
            // 6. 设置输出文件夹
            FileOutputFormat.setOutputPath(job, new Path("/time_analysis_all"));
            // 7. 提交 true，提交的时候打印日志信息
            job.waitForCompletion(true);
        } catch (Exception e) {
            // e.printStackTrace() 会打出详细异常 : 异常名称、出错位置 , 便于调试
            e.printStackTrace();
        }
    }
```

6）运行 jar 包，查看结果是否正确，如图 10-6 所示。

```
[root@master home]# hadoop fs -cat /time_analysis_all/part-r-00000
0,506,6964.4,20.95
1,308,3936.9,22.58
10,466,6794.3,21.19
11,433,6519.2,20.43
12,414,5126.7,15.61
13,508,7114.1,21.37
14,459,6821.0,18.87
15,468,6313.6,17.63
16,500,7373.9,18.27
17,562,8511.0,39.84
```

数据

图 10-6　查看结果

3．公司每月车辆投放量统计分析

1）自定义 VehicleInputBean 实体类，代码如下。

```
package com.newland.vehicle_input;

import java.io.DataInput;
import java.io.DataOutput;
import java.io.IOException;
import org.apache.hadoop.io.WritableComparable;

public class VehicleInputBean implements WritableComparable<VehicleInputBean>{
    //taxiId
    public String taxiId;
    // 时间值
    public int time1;
    // 时间
    public String time;
    // 公司名称
    public String company;

    public VehicleInputBean() {
        super();
```

```
    }

    public String getTaxiId() {
        return taxiId;
    }

    public void setTaxiId(String taxiId) {
        this.taxiId = taxiId;
    }

    public int getTime1() {
        return time1;
    }

    public void setTime1(int time1) {
        this.time1 = time1;
    }

    public String getTime() {
        return time;
    }

    public void setTime(String time) {
        this.time = time;
    }

    public String getCompany() {
        return company;
    }

    public void setCompany(String company) {
        this.company = company;
    }

    public VehicleInputBean(String taxiId, int time1, String time, String company) {
        super();
        this.taxiId = taxiId;
        this.time1 = time1;
        this.time = time;
        this.company = company;
    }


    // 反序列化
    @Override
    public void readFields(DataInput in) throws IOException {
        this.taxiId = in.readUTF();
```

```
        this.time1 = in.readInt();
        this.time= in.readUTF();
        this.company =  in.readUTF();
    }
    // 序列化
    @Override
    public void write(DataOutput out) throws IOException {
        out.writeUTF(taxiId);
        out.writeInt(time1);
        out.writeUTF(time);
        out.writeUTF(company);
    }


    @Override
    public String toString() {
        return taxiId+"\t"+time1+"\t"+time+"\t"+company+"\t";
    }
    // 按照营业额排序
    @Override
    public int compareTo(VehicleInputBean bean) {
        if(this.getTime1()>bean.getTime1()){
           return 1;
        }else{
           return -1;
        }
    }
}
```

2）编写 VehicleInputMap、VehicleInputReduce、Main 实体类，代码如下。

```
package com.newland.vehicle_input;

import java.io.IOException;
import java.util.ArrayList;
import java.util.Collections;
import java.util.HashMap;
import java.util.Map;
import java.util.TreeSet;
import org.apache.hadoop.io.LongWritable;
import org.apache.hadoop.io.NullWritable;
import org.apache.hadoop.io.Text;
import org.apache.hadoop.mapreduce.Mapper;
import org.apache.hadoop.mapreduce.Reducer;
import org.apache.hadoop.conf.Configuration;
import org.apache.hadoop.fs.Path;
import org.apache.hadoop.mapreduce.Job;
import org.apache.hadoop.mapreduce.lib.input.FileInputFormat;
```

```
import org.apache.hadoop.mapreduce.lib.output.FileOutputFormat;

public class VehicleInput {

    /*
     * 第一阶段 ： 得到每一辆车第一次出现的时间
     */
    public static class VehicleInputMapper01 extends Mapper<LongWritable, Text, Text, VehicleInputBean> {
        @Override
        protected void map(LongWritable key, Text value, Context context) throws IOException, InterruptedException {

            // 每次读取一行数据
            String line = value.toString();
            // 用 "," 切割字符串
            String[] fields = line.split(",");
            // 获取 taxiId 字段
            String taxiId = fields[1];
            // 获取公司字段
            String company = fields[12];
            // 获取时间字段
            String Timestamp = fields[2];
            // 处理时间字段 ， 得到 " 年 - 月 "
            int a1 = Timestamp.indexOf("/");
            int a2 = Timestamp.indexOf("/", a1 + 1);

            String day = Timestamp.substring(a1 + 1, a2);
            String month = Timestamp.substring(0, a1);
            String year = Timestamp.substring(a2 + 1, a2 + 5);
            // time1 将用于比较大小，从而得到 TaxiId 首次出现的时间
            String time1 = year + month + day;
            // time 用于公司单月的时间记录
            String time = year + "-" + month + "-01";
            VehicleInputBean bean = new VehicleInputBean(taxiId, Integer.valueOf(time1), time, company);
            // 发送数据到 Reducer
            context.write(new Text(taxiId), bean);
        }
    }

    public static class VehicleInputReducer01 extends Reducer<Text, VehicleInputBean, Text, Text> {
        @Override
        protected void reduce(Text key, Iterable<VehicleInputBean> values, Context context)
                throws IOException, InterruptedException {
            // 创建以键值对为元素的 list 集合 , 以 map 作为元素
            ArrayList<Map<String, String>> list = new ArrayList<Map<String, String>>();
            // 创建 TreeSet 集合 ， 用于获取对应的时间的最小值
            TreeSet<String> set = new TreeSet<String>();
            // 创建 Map 集合，key 为处理过的订单时间，value 为该订单详细信息
```

```
            Map<String, String> map = new HashMap<String, String>();

            for (VehicleInputBean telBean : values) {
              // 将处理的时间作为 key, 将 time 和 company 作为 value
              map.put(String.valueOf(telBean.getTime1()),
                      String.valueOf("," + telBean.getTime() + "," + telBean.getCompany()));
              // 放入 list 集合中
              list.add(map);
              // 将 time1 放入 set 集合中
              set.add(String.valueOf(telBean.getTime1()));
            }
            // 找到该 TaxiID 订单对应的时间的最小值，即为该 TaxiID 首次出现的时间,
            String s = Collections.min(set);
            // 通过该时间去 map 集合中找到该订单的详细信息
            String tripInformation = map.get(s).toString();

            context.write(new Text(key), new Text(tripInformation));

    }
}

/*
 * 第二阶段 ：得到每个公司每个月的投放量
 */
public static class VehicleInputMapper02 extends Mapper<Object, Text, Text, LongWritable> {
    @Override
    protected void map(Object key, Text value, Context context) throws IOException, InterruptedException {
            // 每次读取一行数据
            String line = value.toString();
            // 用 "," 切割字符串
            String[] fields = line.split(",");
            // 获取时间
            String time = fields[1];
            // 获取公司名称
            String company = fields[2];
            // 发送数据
            context.write(new Text(company + "," + time), new LongWritable(1));
    }
}

public static class VehicleInputReducer02 extends Reducer<Text, LongWritable, Text, NullWritable> {
    @Override
    protected void reduce(Text key, Iterable<LongWritable> values, Context context)
            throws IOException, InterruptedException {
            // 定义初始值 counter 为 0
            long counter = 0;
            for (LongWritable v : values) {
```

```
                // v.get(); 把 LongWritable 转换成 long 类型
                // 每个公司投放量统计
                counter += v.get();
            }
            // 输出 （公司名，数量）
            context.write(new Text(key + "," + counter), null);
        }
    }

    public static void main(String[] args) throws Exception {
        try {
            Configuration conf = new Configuration();
            // 第一阶段
            // 1.1 获取 job
            Job job1 = Job.getInstance(conf);
            // 1.2 指定 job 使用的类
            job1.setJarByClass(VehicleInput.class);
            // 1.3 设置 Mapper 的属性
            job1.setMapperClass(VehicleInputMapper01.class);
            // 1.4 设置第一阶段输入文件
            FileInputFormat.setInputPaths(job1, new Path("/output_taxi3"));
            // 1.5 设置 Reducer 的属性
            job1.setReducerClass(VehicleInputReducer01.class);
            // 1.5.1 设置 Reducer 输出的 Key 的属性
            job1.setOutputKeyClass(Text.class);
            // 1.5.2 设置 Reducer 输出的 Value 的属性
            job1.setOutputValueClass(VehicleInputBean.class);
            // 1.6 设置第一阶段输出文件
            FileOutputFormat.setOutputPath(job1, new Path("/output"));
            // 1.7 提交 true，提交的时候打印日志信息
            job1.waitForCompletion(true);

            // 第二阶段
            // 2.1 获取 job
            Job job2 = Job.getInstance(conf);
            // 2.2 指定 job 使用的类
            job2.setJarByClass(VehicleInput.class);
            // 2.3 设置 Mapper 的属性
            job2.setMapperClass(VehicleInputMapper02.class);
            // 2.4 设置第二阶段输入文件
            FileInputFormat.setInputPaths(job2, new Path("/output"));
            // 2.5 设置 Reducer 的属性
            job2.setReducerClass(VehicleInputReducer02.class);
            // 2.5.1 设置 Reducer 输出的 Key 的属性
            job2.setOutputKeyClass(Text.class);
            // 2.5.2 设置 Reducer 输出的 Value 的属性
            job2.setOutputValueClass(LongWritable.class);
```

```
            // 2.6 设置第二阶段输出文件
            FileOutputFormat.setOutputPath(job2, new Path("/vehicle_input"));
            // 2.7 提交 true，提交的时候打印日志信息
            job2.waitForCompletion(true);
        } catch (Exception e) {
            //e.printStackTrace() 会打出详细异常：异常名称、出错位置，便于调试
            e.printStackTrace();
        }
    }
}
```

3）查看文件结果是否正确，如图 10-7 和图 10-8 所示。

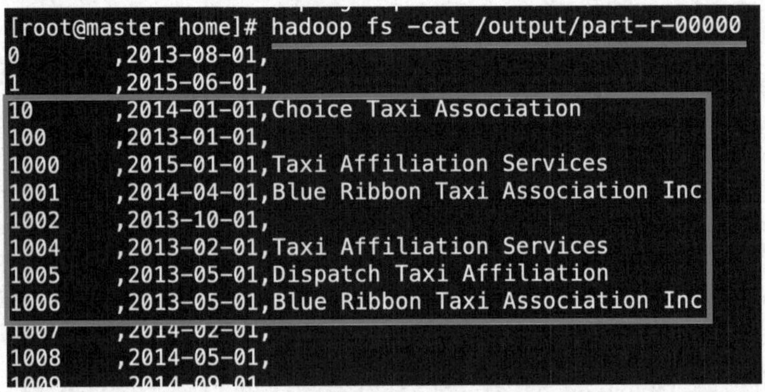

```
[root@master home]# hadoop fs -cat /output/part-r-00000
0       ,2013-08-01,
1       ,2015-06-01,
10      ,2014-01-01,Choice Taxi Association
100     ,2013-01-01,
1000    ,2015-01-01,Taxi Affiliation Services
1001    ,2014-04-01,Blue Ribbon Taxi Association Inc
1002    ,2013-10-01,
1004    ,2013-02-01,Taxi Affiliation Services
1005    ,2013-05-01,Dispatch Taxi Affiliation
1006    ,2013-05-01,Blue Ribbon Taxi Association Inc
1007    ,2014-02-01,
1008    ,2014-05-01,
```

图 10-7　结果 1

```
^[[A[root@master home]# hadoop fs -cat /vehicle_input/part-r-00000
01/01/2013 02:15:00 AM,829,1
01/01/2013 04:15:00 AM,646,1
01/01/2013 09:15:00 AM,1262,1
01/01/2013 09:45:00 PM,2297,1
01/01/2013 12:15:00 AM,575,1
01/01/2014 05:15:00 AM,332,1
01/01/2014 11:00:00 AM,1135,1
01/01/2014 12:30:00 AM,1065,1
01/01/2014 12:45:00 AM,2143,1
01/01/2014 12:45:00 PM,181,1
```

结果

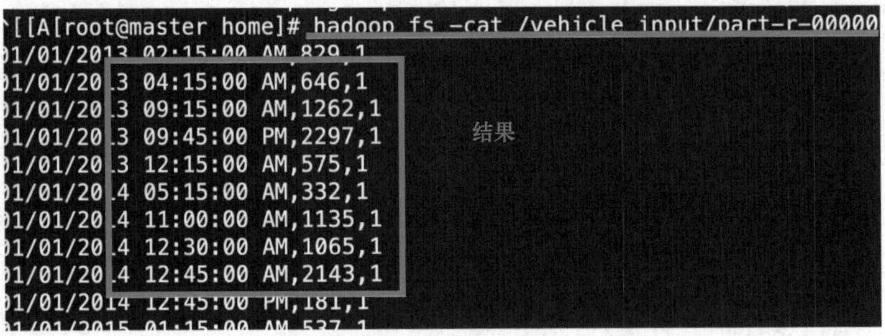

图 10-8　结果 2

10.8 数据 Load——Sqoop 导出数据

1. 建库建表

连接 MySQL 数据库，执行脚本，创建数据库名称为 kab 的数据库与 heat_map、time_analysis_all、vehicle_input 三张表。

1）建立名称为“kab”的数据库，执行代码如下。

```
CREATE DATABASE 'kab';
```

2）建立名称为“heat_map”的表，执行代码如下。

```
DROP TABLE IF EXISTS 'heat_map';
CREATE TABLE 'heat_map' (
    'company' varchar(255) DEFAULT NULL COMMENT ' 公司名 ',
    'region' varchar(255) DEFAULT NULL COMMENT ' 区域 ',
    'lng' varchar(255) DEFAULT NULL COMMENT ' 纬度 ',
    'lat' varchar(255) DEFAULT NULL COMMENT ' 经度 ',
    'count' varchar(255) DEFAULT NULL COMMENT ' 相同经纬度数量统计 '
) ENGINE=InnoDB DEFAULT CHARSET=utf8;
```

3）建立名称为“time_analysis_all”的表，执行代码如下。

```
DROP TABLE IF EXISTS 'time_analysis_all';
CREATE TABLE 'time_analysis_all' (
    'hour' int(4) NOT NULL COMMENT ' 小时 ',
    'count_trips' varchar(255) NOT NULL COMMENT ' 在该小时的客运量 ',
    'count_total' varchar(255) NOT NULL COMMENT ' 在该小时的营业额 ',
    'avrg_speed' varchar(255) NOT NULL COMMENT ' 在该小时的平均速度 ',
    PRIMARY KEY ('hour')
) ENGINE=InnoDB DEFAULT CHARSET=utf8;
```

4）建立名称为“vehicle_input”的表，执行代码如下。

```
DROP TABLE IF EXISTS 'vehicle_input';
CREATE TABLE 'vehicle_input' (
    'company' varchar(50) DEFAULT NULL COMMENT ' 公司名 ',
    'time' date DEFAULT NULL COMMENT ' 时间 ',
    'count' int(10) DEFAULT NULL COMMENT ' 该公司在该月的车辆投放量 '
) ENGINE=InnoDB DEFAULT CHARSET=utf8;
```

2．Sqoop 导出到 MySQL

1）在 Hadoop 服务器执行命令将 heat_map 数据导入 MySQL 数据库中，命令如下（注意：MySQL 数据库的 IP、密码需要修改）。

```
sqoop export --connect jdbc:mysql://localhost:3306/kab --username root --password NewLand@123 --export-dir '/heat_map/part-r-00000' --table heat_map -m 1 --fields-terminated-by ','
```

2）在 Hadoop 服务器执行命令将 time_analysis_all 数据导入 MySQL 数据库中，命令如下（注意：MySQL 数据库 IP、密码需要修改）。

```
sqoop export --connect jdbc:mysql://localhost:3306/kab --username root --password NewLand@123 --export-dir '/time_analysis_all/part-r-00000' --table time_analysis_all -m 1 --fields-terminated-by ','
```

3）在 Hadoop 服务器执行命令将 vehicle_input 数据导入 MySQL 数据库中，命令如下（注意：MySQL 数据库 IP、密码需要修改）。

```
sqoop export --connect jdbc:mysql://localhost:3306/kab --username root --password NewLand@123 --export-dir '/vehicle_input/part-r-00000' --table vehicle_input -m 1 --fields-terminated-by ','
```

10.9 数据可视化

使用 Sqoop 将数据导入 MySQL 之后，就开始进行数据可视化，使用 Eclipse Spring 开发。本节略过新建工程等过程，直接开始编写 Web 端三层代码。

1）编写 Dao 层代码如下。

```
package com.newland.dao;

import java.util.List;
import java.util.Map;
import org.springframework.beans.factory.annotation.Autowired;
import org.springframework.jdbc.core.JdbcTemplate;
import org.springframework.stereotype.Repository;

@Repository
public class PoliceDao {
    @Autowired
    private JdbcTemplate jdbcTemplate;

    // 热力图地图与表格 SQL
    private  static String queryheat_map_sql=" select lng,lat,count from heat_map";

    // 三个时段分析 SQL
    private static String queryTimeTurnover1_sql = "SELECT hour ,count_total from time_analysis_all ";
    private static String queryTimeTrips_sql = "SELECT hour as time,count_trips  from time_analysis_all ";
    private static String queryTimeSpeed_sql = "SELECT hour as time,avrg_speed  from time_analysis_all";
    // 热力图表格
    public List<Map<String, Object>> queryheat_map() {
        List<Map<String, Object>> list=jdbcTemplate.queryForList(queryheat_map_sql);
        return list;
    }
    // 打车高峰期时段分析（营业额）
    public List<Map<String, Object>> queryDayTurnover() {
        List<Map<String, Object>> list=jdbcTemplate.queryForList(queryTimeTurnover1_sql);
        return list;
    }
    // 打车高峰期时段分析（客运量）
    public List<Map<String, Object>> queryTimeTrips() {
        List<Map<String, Object>> list=jdbcTemplate.queryForList(queryTimeTrips_sql);
        return list;
    }
    // 拥堵时段分析
    public List<Map<String, Object>> queryTimeSpeed() {
        List<Map<String, Object>> list=jdbcTemplate.queryForList(queryTimeSpeed_sql);
        return list;
    }
}
```

2）编写 Service 层，代码如下。

```
package com.newland.service;

import java.util.List;
import java.util.Map;
import org.springframework.beans.factory.annotation.Autowired;
import org.springframework.stereotype.Service;
import com.newland.dao.PoliceDao;

@Service
public class PoliceService {
    @Autowired
    private PoliceDao policeDao;

        public List<Map<String, Object>> queryheat_map() {
        return policeDao.queryheat_map();
    }
    public List<Map<String, Object>> queryDayTurnover() {
        return policeDao.queryDayTurnover();
    }

    public List<Map<String, Object>> queryTimeTrips() {
        return policeDao.queryTimeTrips();
    }

    public List<Map<String, Object>> queryTimeSpeed() {
        return policeDao.queryTimeSpeed();
    }
}
```

3）编写 Controller 层，代码如下。

```
package com.newland.controller;

import java.util.List;
import java.util.Map;
import org.springframework.beans.factory.annotation.Autowired;
import org.springframework.web.bind.annotation.RequestMapping;
import org.springframework.web.bind.annotation.RestController;
import org.springframework.web.servlet.ModelAndView;
import com.newland.service.PoliceService;

@RestController
public class PoliceController {
    @Autowired
    private PoliceService policeService;

    @RequestMapping(value = {"/poice",})
```

```
    public ModelAndView taxiPag(){
        ModelAndView mv = new ModelAndView();
        mv.setViewName("taxi/police");
        return mv;
    }

    @RequestMapping(value = {"/z",})
    public ModelAndView taxiPag1(){
        ModelAndView mv = new ModelAndView();
        mv.setViewName("taxi/test3");
        return mv;
    }

    @RequestMapping(value = {"/taxi/relitu"})
    // 热力图地图
    public List<Map<String, Object>> queryheat_map(){
        return this.policeService.queryheat_map();
    }

    // 打车高峰期时段分析（营业额）
    @RequestMapping(value = { "/time/queryDayTurnover" })
    public List<Map<String, Object>> queryDayTurnover() {
        return this.policeService.queryDayTurnover();
    }

    // 打车高峰期时段分析（客运量）
    @RequestMapping(value = { "/time/queryTimeTrips" })
    public List<Map<String, Object>> queryTimeTrips() {
        return this.policeService.queryTimeTrips();
    }

    // 拥堵时段分析
    @RequestMapping(value = { "/time/queryTimeSpeed" })
    public List<Map<String, Object>> queryTimeSpeed() {
        return this.policeService.queryTimeSpeed();
    }
}
```

4）导入 echarts.min.js 控件，设计 police.jsp 页面，代码如下（注意，导入控件时需要和代码路径相同）。

```
<%@ page language="java" contentType="text/html; charset=UTF-8" pageEncoding="UTF-8"%>

<!DOCTYPE html>
<html>
<head>
    <meta http-equiv="Content-Type" content="text/html; charset=UTF-8">
```

```
    <title> 出租车数据分析系统 </title>
    <script src="/static/echarts/echarts.min.js"></script>
    <script src="/static/js/jquery-2.2.3.min.js"></script>
    <style>
.outer {
    margin: 0 auto;
    padding: 1em 1em;
    width: 900px;
    box-shadow: 0px 0px 11px 0px;
    background: #fff;
}
h4.tittle {
    font-size: 1.5em;
    letter-spacing: 1.5px;
    font-weight: 400;
    color: #3e3e3e;
    text-align: center;
}
</style>
</head>
<body>

<div id=content>
            <div class="outer">
                <h4 class="tittle"> 拥堵时段分析 </h4>
                  <div style="height: 270px;margin: -.5em auto;"

                     id="main1">
                  </div>
          </div>
</div>
<br>
<div id="content">
            <div class="outer">
                <h4 class="tittle"> 打车高峰期时段分析（客运量）</h4>
                  <div style="height: 270px;margin: -.5em auto;"
                     id="main2">
                  </div>
          </div>
</div><br>

<div id="content">
            <div class="outer">
                <h4 class="tittle"> 打车高峰期时段分析（营业额）</h4>
                  <div style="height: 270px;margin: -.5em auto;"

                     id="main3">
                  </div>
          </div>
```

```
</div>


<br>
<script type="text/javascript">
// 基于准备好的 DOM，初始化 ECharts 实例
  var myChart1 = echarts.init(document.getElementById('main1'));
    var option1 = {
        tooltip: {
        trigger: 'axis'
        },
        xAxis: {
         name:' 时间 ',
         type: 'category',
         data: [' 周一 ', ' 周二 ', ' 周三 ', ' 周四 ', ' 周五 ', ' 周六 ', ' 周日 '],
        },
        yAxis: {
           name:'km/h',
              type: 'value',
        },
        series: [{
              name: ' 平均速度 ',
              type: 'line',
              stack: ' 总量 ',
              smooth: true, // 点与点之间的幅度 ,false 为直线
              data: [120, 132, 101, 134, 90, 230, 210],
              itemStyle: {
                   normal: {
                    // 阴影部分面积颜色
                         areaStyle: {
                              color : '#47BBF6'
                         },
                         // 线的颜色
                         lineStyle:{
                              color : "#47BBF6",
                         },
                         // 点的颜色
                         borderColor:{
                              color: '#47BBF6'
                         }
                   },
              }
        }]
  };
  </script>
```

```
<script type="text/javascript">
        $(function() {
            $.getJSON("/time/queryTimeSpeed", function(data) {
            // 定义 X 轴数据
            var xAxisData = [];
            for (var i = 0; i < data.length; i++) {
                // 填充 X 轴数据
                xAxisData.push(data[i].time);
            };
            // 放入 Option
            option1.xAxis.data = xAxisData;
            // 定义折线数据
            var seriesData = [];
            for (var i = 0; i < data.length; i++) {
                // 填充折线上的数据
                seriesData.push(data[i].avrg_speed);
            };
            // 放入 Option
            option1.series[0].data = seriesData;
            // 使用指定的配置项和数据显示图表
            myChart1.setOption(option1);
        });
    });
</script>

<script type="text/javascript">

    // 基于准备好的 DOM，初始化 ECharts 实例
    var myChart2 = echarts.init(document.getElementById('main2'));
   // 指定图表的配置项和数据
   var option2 = {
     color : [ '#F68A1E' ],
     tooltip: {},
     xAxis : {
         name : ' 时间 ',
         data : [],
     },
     yAxis : {
         name : ' 客运量 / 次 ',
         type : 'value',
     },
     series : [ {
         name : ' 客运量 ',
         type : 'bar',
         data : []
     } ]
```

```
    };
    $(function() {
        $.getJSON("/time/queryTimeTrips", function(data){
                var legendData=[];
                for(var i = 0; i < data.length; i++){
                    option2.series[0].data.push(data[i].count_trips);
                    option2.xAxis.data.push(data[i].time);
                };
                myChart2.setOption(option2);

        });
    });
</script>

<script type="text/javascript">
    var myChart3 = echarts.init(document.getElementById('main3'));
    // 指定图表的配置项和数据
    var option3 = {
        color : [ '#0BA60B' ],
        tooltip: {},
        xAxis : {
            name : ' 时间 ',
            data : [],
        },
        yAxis : {
            name : ' 营业额 / 美元 ',
            type : 'value',
        },
        series : [ {
            name : ' 营业额 ',
            type : 'bar',
            data : []
        } ]
    };
    $(function() {
        $.getJSON("/time/queryDayTurnover", function(data){
                var legendData=[];
                for(var i = 0; i < data.length; i++){
                    option3.series[0].data.push(data[i].count_total);
                    option3.xAxis.data.push(data[i].hour);
                };
                myChart3.setOption(option3);
        });
    });
</script>
</body>
</html>
```

5）导入 jquery-2.2.3.min.js、BaiDuApi1.js、Heatmap_min.js 3 个 JS 控件，编写 test3.jsp 代码，代码如下（注意，导入控件时需要和代码路径相同）。

```
<%@ page language="java" contentType="text/html; charset=UTF-8"
      pageEncoding="UTF-8"%>

<!DOCTYPE html>
<html lang="en">
<head>
      <title> 热力图 </title>
      <meta name="viewport" charset="utf-8">
      <script src="/static/js/jquery-2.2.3.min.js"></script>
      <!-- 加载热力图插件 -->
    <script type="text/javascript"  src="/static/js/BaiDuApi1.js"></script>
    <script type="text/javascript"  src="/static/js/Heatmap_min.js"></script>

</head>

<body>
    <!-- 创造一个容器，放入 ECharts 图表 -->
    <div class="col-sm-10" style="height:700px;width:70%;margin:15%" id="container"></div>

<script type="text/javascript">

     var map = new BMap.Map("container");
     // 设置某市为地图中心点
     var point = new BMap.Point(-87.7400001, 41.8971101);
     map.centerAndZoom(point, 13);
     // 允许滚轮缩放
     map.enableScrollWheelZoom();

     var heatmapOverlay = new BMapLib.HeatmapOverlay({"radius":20});
     map.addOverlay(heatmapOverlay);
     // 是否显示热力图
   heatmapOverlay.show();
 </script>

<script type="text/javascript">
     $(function(){
        $.getJSON("/taxi/relitu", function(data){
             // 填充数据
             heatmapOverlay.setDataSet({data, max:100});

        });
     });
</script>

</body>
</html>
```

6）查看数据可视化效果，如图 10-9 和图 10-10 所示。

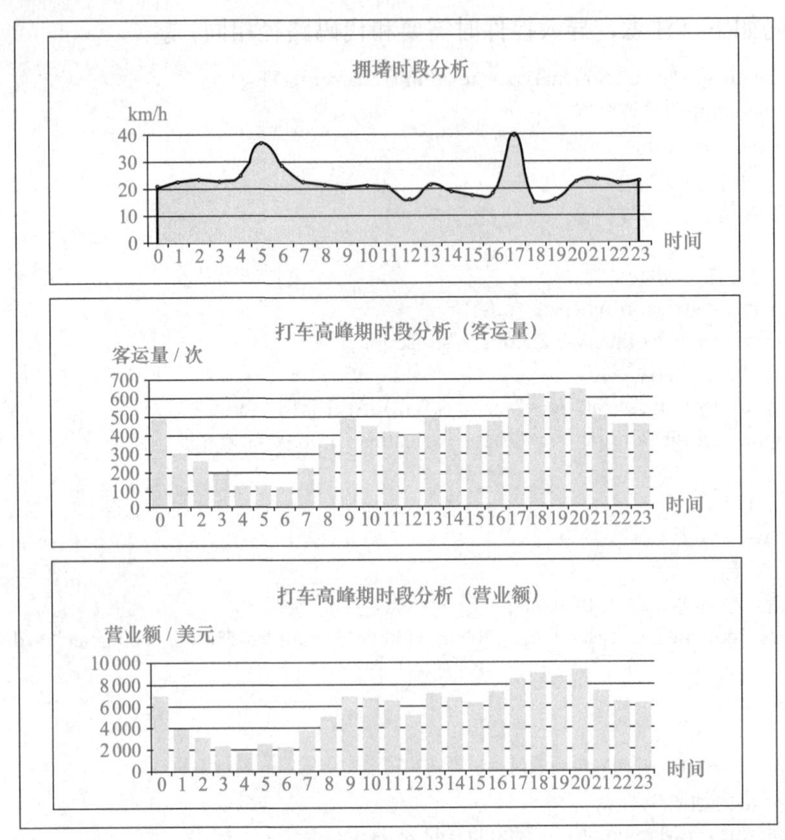

图 10-9　柱状图

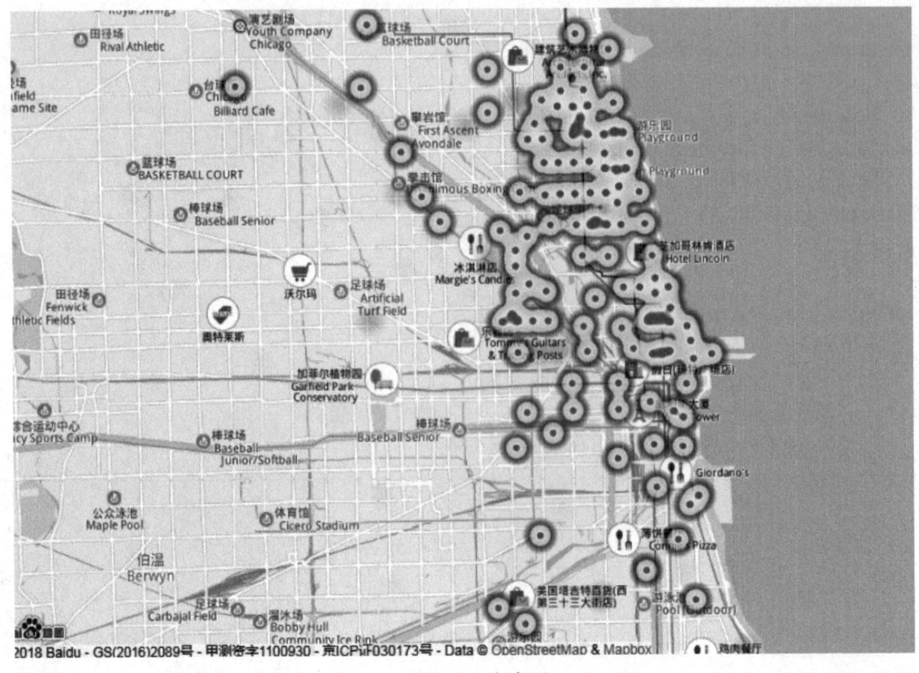

图 10-10　热力图

10.10 思考练习

根据本章车辆投放量 MapReduce 数据分析提供的数据源编写代码进行数据分析及数据展示，作出如图 10-11 所示的结果图。

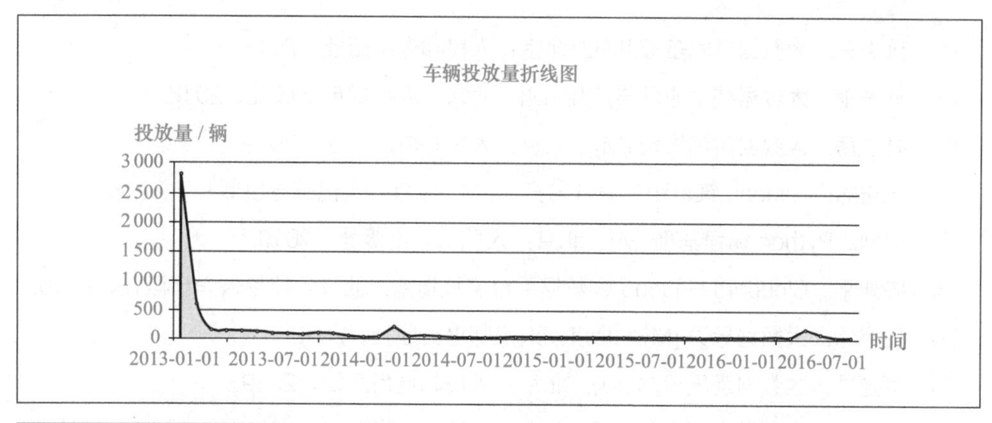

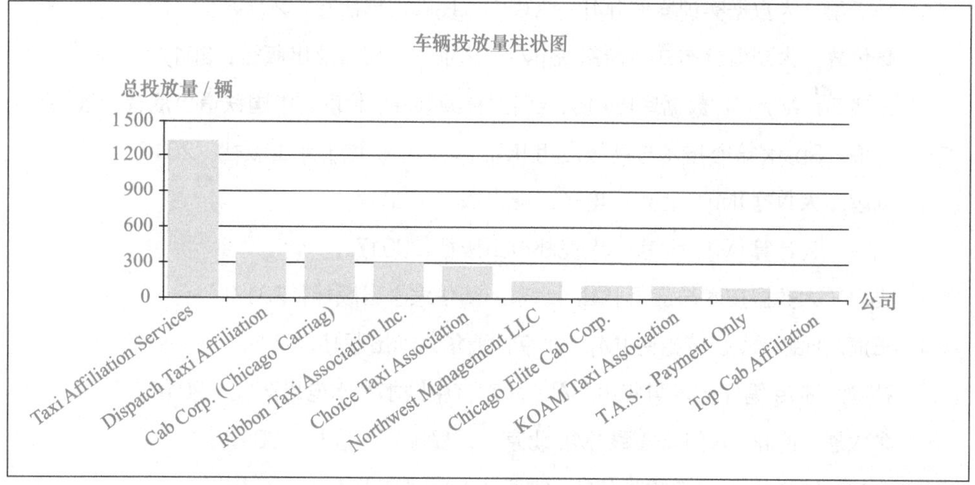

图 10-11 结果图

参考文献

[1] 薛志东．大数据技术基础 [M]．北京：人民邮电出版社，2018.

[2] 林子雨．大数据技术原理与应用 [M]．北京：人民邮电出版社，2018.

[3] 林子雨．大数据实训案例 [M]．北京：人民邮电出版社，2019.

[4] 王宏志．Hadoop 集群程序设计与开发 [M]. 北京：人民邮电出版社，2018.

[5] 张健．Python 编程基础 [M]．北京：人民邮电出版社，2019.

[6] 陈建平．Cloudera Hadoop 大数据平台实战指南．北京：清华大学出版社，2019.

[7] 孟宪伟．大数据导论 [M]．北京：人民邮电出版社，2019.

[8] 夏道勋．大数据素质读本 [M]．北京：人民邮电出版社，2019.

[9] 林子雨．大数据实训案例 [M]．北京：人民邮电出版社，2019.

[10] 杨传辉．大规模分布式存储系统 [M]．北京：机械工业出版社，2017.

[11] 王飞飞．MySQL 数据库应用从入门到精通 [M]．北京：中国铁道出版社，2019.

[12] 于俊．Spark 核心技术与高级应用 [M]．北京：机械工业出版社，2016.

[13] 刘鹏．大数据 [M]．北京：电子工业出版社，2017.

[14] 刘鹏．云计算 [M]．北京：人民邮电出版社，2017.

[15] 娄岩．大数据技术与应用 [M]．北京：清华大学出版社，2017.

[16] 王海．Hadoop 权威指南 [M]．北京：清华大学出版社，2016.

[17] 孙帅．Hive 编程技术与应用 [M]．北京：中国水利水电出版社，2018.

[18] 牟大恩．Kafka 入门与实践 [M]. 北京：人民邮电出版社，2017.

[19] 彭旭．HBase 入门与实践 [M]．北京：人民邮电出版社，2018.

[20] 何明．Linux 从入门到精通 [M]．北京：中国水利水电出版社，2018.

[21] 崔周伟．Hadoop 核心技术 [M]．北京：机械工业出版社，2015.

[22] Flavio Junqueira．ZooKeeper 分布式过程协同技术详解 [M]．北京：机械工业出版社，2016.

[23] 赵光辉．大数据交通——从认知升级到应用实例 [M]．北京：机械工业出版社，2018.